中 国 化 工 教 育 协 会 组织编写
化学工业职业技能鉴定指导中心

化工总控工应会技能基础

（中级工/高级工版）

李祥新　周国保　主　编
薛叙明　主　审

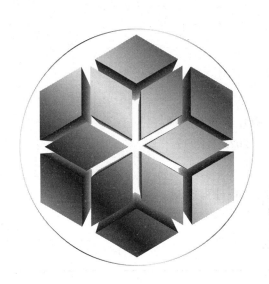

U0230834

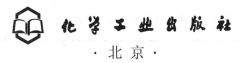
化学工业出版社
·北京·

本教材按《化工总控工国家职业标准》中级工/高级工的鉴定要求进行编写。本书以化工总控工中级工/高级工的应会技能训练为主线，结合理论传授和职业素养训练，倡导应会技能、应知理论和职业素养相结合。主要内容包括化工生产准备、化工过程控制、化工单元操作、化学反应过程操作、化工安全与清洁生产和化工生产技术技能大赛专项训练。

　　本书可作为化工技术、制药技术和相关专业职业院校学生教材，也可用于化工及相关行业在职职工的化工总控工中级工/高级工的技能与理论培训及鉴定。

图书在版编目（CIP）数据

化工总控工应会技能基础（中级工/高级工版）/李祥新，周国保主编．—北京．化学工业出版社，2015.12 （2025.2重印）
ISBN 978-7-122-25628-7

Ⅰ.①化…　Ⅱ.①李…②周…　Ⅲ.①化工过程-过程控制-技术培训-教材　Ⅳ.①TQ02

中国版本图书馆 CIP 数据核字（2015）第 264746 号

责任编辑：旷英姿　　　　　　　　　　文字编辑：林　媛
责任校对：吴　静　　　　　　　　　　装帧设计：王晓宇

出版发行：化学工业出版社（北京市东城区青年湖南街 13 号　邮政编码 100011）
印　　装：河北延风印务有限公司
787mm×1092mm　1/16　印张 18¼　字数 421 千字　2025 年 2 月北京第 1 版第 8 次印刷

购书咨询：010-64518888　　　　　　售后服务：010-64518899
网　　址：http：//www.cip.com.cn
凡购买本书，如有缺损质量问题，本社销售中心负责调换。

定　　价：49.00 元　　　　　　　　　　　　　　版权所有　违者必究

前　言 FOREWORD

本教材依据《化工总控工国家职业标准》，参照国内相关院校教材、工程手册、石化类相关企业的培训教材、设备或实训装置操作规程和全国职业院校技能大赛"化工生产技术"赛项规程编写而成。本教材内容涵盖化工总控工中级工和高级工，其中带"*"部分内容仅要求高级工培训时掌握。

本教材根据化工总控工（中级工/高级工）的应会技能和知识要求，将教材内容划分为化工生产准备、化工过程控制、化工单元操作、化学反应过程操作、化工安全与清洁生产五个模块，每个模块由若干项目组成，教学培训过程通过各个项目的实施来完成。模块六为化工生产技术技能大赛专项训练，针对全国职业院校职业技能大赛中职组和高职组"化工生产技术"赛项的操作规程，对大赛考核要求和评分标准进行了详细的解读，并在此基础上编排了相关的训练项目和详细的训练步骤。各模块内容注意保证专业技能的系统性，根据知识目标和技能要求来设计训练项目，突出实践技能的培养，每个项目是一种任务式的教学内容，按工序列出了详尽的操作步骤，学训一体，可操作性强。以工作任务引领理论，在每个项目后列出所需的"相关知识"，并相对独立，强调应用型、操作型知识的介绍。教材内容同时注意培养学生重视实践、尊重科学的职业理念，安全生产意识和合作、交流、协调的能力。

教材使用建议：教学过程应紧密联系生产实际，可在生产装置上进行实训，也可采用仿真系统进行实训。各学校可根据专业方向及教学和培训条件，选择相应模块和项目进行教学。课程适宜采用模块化教学，提倡在实训室或专业教室上课，采用现场式、小班化教学，由具备较强实践能力的"双师型"教师任教，采用理实一体化教学，注重基本技能的训练，培养学生良好的职业素养。

本教材由中国化工教育协会、化学工业职业技能鉴定指导中心组织编写，由山东省轻工工程学校李祥新和江西省化学工业学校周国保担任主编，李祥新负责全书统稿。模块一由山东省轻工工程学校王艳、管来霞编写，模块二由青岛市石化高级技工学校尹光燕、刘朝晖、侯可宁编写，模块三由李祥新、济宁市技师学院吕晓莉编写，模块四由河南化工技师学院李丹编写，模块五、模块六由江西省化学工业学校周国保编写。常州工程职业技术学院薛叙明教授担任本书的主审，为本书的编写提出了许多指导性建议。本教材在编写过程中，得到了相关企业与院校工程技术人员、教师的大力支持和帮助，参考借鉴了许多国内相关教材和文献资料。书中单元仿真操作规程和图片由北京东方仿真软件技术有限公司友情提供，浙江中控科教仪器设备有限公司提供了部分单元实训操作规程及图片，在此一并表示衷心感谢。

由于编者水平所限，不妥之处在所难免，敬请读者批评指正。

编者
2015 年 8 月

目 录 CONTENTS

模块一
化工生产准备

项目1.1
化工生产过程认知

一、考核要求

1. 能够清楚地说明化工生产基本操作步骤及作用。
2. 能够按要求完成化工生产准备工作。
3. 能够熟练进行化工工艺计算。

二、实训内容

以熟悉的某种化工产品生产为例，说明化工生产过程，并进行化工生产准备。

三、实训操作

1. 选择生产方法

选择原料，选择反应路线，分析经过哪几步单元反应。

2. 确定工艺路线

确定原料的预处理、采用的单元操作、产物的后处理及采用的设备。

3. 确定反应条件

确定反应物物质的量比，反应物的浓度，反应过程的温度、压力、时间、催化剂、溶剂；主要反应物的转化率。

4. 确定合成技术

选择单元反应方式，选择反应器。

5. 确定生产工艺流程

根据生产情况，确定采用间歇操作还是连续操作，画出工艺流程图。

6. 工艺计算

进行物料衡算，产品转化率、产率和收率计算，技术经济指标（消耗定额、生产成本）计算。

题目1（物料衡算）：将乙醇含量为 0.4（摩尔分数，下同）的乙醇-水溶液以流量为 20kmol/h 进行精馏，要求馏出液组成含乙醇 0.89，残液中乙醇不大于 0.03。求馏出液 D 和残液 W 的量。

题目2（转化率、产率、收率计算）：乙炔和氯化氢加成生产氯乙烯，同时有二氯乙烷的副反应。加入反应器中的乙炔 1000kg/h，氯化氢 1474kg/h。从反应器中输出的产物气中，有乙炔 10kg/h，氯化氢 56kg/h，氯乙烯 2332kg/h，二氯乙烷 76kg/h。求：（1）乙炔转化率；（2）按乙炔计的氯乙烯产率；（3）按乙炔计的氯乙烯收率。

题目3（技术经济指标计算）：根据所选择产品的生产工艺，按照一定的生产能力，进行消耗定额、产值、成本和利润的计算。

四、考核标准

化工生产过程认知项目考核标准见表 1-1。

表 1-1　化工生产过程认知项目考核表

考核内容	考核要点	配分	扣分	扣分原因	得分
选择生产方法	原料选择	5			
	反应路线选择	5			
	单元反应分析	5			
确定工艺路线	原料预处理方法及设备	5			
	单元操作选用及设备	5			
	产物后处理方法及设备	5			
确定反应条件	反应物物质的量比、浓度确定	5			
	反应过程的温度、压力、时间、催化剂、溶剂确定	5			
	反应物的转化率确定	5			
确定合成技术	单元反应方式选择	5			
	反应器选择	5			
确定生产工艺流程	操作方式确定	5			
	工艺流程图	5			
工艺计算	物料衡算	10			
	转化率、产率、收率计算	10			
	技术经济指标计算	10			
实训报告	认真规范	5			
考评员签字		考核日期		合计得分	

【相关知识】

一、化工生产过程

1. 化工生产过程

化工生产过程可以看成是由原料预处理过程、反应过程和反应产物后处理过程三个基本环节构成的。其中反应过程是在各种反应器中进行的，它是化工过程的中心环节。各类化学反应操作有氧化、酯化、硝化、裂解、聚合等，称为单元过程或单元反应。而原料预处理过程和反应产物后处理过程基本都是物理过程，这些过程有流体输送、过滤、传热、蒸馏、吸收、萃取、冷冻等，称为单元操作。化工生产过程各步骤间的关系如图 1-1 所示。

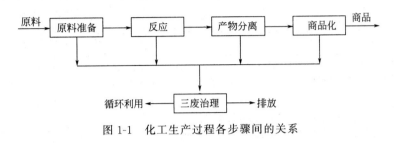

图 1-1　化工生产过程各步骤间的关系

化工生产过程的主要工艺影响因素包括温度、压力、流量、空速、停留时间、浓度等的选择。

2. 原料准备

原料的纯度、杂质的种类和含量直接影响产品的质量，也影响副产物的生成和分离，对消耗定额也有显著的影响。生产之前往往需对原料进行处理，原料处理要求满足工艺要求，采用简便的工艺，充分利用反应和分离过程的余热，并尽量不要产生新的污染，不要造成损失。

固体原料的处理主要包括：粉碎、筛分、干燥、净化、纯化等；气体原料的处理主要包括：除尘、除沫和捕雾、净化、干燥等；液体原料的处理主要包括：过滤和澄清、干燥等。

3. 化工生产规程

化工生产规程是企业生产活动的主要依据，主要有工艺操作规程、安全操作规程和分析检验规程。

工艺操作规程是各级生产管理人员、技术人员和技术经济管理人员开展工作的共同技术依据，应包括以下项目：产品名称、物化性质、技术标准及作用；原料名称及质量标准；生产基本原理及反应式；生产工艺流程叙述；岗位操作法及控制（岗位操作范围，开车前准备，开停车操作，各岗位控制要点）；不正常现象及消除方法；安全生产要点及措施；主要原材料、动力消耗定额；生产过程中的"三废"排放和处理；主要设备的生产能力及设备一览表；带控制点的工艺流程图；关键设备的结构图。

安全操作规程应包括以下内容：产品主要原料、中间体及产品的物化性质；正常生产时操作中的安全注意事项；检修或安全停车时操作中的安全注意事项；突然停电、停水、停汽时安全停车注意事项；产品设备中受压容器安全操作注意事项；其他（包括环境保护）注意事项。

分析检验规程是对原料或产品进行分析检验的技术依据，主要包括检验项目、适用范围、采样方法、操作步骤、数据分析、报告要求等项目。

二、化工装置操作

1. 化工装置的操作方式

化工装置的操作方式可分为连续操作、间歇操作和半连续操作三种，见表1-2。

表1-2 化工装置的操作方式

操作方式	操作情况	特点及应用场合
连续操作	物料源源不断地进入反应器，产品同时源源不断地生产出来	产品质量均一，生产稳定，安全性高，易实现自动控制，劳动生产率高。适用于大型化工生产
间歇操作	物料一次性计量投入，反应一段时间，中间可能经多步操作，最后一次性地从反应器取走产物	投料准确，反应产物易调控，但劳动强度大，产品质量不易均一。适用于小批量生产或复配型生产
半连续操作	在整个工艺过程中，关键部分连续而其他部分不连续。如反应过程连续，但产物要累积到一定程度才集中分离	综合了连续操作和间歇操作的优点，但不适于大规模生产

2. 化工装置的操作要求

（1）吹扫　在化工装置投料前要进行管道系统吹扫，目的是将系统存在的脏物、泥沙、焊渣、锈皮及其他机械杂质彻底吹扫干净，防止因管道及系统存有杂物堵塞阀门、管道及设备，发生意外故障。吹扫前，应预先制订系统管道吹扫流程图，对塔、罐、窗口等要制订专门清理方案。吹扫管道连接的安全阀进口时，应将安全阀与管道连接处断开，并加盲板，同时将吹扫管道上安装的所有仪表元件拆除，防止损坏。

（2）试车　装置开车前，要求技术人员将化工投料方案准备完备。试车包括单机试车和联动试车。单机试车的目的是检验单个设备是否能够正常运行。联动试车的目的是全面考核全系统的设备、自控仪表、联锁、管道、阀门和供电等的性能与质量，全面检查施工安装是否符合设计与标准规范要求。联动试车阶段包括全系统的气密、干燥、置换、三剂填充，一个系统的水运、油运和运用假物料或实物料进行的"逆式开车"。

（3）停车及检修　装置正常停车检修或消缺时，必须编制完善的停车方案，正常停车方案一般包括停车网络图、盲板图、倒空置换进度表及安全环保注意事项。装置正常停车前，应根据装置运转情况和以往的停车经验，在确保装置安全、环保并尽量减少物料损失的情况下停车，并且尽量回收合格产品，缩短停车时间。

局部紧急停车是在停车后短时间恢复装置开车，处理的原则是各系统能够保持原始状态的就尽量维持，要注意停车部分与全装置各系统的联系，以免干扰其余部分的运转而造成不必要的损失。

三、化工工艺计算

工艺计算是进行化工工艺过程设计及经济评价的重要依据。工艺计算主要包括物料衡算和热量衡算，以及转化率、收率和产率的计算。

1. 物料衡算

物料衡算用来确定进、出设备的物料量和组成间的相互数量关系，了解过程中物料的分布与损耗情况，是进行单元设备其他计算的依据。

物料衡算以质量守恒定律为基础，任何一个化工过程，凡向该过程输入的物料量必等于从该过程中输出的物料量与累积于该过程的物料量之和，即

$$进入系统的物料量＝离开系统的物料量＋系统中物料的累积量 \qquad (1-1)$$

上式中可用质量单位（如 kg 或 kg/s），也可以用物质的量单位（如 kmol 或 kmol/s），但必须注意保持式中各项的单位一致。

上式是总物料衡算式，既适用于连续操作，也适用于间歇操作。当过程没有化学反应时，它也适用于物料中的任意组分的衡算；当有化学反应时，它只适用于任意元素的衡算。

对于连续稳定操作，系统中物料的积累为零。上式可简化为：

$$进入系统的物料量＝离开系统的物料量 \qquad (1-2)$$

物料衡算步骤如下。

（1）画出过程示意图，选定适当的衡算系统。衡算系统可以是一个单元设备或若干个单元设备的组合，也可以是设备的某一部分。

（2）选定物料衡算基准。对于间歇操作，常取一批原料或单位质量原料为基准；对于连续操作，通常取单位时间内处理的物料量为基准。基准的选定应使计算尽量简化。

（3）列出物料衡算式，解出未知数。

【例 1-1】 两股物流 A 和 B 混合得到产品 C，每股物流均有两个组分（代号 1，2）组成。物流 A 的质量流量为 $q_{mA}=6160kg/h$，其中组分 1 的质量分数为 $w_{A1}=0.8$；物流 B 中组分 1 的质量分数为 $w_{B1}=0.2$；要求产品 C 中组分 1 的质量分数为 $w_{C1}=0.4$。试求需要加入物料 B 的量 q_{mB} 和产品 C 的量 q_{mC}。

解 （1）依题意画出混合过程示意图

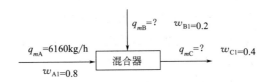

（2）以 1h 为衡算基准，则 $q_{mA}=6160kg/h$

（3）列出物料衡算式

总物料衡算 $\qquad\qquad 6160+q_{mB}=q_{mC}$

对组分 1 衡算 $\qquad\qquad 6160\times0.8+0.2q_{mB}=0.4q_{mC}$

解得 $\qquad\qquad q_{mB}=12320kg/h$

$$q_{mC}=18480kg/h$$

2. 热量衡算

热量衡算是以能量守恒定律为基础的计算，用来确定进、出设备的各项能量间的相互数量关系。

在一个稳定的化工生产过程中，向一个系统或设备中加入的热量等于放出和损失的热量，即

$$Q_{加}=Q_{放}+Q_{损} \qquad (1-3)$$

通过热量衡算，可以更好地了解热量消耗和利用的情况，为计算热量消耗定额和合理利用热量提供可靠依据。

3. 转化率、产率和收率的计算

从反应器中排除的混合物中含有主产物、各种副产物、未反应的原料等。根据反应的配比、转化率、产率或选择性及收率，可进行原料消耗量的计算。

（1）转化率

$$转化率 = \frac{参加反应的反应物量}{加入体系的反应物量} \times 100\% \tag{1-4}$$

（2）产率

$$产率 = \frac{转化为某产物的反应物量}{参加反应的反应物量} \times 100\% \tag{1-5}$$

（3）收率

$$收率 = \frac{转化为目的产物的反应物量}{加入体系的反应物量} \times 100\%$$

$$= \frac{目的产物实际产量}{按反应物计的理论产量} \times 100\% \tag{1-6}$$

或 $$收率 = 转化率 \times 产率 \tag{1-7}$$

4. 生产技术经济指标的计算

生产技术经济指标主要包括以下内容。

（1）生产能力　是指主、副产品每年的生产量，一般以 t/a 表示。

（2）原料消耗定额　是指生产单位产品所需要原料和辅助材料的消耗量。包括原料的规格和计量单位。

（3）动力消耗定额　是指生产单位产品所需要水、电、汽和燃料的消耗量。

（4）产品质量指标　是指产品质量的优劣程度，可分为等级率、合格率、正品率等。

（5）总产值　是以货币形式表现的企业生产的产品总量。

（6）全员劳动生产率　是反应工业企业生产效率高低和劳动力节约情况的重要指标，它等于工业总产值除以全部职工人数。

（7）产品成本　是工业企业在一定时期内为生产和销售一定种类和数量的产品所支付的各种生产费用的总和。

成本的构成有原材料、辅助材料、动力、工资及附加费、废品损失、车间经费、企业管理费和销售费用。

（8）产品利润　利润是指产品的销售收入减去交纳的销售税金、销售成本及销售费用后，再加上销售利润和营业外收入的净额。结果是正数即为盈利，负数则为亏损。

【练习与拓展】

1. 以上实训操作是针对一个新产品的生产准备，若要进行一个已有产品的生产准备，应该有哪些步骤？

2. 以某一个产品生产工艺为例，说明吹扫、试车和停车检修过程。

3. 对于有化学反应的化学过程，应如何进行物料衡算？

项目1.2
化工工艺流程图的
识读与绘制

一、考核要求

1. 能够熟练识读带控制点的工艺流程图。
2. 能够根据生产工艺准确画出带控制点的工艺流程图。

二、实训内容

识读如图 1-2 所示的化工工艺流程图。

三、实训操作

（1）阅读标题栏和图例，说明图样名称、图号、比例、图形符号、介质代号及管路标注。

（2）指出设备的名称、位号和数量。

（3）说明主要物料的工艺流程（沿粗实线），说明经过设备的名称、进出情况。

（4）说明辅助物料的工艺流程（沿中粗实线），说明经过设备的名称、进出情况。

（5）说明阀门及仪表控制点的情况，指出阀门的名称、特点、作用；指出仪表所处位置、功能和所处理的被测变量。

（6）了解备用设备情况，以及设备出现故障后备用设备的启用情况。

四、考核标准

化工工艺流程图的识读与绘制项目考核标准见表 1-3。

表 1-3　化工工艺流程图的识读与绘制项目考核表

考核内容	考核要点	配分	扣分	扣分原因	得分
标题栏阅读	图样名称、比例	5			
	设备名称	5			
图例阅读	阀门及控制符号	5			
	管线及介质代号	5			
设备阅读	位号	5			
	数量	5			
主要物料流程阅读	主要物料经过设备的名称、位号	10			
	主要物料进出情况	10			
辅助物料流程阅读	辅助物料经过设备的名称、位号	10			
	辅助物料进出情况	10			
阀门仪表阅读	阀门的名称、特点、作用	10			
	仪表所处理的被测变量和功能及仪表所处位置	10			
备用设备阅读	设备故障备用情况	5			
实训报告	认真规范	5			
考评员签字		考核日期		合计得分	

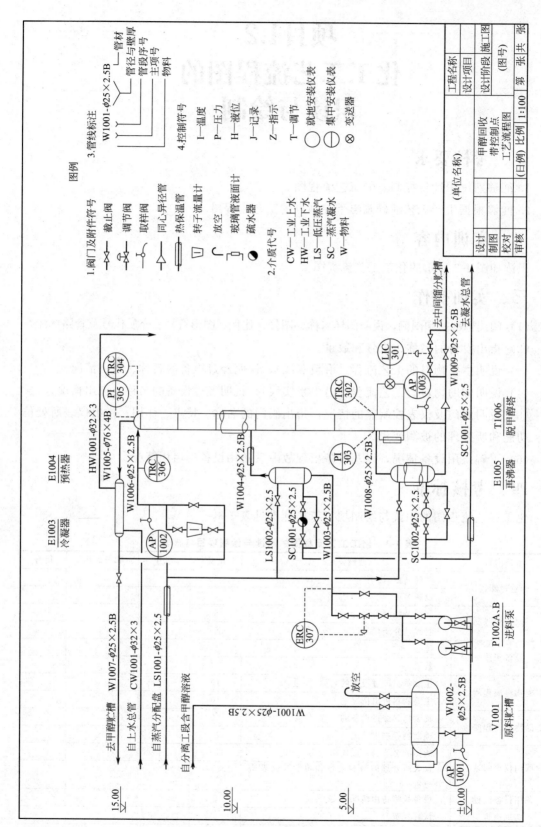

图1-2 甲醇回收工艺流程图

【相关知识】

化工工艺图主要包括工艺流程图、设备布置图和管道布置图；分别由工艺和设备工程技术人员进行设计和绘制，是进行工艺设计、设备设计、安装、维护与检修等的重要技术资料。

一、带控制点的工艺流程图识读

1. 化工工艺流程图

化工工艺流程图是用来表达一个工厂或车间工艺流程与相关设备、辅助装置、仪表与控制要求的基本概况，可供化学工程、化工工艺等各专业的工程技术人员使用与参考，是化工企业工程技术人员和管理人员应用最广泛的一类图纸。

工艺流程图分为工艺方案流程图和带控制点的工艺流程图。工艺方案流程图又称流程示意图或流程简图，它是用图和表格相结合的形式，按工艺流程顺序，示意性地表达一个工厂、车间或某个工段的生产过程，定性地描述物料运行程序的图样。

带控制点的工艺流程图又称工艺施工流程图或工艺安装流程图。它是在工艺方案流程图的基础上，画出全部生产设备简图和全部管线，并在适当位置标出管件、阀门、自控仪表等件的符号，是一种内容详尽的工艺流程图。

2. 带控制点的工艺流程图识读

带控制点的工艺流程图包括整个化工生产工艺过程（或其中某一工段）的设备简图和物料管线，管线上注明了物料的名称及流向，设备、管件、阀门、仪表等均在图中标注。

（1）设备图例与位号　工艺流程图的设备简图一般从左向右排列在一条水平线（代表车间地平线）上，其代号与图例如表 1-4 所示。

表 1-4　工艺流程图的设备代号与图例

设备类别及代号：塔（T）——填料塔　筛板塔　浮阀塔　泡罩塔　喷洒塔

设备类别及代号：反应器（R）——固定床反应器　管式反应器　聚合釜

设备类别及代号：容器（V）——卧式槽　立式槽　除沫分离器　旋风分离器　湿式气柜　球罐　锥顶罐　浮顶罐

设备类别及代号：泵（P）——离心泵　液下泵　旋转泵齿轮泵　水环式真空泵纳氏泵　螺杆泵　活塞泵比例泵　柱塞泵　喷射泵　离心泵

设备类别及代号	图例	设备类别及代号	图例
鼓风机、压缩机（C）	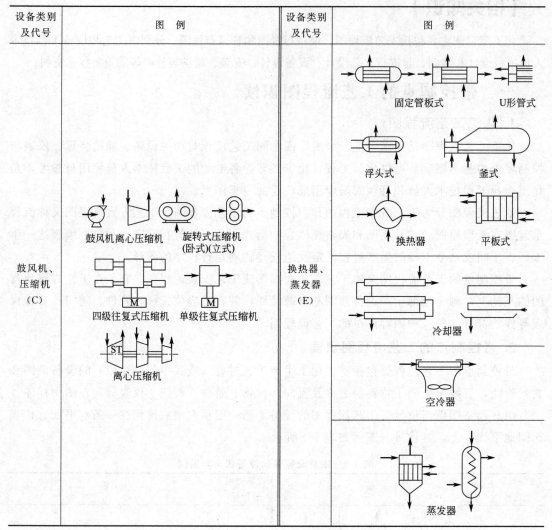	换热器、蒸发器（E）	

（左侧图例含：鼓风机离心压缩机、旋转式压缩机（卧式）(立式)、四级往复式压缩机、单级往复式压缩机、离心压缩机）

（右侧图例含：固定管板式、U形管式、浮头式、釜式、换热器、平板式、冷却器、空冷器、蒸发器）

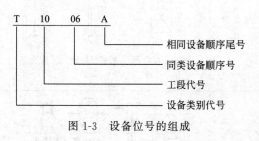

图 1-3 设备位号的组成

（标注：相同设备顺序尾号、同类设备顺序号、工段代号、设备类别代号；示例 T 10 06 A）

在相应设备的正上方或正下方标注有设备位号和名称。如图 1-3 所示。

（2）物料管线及标注 主要物料的流程用粗实线表示，辅助物料的流程用中粗实线表示，其流向由箭头标出，管道标注在管线上方或左方。水平管道标注在管道的上方，垂直管道标注在管道的左方（字头向左）。

管道标注有四部分内容：管道号（或称管段号，由物料代号、工段号、管道顺序号三个单元组成）、管径、管道等级和隔热（或隔声）代号，总称为管道组合号，标注格式如图 1-4（a）所示。管道等级和隔热（或隔声）代号也可标注在管道下方，如图 1-4（b）所示。当工艺流程简单，管道品种规格不多，管道等级和隔热（或隔声）代号可省略。

物料代号以英文名称的首字母（大写）来表示，如表 1-5 所示。

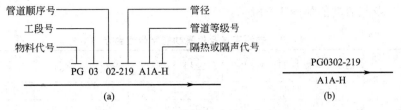

图 1-4　管道标注的组成

表 1-5　物料名称及代号（HG/T 20519.36—1992）

代号	物料名称	代号	物料名称	代号	物料名称	代号	物料名称
AR	空气	RW	原水、新鲜水	LO	润滑油	PW	工艺水
AG	氨气	WW	生产废水	PRW	气体丙烯或丙烷	CA	压缩空气
BW	锅炉给水	SW	软水	PRL	液体丙烯或丙烷	IA	仪表空气
DNW	脱盐水	FV	火炬排放气	FRG	氟里昂气体	HS	高压蒸汽
CWR	循环冷却水回水	VE	真空排放气	FRL	氟里昂液体	LS	低压蒸汽
CWS	循环冷却水上水	VT	放空	IG	惰性气	MS	中压蒸汽
CG	转化气	FG	燃料气	PA	工艺空气	SC	蒸汽冷凝水
NG	天然气	SG	合成气	PG	工艺气体	TS	伴热蒸汽
DR	排液、导淋	TG	尾气	PL	工艺液体	CSW	化学污水
DW	饮用水	MUS	中压过热蒸汽	PS	工艺固体	PLS	固液两相流工艺物料

（3）阀门、管件及仪表控制点　工艺流程图中的阀门、管件均有规定符号，常用阀门和管件的图形符号如表 1-6 所示。

表 1-6　管道系统常用阀门图形符号

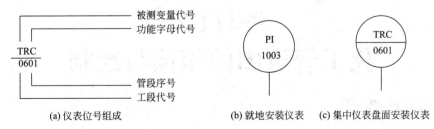

名　称	符　号	名　称	符　号
截止阀		旋塞阀	
闸阀		球阀	
蝶阀		隔膜阀	
旋启式止回阀		减压阀	
角式截止阀		角式球阀	
角式节流阀		三通截止阀	

工艺流程图中，用细实线连到设备轮廓线或工艺管道测量点上的仪表位号指出了仪表所处位置、功能和所处理的被测变量。仪表位号组成及标注方式如图 1-5 所示，仪表位号

(a) 仪表位号组成　　　　(b) 就地安装仪表　　(c) 集中仪表盘面安装仪表

图 1-5　仪表位号的组成及标注方式

中的被测变量及仪表功能如表 1-7 所示。

表 1-7　被测变量及仪表功能字母组合示例

仪表功能 / 被测变量	温度 T	温差 TD	压力 P	压差 PD	流量 F	物位 L	分析 A	密度 D	未分类的量 X
指示 I	TI	TDI	PI	PDI	FI	LI	AI	DI	XI
记录 R	TR	TDR	PR	PDR	FR	LR	AR	DR	XR
控制 C	TC	TDC	PC	PDC	FC	LC	AC	DC	XC
变送 T	TT	TDT	PT	PDT	FT	LT	AT	DT	XT
报警 A	TA	TDA	PA	PDA	FA	LA	AA	DA	XA
开关 S	TS	TDS	PS	PDS	FS	LS	AS	DS	XS
指示、控制	TIC	TDIC	PIC	PDIC	FIC	LIC	AIC	DIC	XIC
指示、开关	TIS	TDIS	PIS	PIS	FIS	LIS	AIS	DIS	XIS
记录、报警	TRA	TDRA	PRA	PRA	FRA	LRA	ARA	DRA	XRA
控制、变送	TCT	TDCT	PCT	PCT	FCT	LCT	ACT	DCT	XCT

二、带控制点的工艺流程图绘制

带控制点的工艺流程图绘制步骤如下。

（1）选图幅定比例。

（2）用细实线画出厂房的地平线。

（3）根据流程，用细实线从左至右依次画出设备的外形和内部主要特征。

（4）在相应设备的图形正上方或正下方标注设备位号和名称，其位置横向排成一行。

（5）用粗实线画出主要物料流程线；用中实线画出其他介质流程线，均画上流向箭头。流程线的起始和终了处应注明物料的来向和去向。

（6）标注管道号、管径和管道等级。

（7）用细实线在流程线上画出管件、阀门和仪表控制点等符号和代号。

（8）用细实线圆圈（ϕ10mm）在管道设备的仪表控制点上标出仪表位号。

（9）编制图例，填写标题栏。将设计中所采用的图例、符号、物料代号、管道编号标注在图中，或以图表形式单独绘制成首页图。

【练习与拓展】

1. 在化工工艺流程图中，如何确定主物料流程线？

2. 化工工艺流程图中，流程线相交时怎样处理？

3. 画化工工艺流程图时，过大或过小的设备怎样处理。

4. 参观化工企业生产车间，画出其化工工艺流程图。

项目1.3
化工管道图的识读与绘制

一、考核要求

1. 能看懂管道走向、编号、规格及配件等安装位置；

2.熟练识读化工管道图；

3.能绘制简单的管道布置图。

二、实训内容

识读如图 1-6 所示的化工管道布置图。

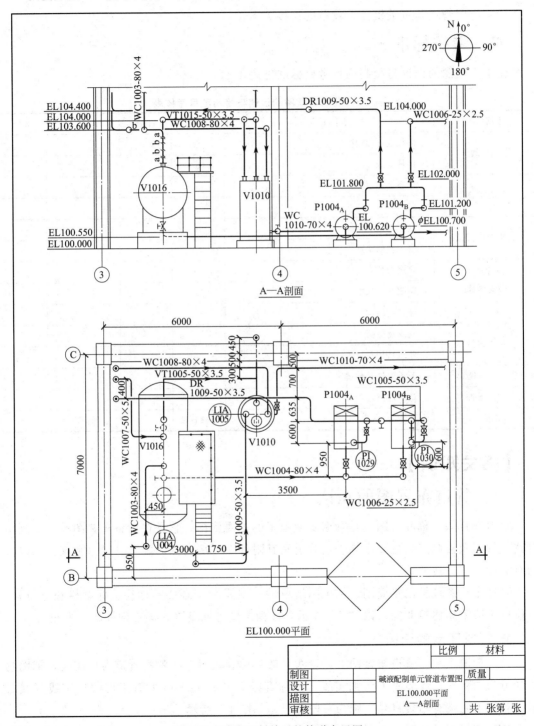

图 1-6 碱液配制单元的管道布置图

三、实训操作

（1）阅读标题栏，说明图样名称、图号、比例、设计者。

（2）指出设备名称、位号、数量。

（3）说明管道及其附件在厂房建筑物内外的空间位置、尺寸和规格。

（4）说明管道与有关机器、设备的连接关系。

四、考核标准

化工管道图的识读与绘制项目考核标准见表1-8。

表 1-8　化工管道图的识读与绘制项目考核表

考核内容	考核要点	配分	扣分	扣分原因	得分
标题栏阅读	图样名称、比例	5			
	图样组成	5			
设备阅读	设备名称、位号	5			
	数量	5			
管道走向阅读	起点、终点设备名称	10			
	管道空间走向	15			
管道空间位置阅读	管道的位高	15			
	管道水平尺寸	15			
管道建筑物位置阅读	建筑物结构	5			
	建筑物标高	5			
	建筑物相对位置	5			
管道附件阅读	管道附件安装情况	5			
实训报告	认真规范	5			
考评员签字		考核日期		合计得分	

【相关知识】

一、管道布置图的识读

管道布置图又称配管图，是管道安装施工的主要依据。它是在设备布置图基础上画出管路、阀门及控制点，主要用来表达管道及其附件在厂房内外的配置、尺寸和规格，以及与有关设备的连接关系。

管道布置图包括由平面图、剖视图组成的一组视图、必要的标注、标题栏和方位标。方位标一般采用建筑北向（以"N"表示）作为零度方向基准，画在图样的右上角。

1. 管道图示的识读

（1）管道图示　管道布置图上，管线一般为单线表示，主物料管道为粗实线，辅助物料管道为中粗线，仪表管道为细实线。公称直径 $DN \geqslant 400\text{mm}$ 的管道用中粗实线双线表示。若管子两端有断裂符号，则为一段管道。如图 1-7 所示。

管道弯折图示如图 1-8，图 1-8（a）是向下 90°角转折，图 1-8（b）是向上 90°角转折，

(a) 单线表示法   (b) 双线表示法

图 1-7　管道图示

图 1-8(c) 是 45°角转折，图 1-8(d) 是管道 $DN \leqslant 50mm$ 的弯头（直角）。

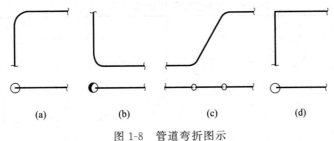

(a)   (b)   (c)   (d)

图 1-8　管道弯折图示

管道交叉时，则下（后）面被遮盖部分的投影为断开。

当两根管道的投影完全重叠时，则可见的管道投影用断裂表示；当多根管道的投影重叠时，最上面的一根管道用双重断裂符号，或在投影管道断开处注有 a、a 和 b、b 等字母加以区分，如图 1-9(a)、图 1-9(b) 所示；当管路转折后重合时，则后面的管道至重影处留有间隙，如图 1-9(c) 所示。

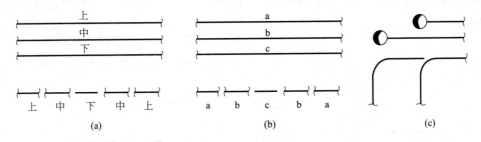

(a)   (b)   (c)

图 1-9　管道重叠图示

管道布置图中也有剖面图的表示形式，如图 1-10 所示。

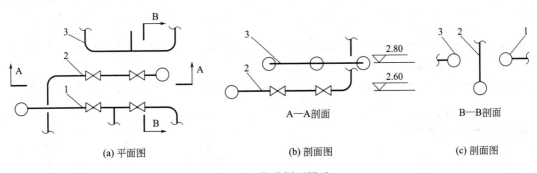

(a) 平面图   (b) 剖面图   (c) 剖面图

图 1-10　管道剖面图示

（2）管路连接图示　管路的四种连接图示如图 1-11。

（3）阀门及控制元件图示　常用的阀门图形符号如表 1-6 所示。常用的控制元件符号

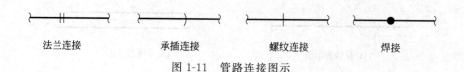

| | 法兰连接 | | 承插连接 | | 螺纹连接 | | 焊接 |

图 1-11　管路连接图示

如表 1-9 所示。

表 1-9　常用控制元件图形符号（摘录）

形式	图形符号	备注	形式	图形符号	备注
通用的执行机构	○	不区别执行机构型式	电磁执行机构	S	
带弹簧的气动薄膜执行机构			活塞执行机构		
电动机执行机构	M		带气动阀门定位器的气动薄膜执行机构		
无弹簧的气动薄膜执行机构			执行机构与手轮组合(顶部或侧面安装)		

　　阀门和控制元件图形符号的一般组合方式图示如图 1-12。阀门与管道的连接方式图示如图 1-13。

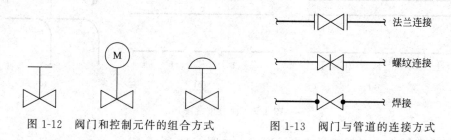

图 1-12　阀门和控制元件的组合方式　　　　图 1-13　阀门与管道的连接方式

　　同心异径管接头和偏心异径管接头的图示如图 1-14(a)。各种阀门的手轮安装方位也

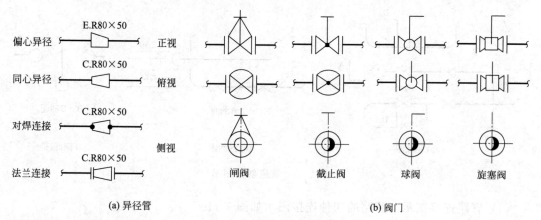

(a) 异径管　　　　　　　　　　　　　　　(b) 阀门

图 1-14　管件与阀门图示

⟫ 化工总控工应会技能基础（中级工/高级工版）

在有关视图中表示出，当手轮安装在上方，其俯视图则无手轮图形，如图 1-14(b) 所示。

安装在设备上的液面计、液面报警器、放空、排液和取样点，以及测温点、测压点和其他附属装置上带有管道与阀门的，也在管道布置图中画出。如图 1-15 所示。

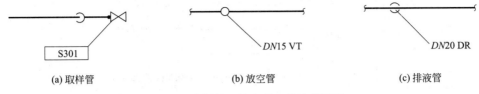

(a) 取样管　　　　　　　　(b) 放空管　　　　　　　　(c) 排液管

图 1-15　取样管、放空管、排液管图示

（4）管架的表示法　管架采用图例表示，其旁标注有管架编号，如图 1-16 所示。

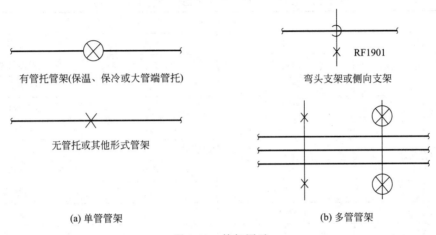

图 1-16　管架图示

2. 管道布置图标注的识读

（1）建筑物（构筑物）的标注　建筑物（构筑物）一般标注轴线编号、轴线间的总尺寸和分尺寸，以及室内外的地坪标高。

（2）设备位号与标高的标注　设备上方标注设备的位号，下方标注设备的标高或中心线的标高。卧式设备以中心线标高表示（EL×××.×××），立式设备以支点标高表示（POS EL×××.×××）。

（3）管道的标注　所有管道的定位尺寸、标高及管段编号均在图中注出，管道组合号与带控制点的工艺流程图中标注相同。管道标高若只标注数字，则是以管道中心线为基准，如图 1-6 中管道"WC1008-80×4"水平段标高"EL103.600"表示该管道中心标高3.6m。若以管底为基准，则前面会加注管底代号"BOP"。管道上方有细线箭头并写有代号"i"和数字的，表示管道安装有坡度，其箭头方向为坡向，数字为坡度。标高前加注"WP"表示管道倾斜。标注如"DN80/50"或"DN80×50"，为异径管前后端管子的公称通径。

（4）管架的标注　管架编号一般标注在管架符号的附近或引出标注。管架编号由五部分组成，如图 1-17 所示。第一位、第二位英文字母分别表示管架类别和管架生根部位的结构，区号为一位数字；管道布置图的尾号为一位数字；管架序号为两位数字，从 01 开始。管架类别和管架生根部位的结构见表1-10所示。

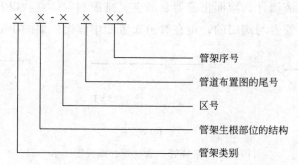

图 1-17　管架编号组成

表 1-10　管架类别和管架生根部位的结构（摘录）

管架类别			
代号	类别	代号	类别
A	固定架	S	弹性吊架
G	导向架	P	弹簧支架
R	滑动架	T	轴向限位架
H	吊架	E	特殊架
管架生根部位的结构			
代号	结构	代号	结构
C	混凝土结构	S	钢结构
F	地面基础	V	设备
W	墙	—	—

3. 管道布置图整图的识读

以图 1-6 为例说明阅读管道布置图的大致步骤。

（1）概括了解　图 1-6 是碱液配制单元的管道布置图。图中画了两个视图，一个 EL100.000 平面图，一个 A—A 剖面图。

（2）分析管道的来龙去脉与空间走向　参照管道及仪表流程图和设备布置图，以管道平面布置图为主，找到起点设备和终点设备。从起点设备开始，按管道编号逐条辨明其走向、转弯和分支情况。

（3）分析管道的空间位置　在看懂管道的空间走向的基础上，以建筑物定位轴线、设备中心线、设备管口法兰等为基础，在平面图上查出管道的水平定位尺寸，并根据标注的标高尺寸确定其安装高度。

（4）了解建筑物尺寸及定位　读设备图中的平面图、立面图，分析建筑物的层次，了解各厂房的标高及楼梯、门、窗、柱等结构情况弄清它们的相对位置。通过读厂房的定位轴线间距，了解厂房的大小。

（5）检查总结　在对所有管道的空间走向与空间位置分析之后，再综合、全面了解管道及附件的安装布置情况，检查有无错漏等问题。

由图 1-6 可以看出：配制好的碱液，由上一层经管道（WC1003）流入设备稀碱液罐

➡ 化工总控工应会技能基础（中级工/高级工版）

（V1016），该管道水平部分中心线标高为 3.6m；设备底部由管道 WC1004 与配碱泵相连，引出段中心线水平标高为 0.55m；设备上部另有管道 WC1007 和放空管道 WC1006，放空管道水平中心线标高为 4.0m。

稀碱液经管道 WC1004 进入配碱泵，泵的入口中心标高为 0.7m，泵的入口和出口管道上装有阀门，入口阀门中心标高为 0.7m，出口阀门中心标高为 1.2m，两台泵的出口端有一水平管道（标高为 1.8m）相连接，使两台泵形成并联，在水平管道上接有两条管道，一条为（DR1009）回流管道，其水平段中心标高为 4.4m，另一条（WC1006）管道去 T1003，其水平段标高为 4.0m。

配制好的碱液，由上一层经管道（WC1009，中心标高为 4.0m）流入设备（V1010）。来自另一单元的碱液，经管道（WC1008，水平段中心标高为 3.6m）流入设备（V1010）。设备内的气体由放空管道放空。设备内的碱液由管道 WC1010 去下一单元的 P1001。

* 二、管道布置图的绘制

管道布置图一般只绘制平面布置图，当平面布置图中局部表达不清时，可绘制剖视图或轴测图。

对于多层建筑物、构筑物的管道平面布置图，应按层绘制。如果在同一张图纸上绘制几层平面图时，应从最低层起，在图纸上由下至上或由左至右依次排列，并在各平面图下方分别注明"EL100.000 平面""EL×××.×××"等。

管道布置图作图步骤如下。

1. 确定表达方案

应以管道及仪表流程图和设备布置图为依据，确定管道布置图的表达方法。

2. 确定比例

根据尺寸大小及管路布置的复杂程度，选择恰当的比例和图幅，合理布置视图。

3. 绘制视图

先画出建筑物或构筑物（包括柱、梁、楼板、门、窗、操作台、楼梯等），再按比例画出设备简单外形、基础轮廓和特征管口，然后根据管道图示方法按流程顺序、管道布置原则画出主要工艺物料管道和辅助管道，在适当位置画箭头表示物料流向，最后按规定符号画出管道上的管件、阀门、仪表控制点等。阀门的控制元件符号按实际安装方位画出。

4. 图样标注

在图形中注写建筑物轴线的编号、设备的位号、管路代号、控制点代号；建筑物和设备的主要尺寸；管路、阀门、控制点的平面位置尺寸和标高以及必要的说明。

5. 方向标及标题栏

绘制方向标，填写标题栏。

【练习与拓展】

1. 如图 1-18 所示，选择一段管道的轴测图，绘制管道的平面图、立面图。

2. 如图 1-19 所示，选择一段管道的平面图、立面图，绘制管道轴测图并标注尺寸。

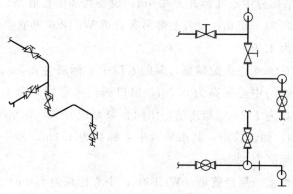

图 1-18　管道轴测图

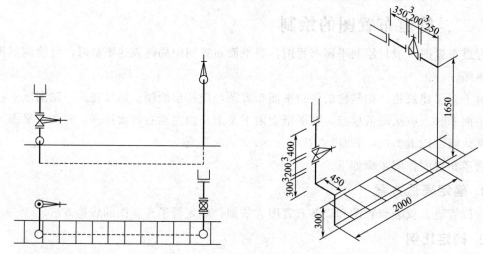

图 1-19　管道平面图和立面图

3. 以一个化工生产工段为例，画出其化工管道布置图。

项目1.4
化工设备装配图的
识读与绘制

一、考核要求

1. 熟练识读化工设备装配图。

2. 熟练测量不同类型化工设备的尺寸。

3. 能绘制各种化工设备的装配图。

二、实训内容

识读如图 1-20 所示的贮罐装配图。

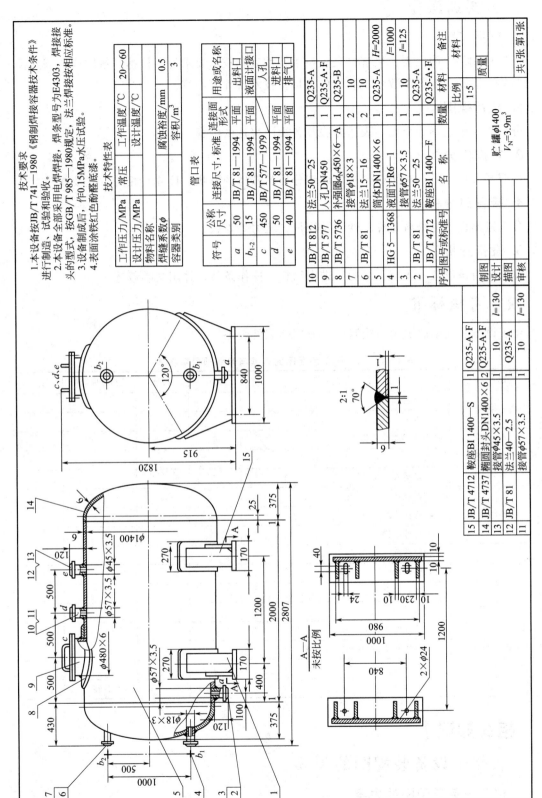

技术要求

1. 本设备按JB/T 741—1980《钢制焊接容器技术条件》进行制造、试验和验收。
2. 本设备全部采用电弧焊焊接，焊条型号为E4303，焊接接头的型式、按GB/T 985—1980规定。法兰焊接按相应标准。
3. 设备制成后，作0.15MPa水压试验。
4. 表面涂铁红色酚醛底漆。

技术特性表

工作压力/MPa	常压
设计压力/MPa	
物料名称	
焊缝系数φ	
容器类别	
工作温度/℃	20~60
设计温度/℃	
腐蚀裕度/mm	0.5
容积/m³	3

管口表

符号	公称尺寸	连接尺寸、标准	连接面形式	数量	用途或名称
a	50	JB/T 81—1994	平面	1	出料口
b₁₋₂	15	JB/T 81—1994	平面	2	液面计接口
c	450	JB/T 577—1979		1	人孔
d	50	JB/T 81—1994	平面	1	进料口
e	40	JB/T 81—1994	平面	1	排气口

15	JB/T 4712	鞍座BI 1400—S	1	Q235-A·F	
14	JB/T 4737	椭圆封头DN1400×6	2	Q235-A·F	l=130
13		接管φ45×3.5	1	10	l=130
12	JB/T 81	法兰40—2.5	1	Q235-A	
11		接管φ57×3.5	1	10	
10	JB/T 812	法兰50—25	1	Q235-A	
9	JB/T 577	人孔DN450	1	Q235-A·F	
8	JB/T 5736	补强圈d₀450×6—A	1	Q235-B	
7		接管φ18×3	2	10	
6	JB/T 81	法兰15—16	2	10	
5	HG 5—1368	筒体DN1400×6	1	Q235-A	H=2000
4		液面计R6—1	1		l=1000
3		接管φ57×3.5	1	10	
2	JB/T 81	法兰50—25	1	Q235-A	
1	JB/T 4712	鞍座BI 1400—F	1	Q235-A·F	l=125
序号	图号或标准号	名 称	数量	材 料	备注

制图			贮罐φ1400		比例	1:5
设计			V_N=3.9m³		材料	
描图						质量
审核						共1张 第1张

图1-20 贮罐装配图

三、实训操作

1. 概括了解

阅读标题栏、明细表、接管口表、技术特性表和技术要求等，概括了解图样所表达设备的名称、容积、零部件数量、接管口数目、技术特性等内容。

2. 分析视图

分析图样中视图的个数、表达方法及各视图表达的内容。

3. 零部件分析

按照零部件编号，对照标题栏，详细分析各部件的形状、尺寸、相对位置及作用。

4. 接管口分析

分析进出设备的物料名称、性质及流量、压力等参数。

5. 设备分析

综合分析该设备的作用、结构、进出物料、操作条件，并用文字叙述。

四、考核标准

化工设备装配图的识读与绘制项目考核标准见表 1-11。

表 1-11　化工设备装配图的识读与绘制项目考核表

考核内容	考核要点	配分	扣分	扣分原因	得分
标题栏阅读	图样名称	5			
	比例	5			
设备零部件阅读	设备零部件名称	5			
	数量	5			
	设备零部件尺寸	5			
视图阅读	视图表达方法	10			
	零部件装配关系	10			
	零部件结构形状	10			
技术特性表阅读	物料名称	10			
	物料特性	10			
管口表阅读	设备管口名称	5			
	用途	5			
	开孔方位	5			
技术要求阅读	设备的制造、检验和安装要求	5			
实训报告	认真规范	5			
考评员签字		考核日期		合计得分	

【相关知识】

一、化工设备装配图的识读

1. 化工设备装配图的内容

（1）一组视图　用以表达化工设备的工作原理、各零件间的装配关系以及主要零部件的基本结构形状。

（2）必要的尺寸　表达设备的总体大小、规格，以及装配和安装时必要的尺寸，是制造、装配、安装和检验设备的重要依据。

（3）管口表　设备上所有管口均用字母编号，并列出管口表，说明各管口的尺寸、连接尺寸及标准、连接面形式和管口用途、名称。管口表中的序号，应与视图中各管口的序号一致，按小写拉丁字母顺序填写。当几个管口的规格、标准、用途和连接面形式完全相同时，可合并为一项填写，如 b_{1-2}。

（4）技术特性表　内容包括：工作压力、工作温度、设计压力、设计温度、容积、物料名称、传热面积、电动机型号及功率，以及其他有关表示该设备重要性能的资料。

（5）技术要求　用文字说明该设备在制造、检验、安装、保温、防腐蚀等方面的要求，通常包括通用技术条件、焊接要求、设备的检验方法及其他要求。

（6）零部件的编号、明细表和标题栏。

2. 识读化工设备装配图的要求

（1）了解设备的用途、工作原理和结构特点。

（2）了解各零部件之间的装配关系和有关尺寸，并参阅有关资料，深入了解各主要零部件的结构、规格和用途。

（3）了解设备上的管口数量和开孔方位。

（4）了解设备制造、检验、安装等方面的技术要求。

3. 识读化工设备装配图的步骤（以图 1-20 贮罐装配图为例）

（1）概括了解　看标题栏，了解设备名称、规格、绘图比例等内容；看明细栏，了解设备各零部件和接管的名称、数量等内容。

从图 1-20 标题栏、明细栏、技术特性表和视图等内容可知，该设备名称是贮罐，其规格为 $\phi 1400$mm，容积为 3m^3，由 15 个零部件组成。

（2）视图分析　通过视图分析，可以看出设备图上共有多少个视图，哪些是基本视图，哪些是辅助视图，各视图采用了哪些表达方法等。

图 1-20 采用了主、左两个基本视图，主视图采用局部剖视画法，用以表达筒体与封头的连接形式，人孔和接管的结构形状及与筒体的连接方式。筒体内径为 1400mm，壁厚为 6mm，长为 2000mm，材料为 Q235-A。

（3）零部件分析　以主视图为主，结合其他视图，对照明细栏中的序号，将零部件逐一从视图中分离出来，分析其结构、形状、尺寸及与主体或其他零部件的装配关系。对标准化零部件，应查阅有关标准，弄清楚其结构。分析图中的各类尺寸及代（符）号，搞清它们的作用和含义。

图 1-20 中椭圆封头、鞍座、接管口、人孔等均为标准件，都是用焊接的方法装配在筒体或封头上。

（4）认真阅读技术要求、管口表和技术特性表　通过阅读技术要求，了解设备在制造、检验、安装等方面所依据的技术规定和要求，以及焊接方法、装配要求、质量检验等的具体规定。通过看管口表、技术要求表，了解管口数量、方位，以及设备所要求的工艺条件。

图 1-20 中设备工作压力为常压，工作温度为 20～60℃，有 6 个接管口，分别是进料口（上方）、出料口（下方）、液面计接口（左封头上，2 个管口）、人孔（上方）和排气口（上方）。

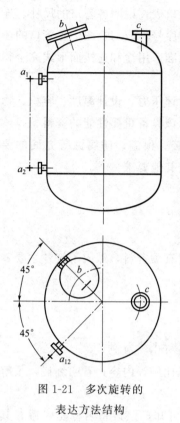

图 1-21　多次旋转的
表达方法结构

（5）归纳总结　通过上面的分析可知，图 1-20 所画的设备结构为圆筒形，两端各有一个椭圆形封头，共有 6 个接管口，整个设备由一对鞍座支承。

二、化工设备装配图的绘制

（1）视图的配置　化工设备装配图的视图配置比较灵活，立式设备通常采用主、俯两个基本视图，卧式设备一般采用主、左两个基本视图。主视图一般应按设备的工作位置选择，并采用剖视的表达方法，以使主视图能充分表达其工作原理、主要装配关系及主要零部件的结构形状。所需视图较多时，可画在数张图纸上，但主要视图及该设备的明细栏、技术要求、技术特性表、管口表等内容，均应安排在第一张图样上。零件图与装配图可画在同一张图样上。

（2）多次旋转的表达方法　设备壳体周围分布着各种管口和零部件，为了清楚地表达它们的结构形状和位置高度，主视图可采用多次旋转的表达方法，如图 1-21 所示。

（3）管口方位的表达方法　如果设备上各管口或附件的结构形状已在主视图上表达清楚时，则设备的俯（左）视图可简化成管口方位图的形式，用中心线表明管口的方位，用单线（粗实线）示意画出设备管口，如图 1-22 所示。同一管口，在主视图和方位图上标注相同的小写字母。

（4）夸大的表达方法　对于设备上某些尺寸过小的结构（如薄壁、垫片、折流板等），无法按比例画出时，可采用夸大画法，即不按比例、适当夸大地画出它们的厚度或结构。

（5）局部结构的表示方法　对于设备中细小的结构，可采用局部放大的画法。

（6）断开和分段（层）的表达方法　当设备总体尺寸很大，又有相当部分的形状和结构相同（或按规律变化）时，如填料塔，可采用断开画法，也可把整个设备分成若干段画出。

（7）简化画法

① 设备上某些结构已有零部件图，或另外用剖视、断面、局部放大图等方法表示清楚时，装配图上允许用单线表示。

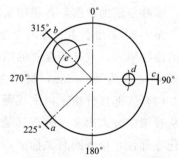

图 1-22　管口方位图

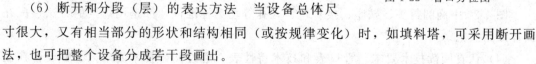

② 管法兰不论连接面是什么形式（平面、凹凸面、榫槽面），均可简化画，其连接面形状及焊接形式（平焊、对焊等）可在明细栏及管口表中注明。

③ 重复结构的简化画法　螺栓孔可用中心线和轴线表示，而圆孔的投影则可省略。螺栓连接可用符号"×"（粗实线）表示，若数量较多且均匀分布时，可以只画出其分布方位。

填料在剖视图中可用交叉的细实线表示，同时注写有关的尺寸和规格及堆放方法。当填料规格或堆放方法不同时要分层表示。

管束在装配图中可只画出其中一根或几根管子，而其余管子均用中心线表示。

当多孔板的孔径相同且按一定的角度规则排列时，用细实线按一定的角度交错来表示孔的中心位置，用粗实线表示钻孔的范围，同时画出几个孔并注明孔数和孔径。若多孔板画成剖视图时，则只画出孔的中心线，省略孔的投影。

标准零部件都有标准图，在设备图中不必详细画出，可按比例画出其外形特征的简图，并同时在明细栏中注写名称、规格、标准号等。

【练习与拓展】

1. 按装配图阅读步骤阅读各类典型化工设备（如换热器、塔器等）装配图。

2. 到化工企业任意找一个设备，测量后画出其装配图。

3. 化工设备中有哪些常用的标准零部件？它们在化工设备图中怎样表达？

4. 化工设备图上的焊缝是怎样表达的？

项目1.5
化工管路的装拆

一、考核要求

1. 能根据流体输送流程简图，准备安装管线所需的管件、仪表等，以及所需要的工具和易耗品。

2. 掌握管线的正确组装和管道试压及拆除程序。

3. 能够根据管路布置图安装化工管路，并对安装的管路进行试漏、拆卸。

4. 能做到管线拆装过程中的安全规范。

二、实训内容

根据管路安装简图（图1-23），采用法兰连接或螺纹连接安装化工管路，并对安装好的管路进行试压，然后拆卸管线。

三、实训材料及工具

材料：水煤气管、截止阀、止回阀、流量计、过滤器、压力表、真空表、法兰、螺栓、垫圈、水压试验机、离心泵。

工具：扳手、螺丝刀、角尺、管钳、切管器、套丝机、找正仪。

管路拆装材料架如图1-24所示。

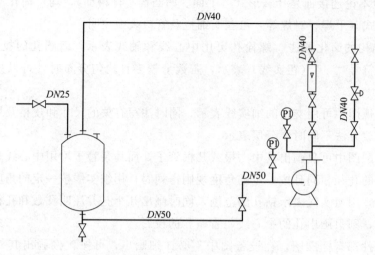

图 1-23　管路安装简图

图 1-24　管路拆装材料架

四、实训操作

1. 领料

根据管路拆装工艺流程图填写领料清单和工具清单，到材料架和工具柜处一次性领取物品，物品分类摆放。

2. 管路安装在划定的范围内进行管线安装，随时检查以下内容：

（1）压力表、真空表有无装错。

（2）截止阀、止回阀、流量计、过滤器的方向是否正确。

（3）阀门与管子之间进行可拆性连接时，阀门应在关闭状态下安装，法兰和螺纹连接时应处于关闭状态。

（4）每对法兰连接时应用同一规格螺栓安装，方向一致。

（5）法兰之间垫片是否漏装，应只装一个。

（6）每只螺栓加垫圈不得超过一个。

（7）安装不锈钢管道时不得用铁质工具敲击。

3. 按规定试验压力进行水压试验

4. 试运行

开泵试运行，调整流量计到规定流量，进行泵的切换操作，并稳定液体流量。

5. 拆除

（1）运行完成后，进行停车操作。

（2）管路排液结束后，进行管线拆除。拆除过程中，水不能漏到地上。拆除的物件可放置在小车上，拆除完毕后，清理现场。

（3）现场清理完毕后，归还物件，并按原来位置放在货架和工具柜内。

拆除过程应注意以下事项：泵进口和出口管线可同时安装和拆除，安装顺序是由下到上，拆除顺序是由上到下；拆装工具使用合理，拆装螺纹连接处时，旋紧及旋松丝扣的方向正确；管路的垂直度和平行度符合要求。装拆过程要配戴安全帽。

五、考核标准

化工管路的装拆项目考核标准见表1-12。

表1-12　化工管路的装拆项目考核表

考核内容	考核要点	配分	扣分	扣分原因	得分
管线拆装前的准备	拆装总清单填写正确	5			
	领管子、管件、仪表及工具正确	5			
	领件时间不超时	5			
管线安装及检查	管件、阀门、仪表安装正确	5			
	阀门与管道可拆性连接时，阀门是否在关闭状态下安装	5			
	法兰连接正确（用同一规格螺栓安装，方向一致，每只螺栓加垫圈不超过一个，法兰平行，不偏心）	5			
	初步安装时间不超时	5			
泵出口管线压力试验及检查	试压前排净空气，盲板安装到位	5			
	试验压力及稳压时间合适	5			
	试压合格，无渗漏	5			
	水压时间不超时	5			
	试压结束后排尽液体	5			
管线的拆除和现场清理	管内液体尽量放尽	5			
	对照清单完好归还和放好仪表、管件、工具	5			
	拆除结束后是否清扫现场	5			
	拆除时间不超时	5			
文明安全操作	穿戴规范，无越限	5			
	工具、设备使用规范	5			
	无伤害到别人或自己现象	5			
实训报告	认真规范	5			
考评员签字		考核日期		合计得分	

【相关知识】

一、化工管路

化工管路是由管子、管件和阀门等按一定的排列方式构成的，也包括一些附属于管路的管架、管卡、管撑等辅件。

1. 管子

按材料不同，管子可分为金属管、非金属管和复合管。管子的规格通常用"外径×壁厚"来表示，如 $\phi38mm\times2.5mm$ 表示此管子的外径为 38mm，壁厚为 2.5mm。标准化的管子规定了管子的公称直径和公称压力，公称直径用 DN 表示，如 $DN100$ 表示该管公称直径为 100mm，它是内径的近似值，习惯上也用 in（英寸）表示。公称压力是指管材 20℃时持续输送水的工作压力，用 PN 表示，如 $PN15$。

2. 管件

管件是用来连接管子以达到延长管路、改变管路方向或直径、分支、合流或封闭管路等目的的附件的总称。常见的有弯头、活接头、螺纹短节、丝堵、三通、四通、异径管、法兰、管帽等。

3. 阀门

阀门是用来启闭和调节流量及控制安全的部件。

4. 管路的连接方式

管路的连接包括管子与管子、管子与各种管件、阀门及设备接口处的连接。常用的连接方式有法兰连接、焊接、承插连接和螺纹连接四种。

5. 管路的布置与安装原则

（1）在工艺条件允许的前提下，应使管路尽可能短，管件和阀门应尽可能少。

（2）管路与墙壁、柱子或其他管路之间应有适当的距离，以便于安装、操作、巡查与检修。

（3）管路排列时，通常使热的在上，冷的在下；无腐蚀的在上，有腐蚀的在下；输气的在上，输液的在下；不经常检修的在上，经常检修的在下；高压的在上，低压的在下；保温的在上，不保温的在下；金属的在上，非金属的在下。

（4）管子、管件与阀门应尽量采用标准件，以便于安装与维修。

（5）对于温度变化较大的管路须采取热补偿措施，有凝液的管路要安排凝液排放装置，有气体积聚的管路要设置气体排放装置。

（6）管路通过人行道时高度不得低于 2m，通过公路时不得低于 4.5m，通过工厂主要交通干线高度一般为 5m。

（7）一般情况下，管路采用明线安装，但上下水管及废水管采用埋地铺设，埋地安装深度应当在当地冰冻线以下。

6. 化工管路的安装技巧

可拆式管路组装要点：先将管路按现场位置分成若干段组装，然后从管路一端向另一端固定接口逐次组合；也可以从管路两端接口向中间逐次组合。在组合过程中，必须经常检查管路中心组的偏差，尽量避免因偏离过大而造成最后合拢的接口处错口太大的毛病。

管路的安装工作包括管路安装、法兰和螺纹接合、阀门安装和水压试验。

（1）管路安装　管路的安装应该保证横平竖直，水平管偏差不大于 15mm/10m，全长不能大于 50mm，垂直管偏差不能大于 10mm。

（2）法兰与螺纹接合　法兰安装要做到对得正、不反口、不错口、不张口。紧固法兰时要做到未加垫片前，将法兰密封面清理干净，其表面不得有沟纹；垫片的位置要放正，不能加入双层垫片；在紧螺栓时要按对称位置的秩序拧紧，紧好之后螺栓两头应露出 2～4 扣；管道安装时，每对法兰的平行度、同心度应符合要求。

螺纹接合时管路端部应加工外螺纹，利用螺纹与管箍、管件和活管接头配合固定。其密封依靠锥管螺纹的咬合和缠绕在螺纹表面的密封材料来达到。常用的密封材料是麻丝或四氟膜（生料带）。

（3）阀门安装　阀门安装时应把阀门清理干净，关闭好再进行安装，单向阀、截止阀及调节安装时应注意介质流向，使阀的手轮便于操作。

（4）水压试验　管路安装完毕后，应做强度与严密度试验，试验是否有漏气或漏液现象。管路的操作压力不同，输送的物料不同，试验的要求也不同。当管路系统进行水压试验时，试验压力为 294kPa（表压），在试验压力下维持 5min，未发现渗漏现象，则水压试验为合格。

二、阀门

阀门是用来启闭和调节流量及控制安全的部件。化工生产中阀门种类繁多，常见阀门的外形如图 1-25 所示，其结构特点及用途见表 1-13。

(a) 截止阀　　(b) 闸阀　　(c) 旋塞　　(d) 球阀

(e) 蝶阀　　(f) 升降式止回阀　　(g) 旋启式止回阀　　(h) 全启式安全阀

图 1-25　常用阀门外形图

表 1-13　常见阀门的结构特点及用途

名称	结构特点	用途
闸阀	主要部件为一个闸板,通过闸板的升降以启闭管路。这种阀门全开时流体阻力小,全闭时较严密	多用于大直径管路中作启闭阀,不宜用于含有固体颗粒或物料易于沉积的流体
截止阀	主要部件为阀盘与阀座,流体自下而上通过阀座,其构造比较复杂,流体阻力较大,但密闭性与调节性能较好	不宜用于黏度大且含有易沉淀颗粒的介质
球阀	阀芯呈球状,中间为一与管内径相近的连通孔。结构简单,启闭迅速,体积小,流体阻力小	适用于低温高压及黏度大的介质,但不宜用于调节流量
旋塞	阀芯为一可转动的圆锥形旋塞,中间有孔,当旋塞旋转至90°时,流动通道即全部封闭	温度变化大时容易卡死,不能用于高压
蝶阀	阀芯为蝶形,通过旋转阀芯启闭管路。结构简单,启闭迅速	适用于黏稠及含有固体颗粒的流体,不宜用于调节流量
止回阀	根据阀前、后的压力差自动启闭,分为升降式和旋启式两种。安装时应注意介质的流向与安装方向	一般适用于清洁介质,其作用是使介质只作一定方向的流动
安全阀	能根据工作压力而自动启闭,从而将管道设备的压力控制在某一数值以下,以保证其安全	主要用在蒸气锅炉及高压设备上

一般开关情况下应首先选闸阀,对要求有一定调节作用的开关场合和输送液化石油气、液态烃类介质的场合,宜选用截止阀。这两种阀及止回阀在石油化工生产装置中应用最广,约占整个阀门总量的 80% 左右。

【练习与拓展】

1. 管路安装过程中法兰连接和螺纹连接各有何优缺点?
2. 在哪些情况下管路需要热补偿。
3. 阀门的选用原则是什么?
4. 如何排除阀门的内漏和外漏?

*项目1.6
化工容器的检验与维护

一、考核要求

1. 能够对化工容器进行常规检验、维护、维修。
2. 掌握化工容器维护保养方法和步骤。

二、实训内容

对化工容器(反应釜、贮罐、塔器)进行检验、维护。

三、实训设备及工具

化工容器、探伤仪、测厚仪、扳手、螺丝刀、角尺、管钳、手电筒、放大镜、安全帽、绝缘靴。

四、实训操作

(1)查阅待检验容器的技术资料,如图样、说明书、检验合格证等,了解设备的制造、检验情况。

（2）检查前停车，将容器内的介质排净，对于易燃易爆和有毒介质，应用氮气或液体转换或中和合格，然后清洗干净。将待检查的容器与有关管道或设备用盲板隔断，切断电源。

（3）打开人孔、手孔、检查孔等，拆除焊缝处保温层，去掉焊缝上的油污，采取通风措施。

（4）查看容器内、外表面有无裂纹，检查焊缝腐蚀面积和深度，测量实际壁厚是否超标。检查衬里有无开裂和脱落，内件有无腐蚀、变形和错位等现象。

（5）检查介质进出管口、压力表和安全阀等连接管路是否有结疤和杂物堵塞，以及是否有冲刷伤痕。

（6）对容器的纵环焊缝进行20％的无损检测，发现超标缺陷应扩大抽查比例，一般大于10％。

（7）检查螺栓是否坚固，将螺栓的螺纹涂以防锈脂。

五、考核标准

化工容器的检验与维护项目考核标准见表1-14。

表1-14　化工容器的检验与维护项目考核表

考核内容	考核要点	配分	扣分	扣分原因	得分
查阅资料	图样、说明书	5			
	检验合格证	5			
停车排料	停车	5			
	排料、清洗	5			
	盲板隔断	5			
检查人孔、焊缝	人孔、手孔、检查孔	5			
	检查焊缝	5			
	通风	5			
检查表面、器壁	表面裂纹	5			
	测量壁厚	5			
	腐蚀深度	5			
	衬里开裂、脱落情况	5			
检查管口、仪表、阀门	设备管口	5			
	压力表	5			
	安全阀	5			
焊缝无损检测	设备的制造、检验和安装要求	10			
检查螺栓	坚固螺栓	5			
	涂防锈脂	5			
实训报告	认真规范	5			
考评员签字		考核日期		合计得分	

【相关知识】

一、化工容器的结构

化工企业使用的设备，有的用来贮存物料，如各种贮罐、计量罐、高位槽等；有的用来对物料进行物理处理，如换热器、精馏塔等；有的用于进行化学反应，如聚合釜、反应器、合成塔等。这些设备都有一个外壳，称为化工容器。化工容器的大体结构如图1-26所示。

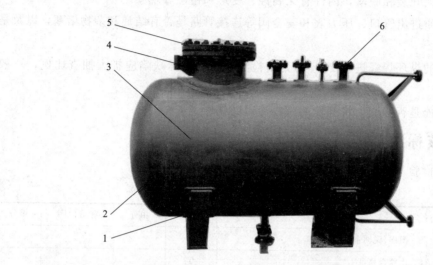

图 1-26 圆筒形化工容器的结构

1—支座；2—封头；3—筒体；4—人孔；5—法兰；6—接管口

常见的化工容器多为圆筒形，通常由筒体、封头、法兰和若干个附件构成。

1. 筒体

筒体是用以贮存物料或完成传质、传热或化学反应所需要的工作空间。一般由钢板卷焊而成，其大小由工艺要求确定。

2. 封头

封头与筒体一起构成设备的壳体。根据几何形状的不同，封头可分为球形、椭圆形、碟形、锥形和平盖等几种，其中最常用的是椭圆形封头。

3. 法兰

法兰连接是由一对法兰、一个垫片、数个螺栓和螺母所组成。法兰连接是一种可拆连接，在化工设备上应用非常普遍。

4. 人孔和手孔

为了便于安装、检修或清洗设备内部的装置，需要在设备上开设人孔或手孔。人孔、手孔由短节、法兰、盖板、垫片及螺栓、螺母组成。

5. 接管

化工设备上的接管一般分为两类，一类是物料进出口接管，另一类是各种测量仪表接管。物料进出口管直径相对较大，都通过法兰连接；各种测量仪表接管一般直径较小，可用螺纹连接。

6. 视镜

视镜是用来观察容器内部物料变化过程的装置，根据用途区分，视镜有不同的类型。

7. 支座

支座用来支撑设备的质量、固定设备的位置。卧式设备中常用的支座是鞍式支座，它由底板、腹板、筋板、垫板组焊而成；中小型立式设备最常用的支座是耳式（悬挂式）支座，立式容器的另一种支座是支承式支座，它们均由底板、筋板、垫板组焊而成；高大塔设备常使用裙式支座，它由裙座体、引出孔、检查孔、基础环及螺栓座等组成。

二、压力容器安全知识

1. 压力容器的分类

按照《压力容器安全技术监察规程》的规定，同时具备下列条件的容器称为压力容器：最高工作压力≥0.1MPa（不含液柱静压力）；内直径（非圆形截面指断面最大尺寸）≥0.15m，且容积≥0.025m³；介质为气体、液化气体或最高工作温度高于等于标准沸点的液体。

压力容器按承压方式可分为内压容器和外压容器；按设计压力的高低可分为以下四类：

(1) 低压容器（代号 L），$0.1MPa \leq p < 1.6MPa$；

(2) 中压容器（代号 M），$1.6MPa \leq p < 10MPa$；

(3) 高压容器（代号 H），$10MPa \leq p < 100MPa$；

(4) 超高压容器（代号 U），$p \geq 100MPa$。

2. 压力容器安全使用要点

压力容器发生事故的主要原因是设计、制造存在缺陷，质量低劣，安装不符合要求，附件不齐全或失灵，设备维护不善，带病运转，违反操作规程等。其安全使用要点如下：

(1) 操作人员应严格遵守安全操作规程，严格控制各工艺参数，严禁超压、超温、超负荷运行及冒险性、试探性操作。

(2) 容器的阀门、零件、各安全附件应保持清洁、完好、齐全、可靠。

(3) 压力容器发生异常情况时，应及时、果断地进行处理。

(4) 加强维护，及时消除跑、冒、滴、漏，提高设备完好率。

(5) 严禁用铁器敲击压力窗口以免产生火花，发生爆炸事故。

(6) 加强定期检测，检查是否有裂纹、变薄、变形等缺陷，检查压力表、温度计、液位计、流量计、安全阀是否正常工作。

3. 定时巡回检查内容

(1) 检查工作介质的压力、温度、流量、液面和成分是否在工艺控制指标范围以内。

(2) 察看各法兰接口有无渗漏，容器外壳有无局部变形、鼓包和裂纹。

(3) 测量容器壁温有无超温的地方（一般容器壁温规定最高温度为200℃）。

（4）测听容器和管道内介质流速情况，判断是否畅通。

（5）检查容器和管道有无振动。

4. 紧急停车措施

压力容器在运行中，如果发生以下严重威胁安全生产的情况时，操作人员应立即采取安保措施，并通知有关部门紧急停止运行。

（1）容器发生超温、超压、过冷或严重泄漏情况之一时，经采取各种措施仍无效果，并有恶化的趋势时。

（2）容器的主要受压元件发生裂纹、鼓包、变形，危及安全运行时。

（3）容器近处发生火灾或相邻设备管道发生故障，直接威胁到容器安全运行时。

（4）安全附件失效，接管断裂，紧固件损坏，难以保证安全运行时。

紧急停止运行的操作步骤：切断进料和蒸汽阀门，打开排空阀，使压力和温度降下来。

三、化工设备的检查与维护

1. 设备的检查

设备检查是对设备的运行状况、工作性能、磨损腐蚀程度等方面进行检查和校验，一般分为日常检查和定期检查两种。

日常检查是指操作者每天对设备进行的检查。定期检查可按年、月、周，由专职维修人员按计划进行，操作工人参加。

2. 设备的维护保养

设备在运行使用过程中，不可避免地会出现一些不正常的现象，如松动、干摩擦、声音异常等。维护保养就是按操作规章对设备进行清洗、润滑、调整、紧固、除锈、防腐等工作，以延缓设备的磨损，延长设备的使用寿命，保证设备正常运转。设备的维护保养按工作量的大小可分为四个等级。

（1）日常维护保养（又称为例行保养）　重点是对设备进行清洗、润滑、紧固易松动的螺丝、检查零部件的状况。此项工作由设备操作工人负责，基本要求是：操作工人应严格按操作规程使用设备，经常观察设备运转状况；应保持设备完整，附件齐全，安全防护装置、线路、管道完整无损；经常擦拭设备的各个部件，保持设备清洁无油垢；要及时注油、换油，保持油路畅通，经常紧固松动部件，保持设备运转灵活，不泄漏。

（2）一级保养　一级保养的主要内容是：检查、清扫、调整电气（控制）部位；彻底清洗、擦拭外表；检查设备的内脏；检查、调整各操纵、传动连接机构的零部件；检查油泵、疏通油路，清洗或更换油毡、油线，检查油箱油质、油量，检查调节各指示仪表与安全防护装置。检查中发现的故障隐患和异常情况要予以排除。一级保养工作主要是以操作工人为主，专业维修人员配合进行。

（3）二级保养　由专业维修人员执行，操作工人参加。这项工作主要是进行内部清洗、润滑、局部解体检查和调整、更换或修复磨损的部件。

（4）三级保养　由专业维修人员执行，操作工人参加。主要是对设备的主体部分进行解体检查和调整，同时更换一些磨损的零部件，并对主要零部件的磨损情况进行测量鉴定。

四、压力容器的检验

1. 检验类型

压力容器的检验包括外部检验、内外部检验和全面检验。

（1）外部检验 也称为运行中的检验，检查的主要内容有：容器的防腐蚀层、保温层及设备铭牌是否完好；容器外表面有无裂纹、变形、泄漏、局部过热等不正常现象；安全附件是否齐全、灵敏、可靠；紧固螺栓是否完好、全部旋紧；基础有无下沉、倾斜以及防腐层有无损坏等异常现象。

（2）内外部检验 必须在停车和容器内部清洗干净后才能进行。检验的主要内容除包括外部检查的全部内容外，还要检验内外表面的腐蚀、磨损现象；用肉眼和放大镜对所有焊缝、封头过渡区及其他应力集中部位检查有无裂纹，必要时采用超声波或射线探伤检查焊缝内部质量，测量壁厚。

通过内外部检验，对检验出的缺陷要分析原因并提出处理意见，修理后还要进行复验。压力容器内外部检验周期一般为每三年一次。

（3）全面检验 全面检验除了上述检验项目外，还要进行耐压试验（一般进行水压试验），对主要焊缝进行无损探伤抽查或全部焊缝检查。容器的全面检验周期一般为每六年至少进行一次。

2. 容器检验方法

（1）宏观检查 将壳体清洗干净，用肉眼或 5 倍放大镜检查腐蚀、裂纹、变形等缺陷。

（2）无损检测法 将被测点除锈，磨光，用超声波测厚仪的探头与被测部位紧密接触（接触面可用机油等液体作偶合剂），测出该部位的厚度。

（3）钻孔实测法 当使用仪器无法测量时，可用手电钻钻孔实际测量厚度，测后应补焊修复。对用铸铁、低合金高强度等可焊性差的材料制作的容器，不宜采用本法测量。

（4）测定壳体内、外径 对于铸造的反应釜以及内、外径经过加工的设备，使用过程中属于均匀腐蚀，通过测定壳体内、外径实际尺寸，并查阅技术档案，确定设备减薄程度。

（5）气密性检查 在壳体内通入空气或氨气，通入空气时可用肥皂水涂入焊缝或腐蚀部位，检查有无泄漏；通入氨气时，可在焊缝或被检的腐蚀部位贴上酚酞试纸，在保压 5～10min 后，以试纸上不出现红色斑点为合格。也可采用煤油渗漏试验，将焊缝能够检查的一面清理干净，涂以白粉浆，晾干后在焊缝的另一面涂以煤油，使表面得到足够的浸润，经 30min 后白粉上没有油渍为合格。

3. 压力试验

压力试验的目的是为了检验容器在超过工作压力条件下密封结构的可靠性、焊缝的致密性以及容器的宏观强度，同时观测压力试验后受压元件的母材及焊接接头的残余变形量，还可以及时发现材料和制造过程中存在的缺陷。新制造或大修后的容器，在交付使用前都必须进行压力试验，试验合格后才能交付使用。

压力试验一般采用液压试验，试验介质一般采用水。对不适合做液压试验的容器或液压试验时因液体重量超过基础承受能力时（如高塔），用气压试验。新制造的容器液压试验后，应及时将试验介质排净，并用压缩空气或其他惰性气体将容器内表面吹干，以免腐蚀。对剧毒介质和设计要求不允许有微量介质泄漏的容器，在液压试验后，还需进行气密性试验。

压力试验时的试验压力是进行压力试验时规定容器应达到的压力，它大于工作压力，其数值反映在容器顶部的压力表上。液压试验时试验压力按下式确定：

$$p_T = 1.25 p \frac{[\sigma]}{[\sigma]^t} \tag{1-8}$$

式中　　p_T——容器的试验压力，MPa；

　　　　p——容器的设计压力，MPa；

　　　　$[\sigma]$——容器元件材料在试验温度下的许用应力，MPa；

　　　　$[\sigma]^t$——容器元件材料在设计温度下的许用应力，MPa。

当容器铭牌上规定有最大允许工作压力时，公式中应以最大允许工作压力代替设计压力。立式容器（如塔器）卧置进行液压试验时，其试验压力值应为试验压力加立置时圆筒所承受的最大液柱静压力。

【练习与拓展】

1. 针对实习企业中的一个具体化工设备，制定设备检修方案。

2. 按操作规程对实训室的反应釜进行检查和维护。

3. 选择一个容器计算液压试验压力，并按规程进行压力试验。

模块二
化工过程控制

项目2.1
压力测量

一、考核要求

1. 掌握压力测量方法、压力表的应用及压力表的分类。
2. 熟悉压力控制系统的控制过程及控制原理。
3. 能够按照操作规程正确使用压力变送器。

二、实训装置

间歇反应釜实训装置，如图 2-1 所示。

图 2-1　间歇反应釜实训装置

三、实训操作

1. 检查准备

（1）安装好实训装置，对全系统各部位进行试漏，保证全系统各部位的密封性，重点检查各部件的连接处。

(2) 以小组为单位，找出压力表的安装位置，观察铭牌数据并做好记录。

2. 反应操作

(1) 开启系统，投料时读取压力表读数。

(2) 升温时读取压力表读数。

(3) 聚合反应发生时读取压力表读数。

(4) 出料时读取压力表读数。

(5) 关闭系统。

3. 数据记录

数据记录于表 2-1 中。

表 2-1　压力测量操作记录表

操作过程	表压/kPa
投料	
升温	
聚合反应	
出料	

四、考核标准

压力测量项目考核标准见表 2-2。

表 2-2　压力测量项目考核表

考核内容	考核要点	配分	扣分原因	扣分	得分
检查准备	检查设备各部件	5			
	检查仪表、阀门、开关	5			
	检查辅助设备	5			
	检查贮罐及输送管路	5			
开车	开启电源	5			
	备料投料	10			
	开搅拌，开加热	5			
	开冷却水，控制温度	10			
正常操作	按要求读取每一阶段压力值	15			
停车	反应结束，停止加热油	5			
	待釜温降低后，停止搅拌，关闭冷却水，切断电源	5			
职业素质	纪律	5			
	团队精神	5			
	设备、仪器管理	5			
实训报告	认真规范	5			
	数据可靠	5			
考评员签字		考核日期		合计得分	

【相关知识】

一、压力测量基本知识

1. 压力的概念和单位

工业上通常说的压力实际上是指压强,即垂直作用在单位面积上的力,用符号 p 表示。压力的单位为 N/m^2,在国际单位制(SI)中用"帕斯卡"表示,简称"帕",符号为"Pa"。各种压力单位的换算关系为:

$$1MPa = 10^3 kPa = 10^6 Pa$$

$$1atm = 101.3kPa = 1.033kgf/cm^2 = 760mmHg = 10.33mH_2O = 1.013bar$$

压力有不同的表示方法,在压力测量中,有表压、绝对压力、负压或真空度之分,其关系如图 2-2 所示。因为各种工艺设备和测量仪表通常是处在大气之中,本身就承受大气压的作用,工业上常用表压或真空度来表示压力的大小。

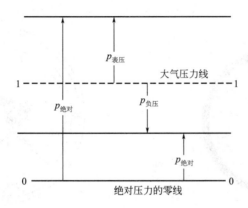

图 2-2 表压、绝对压力和真空度的关系

2. 压力测量仪表的分类

根据仪表的工作原理不同,压力测量仪表大致可分为四类:液柱式压力表、弹性式压力表、电气式压力表和活塞式压力表,其工作原理、主要特点和应用场合见表 2-3。

表 2-3 常用压力测量仪表

压力表		测量原理	主要特点	应用场合
液柱式压力表		液体静力学平衡原理	结构简单,使用方便,测量范围较窄,玻璃易碎	用于测量低压力及真空度,或作标准计量仪表
弹性式压力表	弹簧管压力表	弹簧管在压力作用下自由端产生位移	结构简单,使用方便,价廉,可制成报警器	广泛用于高、中、低压测量
	波纹管压力表	波纹管在压力作用下产生伸缩变形	具有弹簧管压力表的特点且可做成自动记录型	用于测量低压
	膜片压力表	原理同上,测量元件为膜片	能测高黏度介质的压力	用于测量低压
	膜盒压力表	原理同上,测量元件为膜盒	具有弹簧管压力表的特点	用于低压和微压的测量

压力表	测量原理	主要特点	应用场合
电气式压力表	在弹性式压力表基础上增加电气转换元件,将压力转换成电信号远传	信号可远传,便于集中控制	广泛用于自动控制系统中
活塞式压力表	液体静力学平衡原理	精度高、结构复杂、价格较贵	用于校验压力表

二、常用压力表

1. 弹簧管压力表

弹簧管压力表的结构及原理如图 2-3 所示。它主要由弹簧管和一组传动放大机构(包括拉杆、扇形齿轮、中心齿轮)及指示机构(包括指针、面板上的分度标尺)所组成。

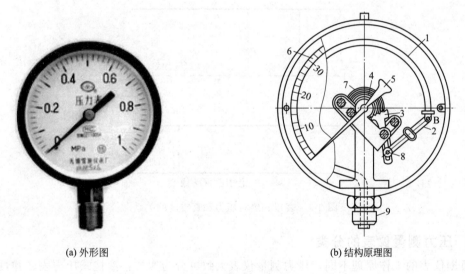

(a) 外形图   (b) 结构原理图

图 2-3　弹簧管压力表
1—弹簧管;2—拉杆;3—扇形齿轮;4—中心齿轮;5—指针;6—面板;
7—游丝;8—调整螺钉;9—接头

弹簧管的材料有磷铜或不锈钢。当弹簧管的固定端通入被测压力以后,弯成圆弧形的弹簧管随之产生向外挺直的扩张变形。压力越大,变形越大,由此测得压力值的大小。

为了实现报警功能,可在弹性式压力表上增设附加机构。如图 2-4 所示的电接点压力表,是在弹簧管压力表的表盘上装两个电极,分别对应被测压力的低限和高限。1 和 4 相当于一个开关的两个静触点,指针 2 相当于动触点,这三个触点通过导线与灯泡和电源相连。当被测压力达到上限设定值时,触点 2 和 4 接通,红色信号灯 5 发光;当被测压力达到下限设定值时,触点 2 和 1 接通,绿色信号灯 3 发光,实现了光的报警。触点 1 和 4 还可以根据工艺变量的需要灵活地调节。

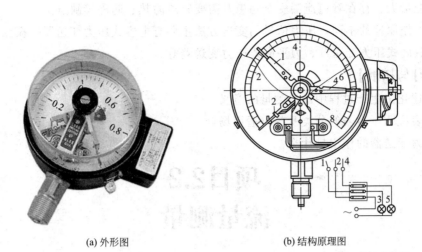

(a) 外形图   (b) 结构原理图

图 2-4　电接点压力表

1,4—静触点；2—动触点；3—绿灯；5—红灯图

2. 活塞式压力表

活塞式压力表是一种压力标准仪器，其结构如图 2-5 所示。

活塞式压力表是应用静压平衡原理的计量仪器。主要适用于校验低于 0.25 级精度的精密压力表、各种工业用压力表或其他各类压力测量仪器。活塞式压力表适合在周围温度为（20±5）℃，相对湿度不大于 80% 的条件下工作。

*三、压力变送器

在压力测量过程中，为了实现对压力信号的集中检测，以适应自动调节等需求，通常将测压元件输出的位移

图 2-5　活塞式压力表

或力变换成标准统一的 4～20mA 电信号，然后传送到预定地点进行显示、记录，这项工作由压力（差压）变送器来完成，如图 2-6 所示。

图 2-6　压力（差压）变送器

压力（差压）变送器提高了测压仪表的准确性和可靠性，并使压力（差压）测量仪表的结构实现了小型化，克服了直接传送压力信号到较远地方时，信号管道长、传递延迟

大、消耗能量大、存在管道泄漏安全隐患及需要管道防热、防冻等缺点。

根据工作原理的不同，压力信号的变送方法主要有电容式压力变送器、振弦式压力变送器、扩散硅式压力变送器、力平衡式压力变送器等。

【练习与拓展】

1. 简述化工生产过程中压力测量的意义。

2. 列表说明压力表的分类及各自适用场合。

3. 压力变送器的作用是什么？

项目2.2
流量测量

一、考核要求

1. 能够正确绘制转子流量计校正实验流程图。

2. 能够正确完成转子流量计的校正，并获得校正实验刻度值。

3. 能够对所得实验数据进行误差分析。

二、实训装置

皂沫流量计校正转子流量计装置如图 2-7 所示。

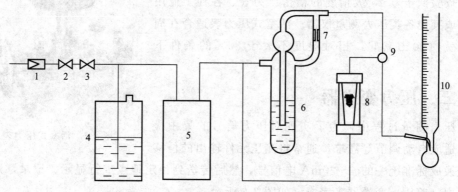

图 2-7　用皂沫流量计校正转子流量计的装置图

1—减压阀；2—截止阀；3—节流阀；4—稳压容器；5—缓冲器；6—毛细管流量计；

7—毛细管；8—转子流量计；9—三通；10—皂沫流量计

三、实训操作

1. 检查准备

（1）按照转子流量计的校正装置图安装好全系统。

（2）对全系统各部位进行试漏，保证全系统各部位的密封性。重点检查各部件的连接处。

2. 开启系统

（1）先打开放空阀，开启空压机，再打开调节阀，使系统进入运行状态。

（2）慢慢关闭放空阀，控制流量计的转子稳定在某一刻度。

3. 仪表校验

（1）待转子稳定后，使用皂沫流量计测其一定时间内的流量。改变流量，稳定后再测数据。

（2）使流量从小到大（即正行程）测 3～5 个数据，再从大到小（反行程）测 3～5 个数据，将数据填于表 2-4 中。要求数据有良好的重现性。

表 2-4　转子流量计校正实验原始数据记录表

室温_____℃　　大气压_____MPa

序号　　项目	转子刻度	时间/h	皂沫流量计流量/L	实际流量/L	标准状态下流量/L
1					
2					
3					
4					
5					
6					
7					
8					
9					
10					

4. 关闭系统

关闭空压机，关闭各阀门，系统复原。

四、考核标准

流量测量项目考核标准见表 2-5。

表 2-5　流量测量项目考核表

考核内容	考核要点	配分	扣分原因	扣分	得分
检查准备	检查系统各组成部分	5			
	检查工具是否齐全	5			
	检查辅助设备	5			
系统组装试漏	按照装置图装好系统	10			
	对系统试漏	10			
正常操作	正确顺序投入运行	15			
	读数时转子位置是否稳定	5			
	取点是否均匀	5			
	是否有正反行程	10			
停车	停车步骤是否正确	5			
职业素质	纪律	5			
	团队精神	5			
	设备、仪器管理	5			

考核内容	考核要点	配分	扣分原因	扣分	得分
实训报告	认真规范	5			
	数据可靠	5			
考评员签字		考核日期		合计得分	

【相关知识】

一、流量测量基本知识

1. 流量测量

流量测量仪表是用来测量管道或明沟中的液体、气体或蒸汽等流体流量的工业自动化仪表，又称流量计。

从测量的角度来看，流量有瞬时流量和累积流量之分。瞬时流量是指在单位时间内流过管道或明渠某一截面的流体的量，即通常所说的流量。累积流量是指在某一时间间隔内流体通过的总量，该总量可以用在该段时间间隔内的瞬时流量对时间的积分而得到，所以也叫积分流量。

2. 流量测量仪表分类

根据流量测量的原理和所应用的仪表结构形式不同，可分为三类，见表 2-6。

表 2-6　流量测量仪表分类

类型	测量原理	典型流量计
速度式流量计	以测量流体在管道内的流速作为测量依据来计算流量	转子流量计、差压式流量计、电磁流量计、涡轮流量计、堰式流量计
容积式流量计	以单位时间内所排出的流体的固定容积作为测量依据来计算流量	椭圆齿轮流量计、活塞式流量计
质量流量计	以测量流体流过的质量为依据来计算流量	质量流量计

二、常用流量计

1. 差压式流量计

差压式流量计由节流装置、差压变送器和显示仪表三部分组成，如图 2-8 所示。

节流装置就是能使流体的流束产生收缩的元件，常用的有孔板、喷嘴和文丘里管。流体流过节流装置时，在节流装置前后的管壁处流体静压力发生变化，形成静压力差。流量越大，压差越大，因此通过测量压差的大小可实现对流量的测量。

常用的差压变送器有气动差压变送器和电动差压变送器两类。气动差压变送器是根据力矩平衡原理而工作的。它以 140kPa 洁净压缩空气为能源，将压差 Δp 转换成 $20 \sim 100kPa$ 的统一标准信号，送往显示仪表或控制器进行指示、记录或控制。电动差压变送器则以 220V 交流电为能源，将被测差压 Δp 的变化转换成直流的 $0 \sim 10mA$ 或 $4 \sim 20mA$ 的标准信号，送往控制器或显示仪表进行控制、指示或记录。

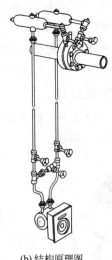

(a) 外形图   (b) 结构原理图

图 2-8 差压式流量计

2. 转子流量计

转子流量计是一种适合于小流量测量的流量计，特别是管径在 $\phi50\text{mm}$ 以下的低流速流体的流量测量，测量的流量可小到每小时几升。转子流量计的外形及原理如图 2-9 所示，它由两部分组成：一部分是自下而上逐渐扩大的锥形管（通常由玻璃制成）；另一部分是放在锥形管内可以自由运动的转子。

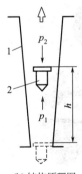

(a) 外形图   (b) 结构原理图

图 2-9 转子流量计

1—锥管；2—转子

工作时，当流体自下而上流过锥形管时，转子因受到流体的冲击而向上运动。随着转子的上移，转子与锥形管之间的环形流通面积增大，流体流速降低，冲击作用减弱，直到流体对转子向上的推力与转子在流体中的重力相平衡，转子停留在锥形管中的某一高度上。如果流体的流量增大，则平衡时所处的位置将更高。因此，根据转子悬浮的高低就可以测知流量的大小。

转子流量计是一种非标准化仪表，仪表厂为了便于成批生产，是在工业基准状态（20℃，0.10133MPa）下用水或空气进行刻度的。在实际使用时，如果被测介质的密度和工作状态不同，必须对流量指示值按照实际被测介质的密度、温度、压力等参数的具体情况进行校正。

3. 椭圆齿轮流量计

椭圆齿轮流量计属于容积式流量计，其测量部分由两个相互啮合的椭圆形齿轮、轴和壳体组成，如图 2-10 所示。

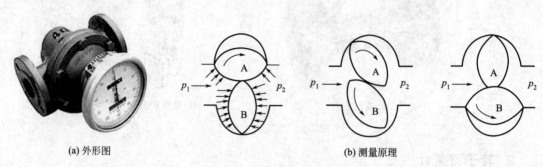

(a) 外形图　　　　　　　　　　　　　　　　(b) 测量原理

图 2-10　椭圆齿轮流量计

当被测流体流过椭圆齿轮流量计时，它将带动椭圆齿轮旋转，椭圆齿轮每转动一周，就有一定数量的流体流过仪表，只要用传动及累积机构记录下椭圆齿轮的转数，就能知道流体流过仪表的总量。

4. 涡轮流量计

日常生活中使用的自来水表、油量计等，都是涡轮流量计，如图 2-11 所示。

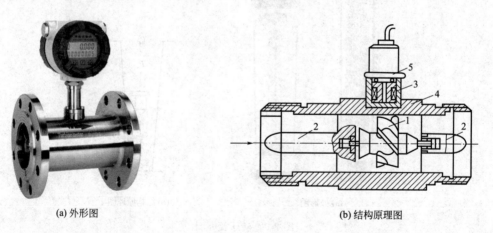

(a) 外形图　　　　　　　　　　　　　　　　(b) 结构原理图

图 2-11　涡轮流量计

1—涡轮；2—导流器；3—磁电感应转换器；4—外壳；5—前置放大器

当流体通过涡轮叶片与管道之间的间隙时，由于叶片前后的压差产生的力推动叶片，使涡轮旋转。在高导磁性涡轮旋转的同时，磁感应器的线圈中便感应出交变电信号，交变电信号的频率与涡轮的转速成正比，也即与流量成正比。这个电信号经前置放大器放大后，送往电子计数器或电子频率计，以累积或指示流量。

1. 比较各种流量计的测量原理与适宜的使用场合。

2. 哪些类型的流量计使用前需要校正？

3. 椭圆齿轮流量计和涡轮流量计分别属于哪种类型的流量计？其工作原理有何不同？

项目2.3
温度测量

一、考核要求

1. 掌握温度测量方法、温度仪表的应用及分类。

2. 能够按照操作规程正确使用测温元件和温度变送器。

二、实训装置

间歇反应釜实训装置，如图 2-1 所示。

三、实训操作

1. 检查准备

（1）安装好实训装置，对全系统各部位进行试漏，保证全系统各部位的密封性，重点检查各部件的连接处。

（2）以小组为单位找出温度表的安装位置，观察铭牌数据并做好记录。

2. 实际操作

（1）开启系统，投料时读取温度表读数。

（2）升温时读取温度表读数。

（3）聚合反应发生时读取温度表读数。

（4）出料时读取温度表读数。

（5）关闭系统。

3. 数据记录

数据记录于表 2-7 中。

表 2-7 温度测量操作记录表

操作过程	温度/℃
投料	
升温	
聚合反应	
出料	

四、考核标准

温度测量项目考核标准见表 2-8。

表 2-8　温度测量项目考核表

考核内容	考核要点	配分	扣分原因	扣分	得分
检查准备	检查设备各部件	5			
	检查仪表、阀门、开关	5			
	检查辅助设备	5			
	检查贮罐及输送管路	5			
开车	开启电源	5			
	备料投料	10			
	开搅拌,开加热	5			
	开冷却水,控制温度	10			
正常操作	按要求读取每一阶段温度值	15			
停车	反应结束,停止加热油	5			
	待釜温降低后,停止搅拌,关闭冷却水,切断电源	5			
职业素质	纪律	5			
	团队精神	5			
	设备、仪器管理	5			
实训报告	认真规范	5			
	数据可靠	5			
考评员签字		考核日期		合计得分	

【相关知识】

一、温度测量基本知识

化工生产过程中温度的变化范围极广,有的处于接近绝对零度的低温,有的处于几千摄氏度的高温,这样宽的范围,需要各种不同的测量方法和测量仪表。

工业上常用测温仪表的分类见表 2-9。

表 2-9　温度测量仪表分类

形式	名称		作用原理	测温范围/℃	特点
接触式	膨胀式温度计	液体膨胀式	利用液体、固体受热膨胀的原理	−200～500	结构简单,使用方便,比较准确,不便远传和记录
		固体膨胀式			
	压力式温度计	气体式	利用封闭在固定容器中的气体、液体或某种液体的饱和蒸气受热时,其体积或压力变化的性质	0～300	机械强度高,耐振动,但滞后大,用于测量易爆、有振动处的温度
		蒸汽式			
		液体式			
	热电阻式温度计		利用导体或半导体受热后电阻值变化的性质	−200～500	精度高,便于集中控制,不能测高温,用于液体、气体、蒸汽的中低温测量
	热电偶温度计		利用物体的热电效应现象	0～1600	特点同上,范围较广。安装时需考虑补偿导线及自由端温度补偿问题

形式	名称		作用原理	测温范围/℃	特点
非接触式	辐射式温度计	光学式	利用物体辐射能的性质	600～2000	结构复杂,价格高,只能测高温,用于测量火焰、钢水等的温度
		光电式			
		辐射式			

二、常用测温仪表

1. 双金属片温度计

双金属片温度计的感温元件是用两片线性膨胀系数不同的金属片焊在一起制成的。如图 2-12 所示。双金属片受热后由于两金属片的膨胀长度不相同而产生弯曲,温度越高产生的线膨胀长度差越大,因而引起弯曲的角度就越大。

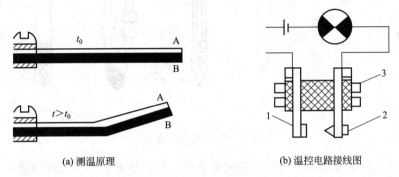

(a) 测温原理　　　　　　　　(b) 温控电路接线图

图 2-12　双金属片测温及控温原理图

1—双金属片（动触点）；2—静触点；3—支撑

双金属片温度计可用来指示温度,也可用来作为温度继电控制器、极值温度信号器或某一仪表的温度补偿器。

2. 压力式温度计

压力式温度计的测量原理是基于封闭容器中的液体、气体或某种液体的饱和蒸气受热后体积膨胀或压力变化的性质来工作的。如图 2-13 所示。

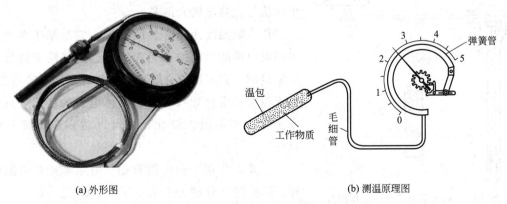

(a) 外形图　　　　　　　　(b) 测温原理图

图 2-13　压力式温度计

压力式温度计用于测量 0～300℃ 的温度,其允许误差不超过 ±2.5%,距离不超过

60m。其构造简单，价格便宜，不怕震动，不用电源，特别适合用于化工生产中转动设备的温度测量。目前在尿素生产中的 CO_2 压缩机上有许多处采用它来测温。它的缺点是滞后较大，在要求快速反应温度变化的场合不适用。

3. 热电偶温度计

热电偶是工业上最常用的温度检测元件之一，通常均由热电极、绝缘子、保护管和接线盒等部分组成，如图 2-14。因热电偶直接与被测对象接触，不受中间介质的影响，故其测量精度高。热电偶最低可以测到 $-269℃$，最高可达 $2800℃$。热电偶通常是由两种不同的金属丝组成，而且不受大小和形状的限制，外有保护套管，用起来非常方便。

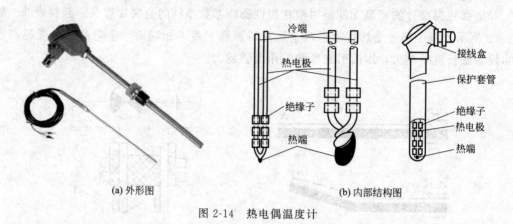

(a) 外形图　　　　　　　　(b) 内部结构图

图 2-14　热电偶温度计

热电偶的测温原理是基于热电偶的热电效应。利用热电偶作为温度敏感元件，当被测温度发生变化时，热电偶所产生的热电势会随之发生变化，此信息经显示仪表便可获得被测温度的数值。

4. 热电阻温度计

热电偶一般适用于较高温度的测量，500℃ 以下的中、低温区不十分合适。热电阻温度计是 500℃ 以下的中低温区最常用的一种温度检测器。它的主要特点是测温精度高、性能稳定；由于本身电阻大，导线的影响可忽略，因此信号可以远传和记录；灵敏度高，它在低温时产生的信号比热电偶大得多。

热电阻温度计如图 2-15 所示，它是基于金属导体的电阻值随温度的变化而变化这一特性来进行温度测量的。大多数的金属导体都具有正的温度系数，由于温度的变化导致了金属导体电阻的变化，只要设法测出电阻值的变化，就可以达到温度测量的目的。

工业上常用的热电阻有铂热电阻和铜热电阻两种。其分度号分别为 Pt_{100}，Pt_{50}，Cu_{100}，Cu_{50}，分度号后面的数字表示温度为 0℃ 时热电阻的阻值。

热电阻测温系统一般由热电阻、连接导线和显

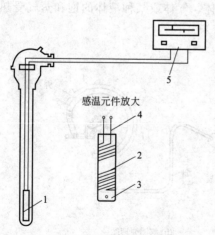

感温元件放大

图 2-15　热电阻温度计的工作原理

1—感温元件；2—铂丝；3—骨架；

4—引出线；5—显示仪表

示仪表等组成。普通热电阻通常由电阻体、绝缘子、保护管和接线盒四部分组成，除电阻体外，其余部分的结构与热电偶的结构相同。

* 三、温度变送器

温度变送器是单元组合仪表变送单元中的一个重要的部分，它在自动控制系统中，常与热电偶或者热电阻配合使用，将温度或温差信号转换成 0～10mA（或 4～20mA）的统一标准信号输出，作为指示、记录仪表或者控制器专门的输入信号，以实现对温度变量的显示、记录或自动控制。如图 2-16 所示。

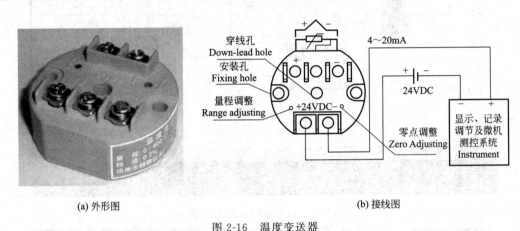

(a) 外形图　　　　　　　　　　　　　　　　(b) 接线图

图 2-16　温度变送器

温度变送器还可以作为直流毫伏变送器使用，将其他能够转换成直流毫伏信号的工艺变量，也变成相应的统一标准信号输出。目前生产的温度变送器主要有墙挂式、盘后架装式和现场安装式三种，现场安装式采用了安全火花防爆措施。

【练习与拓展】

1. 概括总结温度测量仪表的分类。
2. 热电偶和热电阻的测温原理有什么不同？
3. 查阅资料，了解温度变送器的原理和接线方法。

项目2.4
DCS操作系统训练

一、考核要求

1. 能够按操作要求正确进行液位控制系统的仿真操作。
2. 熟悉冷态开车规程，并能按规程进行正常状态下系统工程操作。
3. 掌握停车操作规程，能按规程进行正常停车、紧急停车操作。

二、实训装置

多级液位控制和原料比值混合仿真操作系统，液位控制系统 DCS 图、现场图分别见图 2-17、图 2-18。

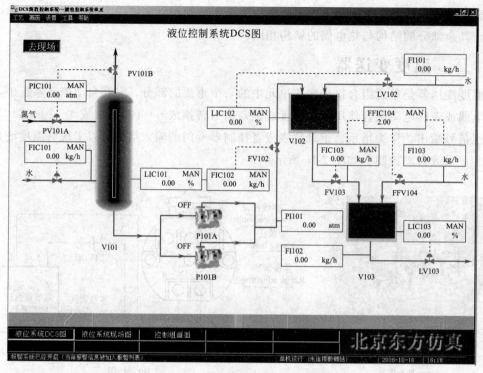

图 2-17   液位控制系统 DCS 图

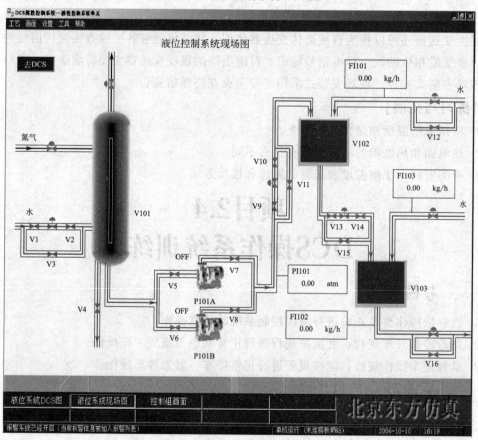

图 2-18   液位控制系统现场图

化工总控工应会技能基础（中级工/高级工版）

三、实训操作

（一）冷态开车

装置的开工状态为 V102 和 V103 两罐已充压完毕，保压在 2.0atm，缓冲罐 V101 压力为常压状态，所有可操作阀均处于关闭状态。

1. 缓冲罐 V101 充压及液位建立

（1）确认事项：V101 压力为常压。

（2）V101 充压及建立液位

① 在现场图上，打开 V101 进料控制器 FIC101 的前后手阀 V1 和 V2，开度在 100％。

② 在 DCS 图上，打开控制阀 FIC101，阀位开度一般在 30％左右，给缓冲罐 V101 充液；待 V101 建立液位后再启动压力控制阀 PIC101，阀位先开至 20％充压；待压力达 5atm 左右时，PIC101 投自动。

2. 中间罐 V102 液位建立

（1）确认事项：V101 液位达 40％以上；V101 压力达 5.0atm 左右。

（2）V102 建立液位。

① 在现场图上，打开泵 P101A 的前手阀 V5，开度为 100％，启动泵 P101A；当泵出口压力达 10atm 时，打开泵 P101A 的后手阀 V7，开度为 100％。

② 打开流量控制器 FIC102 前后手阀 V9 及 V10，开度为 100％；打开出口控制阀 FIC102，手动调节 FV102 开度，使泵出口压力控制在 9.0atm 左右；打开液位控制阀 LV102 至 50％开度。

③ V101 进料流量调整器 FIC101 投自动，设定值为 20000.0kg/h；操作平稳后控制阀 FIC102 投入自动控制并与 LIC101 串级调节 V101 液位；V102 液位达 50％左右，LIC102 投自动，设定值为 50％。

3. 产品罐 V103 建立液位

（1）确认事项：V102 液位达 50％左右。

（2）V103 建立液位。

① 在现场图上，打开流量控制器 FIC103 的前后手阀 V13 及 V14。

② 在 DCS 图上，打开 FIC103 及 FFIC104，阀位开度均为 50％；当 V103 液位达 50％时，打开液位控制阀 LIC103 开度为 50％；LIC103 调节平稳后投自动，设定值为 50％。

（二）正常操作

正常工况下的工艺参数如下：

（1）FIC101 投自动，设定值为 20000.0kg/h；FIC103 投自动，设定值为 30000.0kg/h。

（2）PIC101 投自动（分程控制），设定值为 5.0atm；泵 P101A（或 P101B）出口压力 PI101 正常值为 9.0atm。

（3）LIC101 投自动，设定值为 50％；LIC102 投自动，设定值为 50％；LIC103 投自动，设定值为 50％。

（4）FIC102 投串级（与 LIC101 串级）；FFIC104 投串级（与 FIC103 比值控制），比值系统为常数 2.0。

（5）V102 外进料流量 FI101 正常值为 10000.0kg/h；V103 产品输出量 FI102 的流量正常值为 45000.0kg/h。

（三）停车操作

1. 正常停车

（1）关进料线　将控制阀 FIC101 改为手动操作，关闭 FIC101，再关闭现场手阀 V1 及 V2；将控制阀 LIC102 改为手动操作，关闭 LIC102，使 V102 外进料流量 FI101 为 0.0kg/h。将控制阀 FFIC104 改为手动操作，关闭 FFIC104。

（2）将控制器改手动控制　将控制器 LIC101 改手动调节，FIC102 解除串级改手动控制；手动调节 FIC102，维持泵 P101A 出口压力，使 V101 液位缓慢降低；将控制器 FIC103 改手动调节，维持 V102 液位缓慢降低；将控制器 LIC103 改手动调节，维持 V103 液位缓慢降低。

（3）V101 泄压及排放　罐 V101 液位下降至 10% 时，先关出口阀 FV102，停泵 P101A，再关入口阀 V5；打开排凝阀 V4，关 FIC102 手阀 V9 及 V10；罐 V101 液位降到 0.0 时，PIC101 置手动调节，打开 PV101 为 100% 放空。

（4）当罐 V102 液位为 0.0 时，关控制阀 FIC103 及现场前后手阀 V13 及 V14。

（5）当罐 V103 液位为 0.0 时，关控制阀 LIC103。

2. 紧急停车

同正常停车操作规程。

（四）所用仪表及参数

液位控制系统所用仪表及参数见表 2-10。

表 2-10　液位控制系统所用仪表及参数一览表

位号	说明	正常值	量程高限	量程低限	工程单位	高报	低报	高高报	低低报
FIC101	V101 进料流量	20000.0	40000.0	0.0	kg/h				
FIC102	V101 出料流量	20000.0	40000.0	0.0	kg/h				
FIC103	V102 出料流量	30000.0	60000.0	0.0	kg/h				
FIC104	V103 进料流量	15000.0	30000.0	0.0	kg/h				
LIC101	V101 液位	50.0	100.0	0.0	%				
LIC102	V102 液位	50.0	100.0	0.0	%				
LIC103	V103 液位	50.0	100.0	0.0	%				
PIC101	V101 压力	5.0	10.0	0.0	kgf/cm²				
FI101	V102 进料液量	10000.0	20000.0	0.0	kg/h				
FI102	V103 出料流量	45000.0	90000.0	0.0	kg/h				
FI103	V103 进料流量	15000.0	30000.0	0.0	kg/h				
PI101	P101A/B 出口压力	9.0	10.0	0.0	kgf/cm²				
FI01	V102 进料流量	20000.0	40000.0	0.0	kg/h	22000.0	5000.0	25000.0	3000.0

位号	说明	正常值	量程高限	量程低限	工程单位	高报	低报	高高报	低低报
FI02	V103 出料流量	45000.0	90000.0	0.0	kg/h	47000.0	43000.0	50000.0	40000.0
FY03	V102 出料流量	30000.0	60000.0	0.0	kg/h	32000.0	28000.0	35000.0	25000.0
FI03	V103 进料流量	15000.0	30000.0	0.0	kg/h	17000.0	13000.0	20000.0	10000.0
LI01	V101 液位	50.0	100.0	0.0	%	80	20	90	10
LI02	V102 液位	50.0	100.0	0.0	%	80	20	90	10
LI03	V103 液位	50.0	100.0	0.0	%	80	20	90	10
PY01	V101 压力	5.0	10.0	0.0	kgf/cm^2	5.5	4.5	6.0	4.0
PI01	P101A/B 出口压力	9.0	18.0	0.0	kgf/cm^2	9.5	8.5	10.0	8.0
FY01	V101 进料流量	20000.0	40000.0	0.0	kg/h	22000.0	18000.0	25000.0	15000.0
LY01	V101 液位	50.0	100.0	0.0	%	80	20	90	10
LY02	V102 液位	50.0	100.0	0.0	%	80	20	90	10
LY03	V103 液位	50.0	100.0	0.0	%	80	20	90	10
FY02	V102 进料流量	20000.0	40000.0	0.0	kg/h	22000.0	18000.0	25000.0	15000.0
FFY04	比值控制器	2.0	4.0	0.0		2.5	1.5	4.0	0.0
PT01	V101 的压力控制	50.0	100.0	0.0	%				
LT01	V101 的液位控制器输出	50.0	100.0	0.0	%				
LT02	V102 的液位控制器输出	50.0	100.0	0.0	%				
LT03	V103 的液位控制器输出	50.0	100.0	0.0	%				

注：液位控制仿真操作项目考核标准由仿真软件提供，完成该操作系统自动打分，自行考核。

（五）典型故障及处理

液位自动控制系统的典型故障及处理方法见表 2-11。

表 2-11 液位自动控制系统的典型故障及处理方法

事故名称	主要现象	处理方法	处理步骤
泵 P101A 坏	画面泵 P101A 显示为开,但泵出口压力急剧下降	启动备用泵 P101B,调节出口压力,关闭泵 P101A	①关小 P101A 泵出口阀 V7; ②打开 P101B 泵入口阀 V6; ③启动备用泵 P101B; ④打开 P101B 泵出口阀 V8; ⑤待 PI101 压力达 9.0atm 时,关 V7 阀; ⑥关闭 P101A 泵; ⑦关闭 P101A 泵入口阀 V5
控制阀 FIC102 阀卡	FIC102 控制阀卡 20% 开度不动作。罐 V101 液位急剧上升,FIC102 流量减小	打开付线阀 V11,待流量正常后,关控制阀前后手阀	①调节 FIC102 旁路阀 V11 开度; ②待 FIC102 流量正常后,关闭 FIC102 前后手阀 V9 和 V10; ③关闭控制阀 FIC102

【相关知识】

一、自动控制系统基本知识

1. 自动控制系统构成

自动控制系统是对生产过程中的某些重要变量进行自动控制，使工业过程的工艺变量在受到外界干扰影响偏离正常状态后，又自动回复到规定的数值范围的系统。

对于简单控制系统都是由一个控制对象、测量变送器、一个控制器和一个执行器四个环节组成，其方框图如图 2-19。

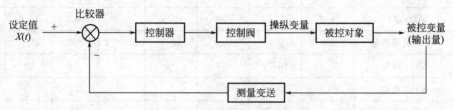

图 2-19　单回路控制系统方框图

（1）被控对象　自动控制系统被控制的工艺管道、设备或机器。

（2）测量变送　将所测量的参数（压力、流量、液位、温度）变换成相应的测量信号，即标准的电信号（4~20mA）送到显示器或控制器中。

（3）控制器（智能仪表）　接收变送器送来的测量信号与设定值进行比较，并根据比较结果按一定的控制规律向执行器发出控制信号。

（4）执行器（控制阀）　根据控制器送来的控制信号改变流量，使被控变量稳定在生产工艺要求的设定值上。

2. 自动控制系统术语

自动控制系统术语见表 2-12。

表 2-12　自动控制系统术语

控制术语	定　义
对象	是指被控制的生产设备或装置。工业中的各种塔、换热器、泵等
被控变量	工艺要求自动控制系统通过自动操作控制,使之满足生产过程要求的某个过程变量
设定值	生产过程中生产工艺对被控变量的要求值
测量值	测量元件、变送器实际测得的被控变量的值
偏差	测量值与设定值之间的差值
干扰	生产过程中破坏生产过程平衡状态,引起被控变量偏离设定值的各种因素
操纵变量	克服扰动对被控变量影响,使被控变量回复到设定值的量

3. 自动控制系统投运

自动控制系统安装完成后，就要投入运行。温度、压力等检测系统的投运比较简单，可逐个开启仪表和检测变送器，检查仪表显示值的正确性。温度、流量检测系统应根据检测变送器的开车要求，从检测元件根部开始，逐步缓慢地打开有关根部阀、截止阀等（要防止变送器受到压力冲击），直到显示正常。

在过程控制系统中，控制阀的前后各装截止阀，如图 2-20 所示。阀 1 为上游阀，阀 2 为下游阀。为了在控制阀或控制系统出现故障时不致影响正常的生产，通常在旁路上装有旁路阀 3。自动控制系统的投运步骤如下。

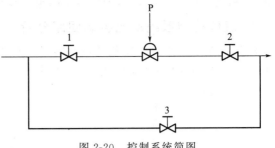

图 2-20　控制系统简图

第一步：现场手动操作。开车时，先将截止阀 1 和 2 关闭，手动操作旁路阀 3，待工况稳定后，可转入手动遥控调节。

第二步：由手动操作切换到手动遥控（控制阀投运）。先将阀 1 全开，然后慢慢地开大阀 2，关小阀 3，与此同时，拨动控制器的手操拨盘逐渐改变控制阀的开度，使被控变量基本不变，直到旁路阀 3 全关，截止阀 2 全开为止。

第三步：由手动遥控切换到自动。待工况稳定，即被控变量等于或接近设定值后，就可以从手动切换到自动控制。切换过程要求平稳、迅速，无扰动。

* 二、DCS 控制系统

1. DCS 控制系统的基本组成

DCS（集散控制系统）融合了计算机（Computer）技术、控制（Control）技术、通信（Communication）技术和图形显示（CRT）技术，简称 4C 技术，利用它可以实现对生产过程集中操作管理和分散控制。DCS 将多台微机分散应用于过程控制，全部信息经通信网络由上级计算机监控，通过 CRT 装置、通信总线、键盘和打印机等设备集中操作、显示和报警，并且能够同时完成各类数据的采集与处理。

DCS 控制系统通常由过程控制单元、过程接口单元、CRT 显示操作站、管理计算机以及通信数据通道等五个主要部分组成，如图 2-21 所示。

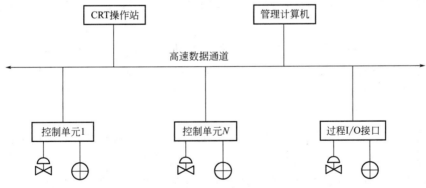

图 2-21　DCS 控制系统组成示意图

过程控制单元又称现场控制站，它是 DCS 的核心部分，对生产过程进行闭环控制，可控制数个或数十个回路，也可进行顺序、逻辑和批量控制。过程接口单元又称数据采集站，它是为生产过程中的控制变量设置的采集装置。可完成数据采集、预期处理、对实时数据作进一步加工处理，供 CRT 操作门路显示和打印，实现集中监视。操作站是集散系统的人-机接口装置，打印报表、系统的组态编程等都在操作站中进行。

2. 液位控制系统单元控制回路分析

液位控制系统单元主要包括：单回路控制系统、分程控制系统、比值控制系统、串级控制系统。其单元控制回路如图 2-22 所示。

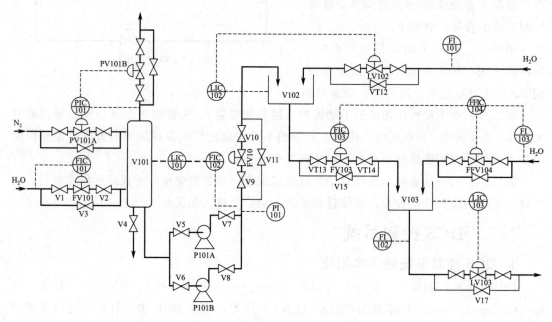

图 2-22　液位控制单元控制回路图

（1）单回路控制回路　又称单回路反馈控制，由被控对象（简称对象）或被控过程（简称过程）、测量变送装置、控制器和控制阀四个基本环节组成。本单元的单回路控制有：FIC101，LIC102，LIC103。

（2）分程控制回路　在分程控制回路中，一台控制器的输出可以同时控制两只或两只以上的控制阀，控制器的输出信号被分割成若干个信号的范围段，由每一段信号去控制一只控制阀。

本单元的分程控制回路有：PIC101 分程控制冲压阀 PV101A 和泄压阀 PV101B。当缓冲罐压力高于分程点（5.0atm）时，泄压阀 PV101B 自动打开泄压；当压力低于分程点时，PV101B 自动关闭，冲压阀 PV101A 自动打开给罐充压，使 V101 压力控制在5.0atm。如图 2-23 所示。

（3）比值控制系统　在化工生产工艺中，常需要两种或两种以上的物料保持一定的比例关系，比例一旦失调，将影响生产或造成事故。实现两个或两个以上参数符合一定比例关系的控制系统，称为比值控制系统。通常采用保持两种或几种物料的流量为一定比例关系，即流量比值控制系统。

比值控制系统可分为开环比值控制系统、单闭环比值控制系统、双闭环比值控制系统、变比值控制系统、串级和比值控制组合的系统等。

本单元中 FFIC104 为一比值控制器，根据 FIC103 的流量，按一定的比例，相适应比例调整 FI103 的流量。

对于比值调节系统，首先是要明确哪种物料是主物料，而另一种物料按主物料来配比。在本单元中，罐 V102 有两股来料，一股为 V101 通过 FIC102 与 LIC101 串级调节后来的流量；另一股为 8atm 压力的液体通过控制阀 LIC102 进入罐 V102。一般 V102 液位控制在 50％左右，V102 底液抽出通过控制阀 FIC103，正常工况时 FIC103 的流量控制在 30000kg/h。罐 V103 也有两股进料，读者可自行分析。

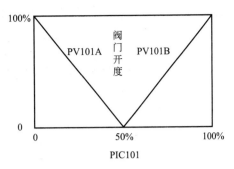

图 2-23　分程控制回路示意图

（4）串级控制系统　如果系统中不止采用一个控制器，而且控制器间相互串联，一个控制器的输出作为另一个控制器的给定值，这样的系统称为串级控制系统。串级控制系统能够迅速克服进入副回路的扰动，改善主控制器的被控对象特征，有利于克服副回路内执行机构等的非线性。

在本单元中罐 V101 的液位是由液位控制器 LIC101 和流量控制器 FIC102 串级控制。一般液位正常控制在 50％左右，自 V101 底抽出液体通过泵 P101A 或 P102B（备用泵）打入罐 V102，该泵出口压力一般控制在 9.0atm，FIC102 流量正常控制在 20000kg/h。

＊三、智能仪表及控制阀

1. 智能仪表

智能仪表是指具有微处理器系统的智能化仪表，如图 2-24。它具有精度高、功能强、测量范围宽、通信功能强和完善的自诊断功能等特点。

图 2-24　智能仪表

智能温控仪 AI-808 系统如图 2-25，其简易操作方法可参照表 2-13。

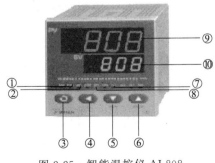

图 2-25　智能温控仪 AI-808

表 2-13　智能温控仪 AI-808 按键功能及操作方法

序号	按　键	功　能
①	OUT	控制器输出指示灯
②	AUX	辅助接口工作灯
③	⌒	显示转换键(兼参数设置进入)
④	<	数据移位键(兼手动/自动切换及程序设置进入)
⑤	∨	数据减少键(兼程序运行/暂停操作)
⑥	∧	数据增加键(兼程序停止操作)
⑦	AL1	报警指示灯1(上限)
⑧	AL2	报警指示灯2(下限)
⑨	PV	测量值显示窗
⑩	SV	给定值显示窗

2. 控制阀

控制阀是通过接受调节控制单元输出的控制信号,借助动力操作去改变介质流量、压力、温度、液位等工艺参数的最终控制元件。适用于空气、水、蒸汽、各种腐蚀性介质、泥浆、油品等介质。

控制阀由执行机构和调节机构两部分组成。通常有气动控制阀、电动控制阀、液压水位控制阀和自力式压差控制阀等几类,如图 2-26 所示。

(a) 气动控制阀　　(b) 电动控制阀　　(c) 液压水位控制阀　　(d) 自力式压差控制阀

图 2-26　控制阀

*四、仪表联锁报警基本原理

1. 仪表联锁报警的作用

由于化工生产装置的测量监视过程中设备和变量是大量的,不可能使其总是保持在给定的数值条件。当某些关键变量超过规定值或设备运行状态发生异常情况时,信号报警系统用灯光及音响警告操作者,采取必要的措施以改变工况。当超限更为严重需立即采取措施时，联锁系统将自动启动备用设备或自动停车，不致使事故扩大。

2. 仪表联锁报警图中常用符号

仪表联锁报警原理图中常用符号见表2-14。

表 2-14　仪表联锁报警原理图中常用符号

名称	代号	符号	名称	代号	符号
电铃	DL	⊐ 或 ⊐	常开按钮 常闭按钮	SB	SB（常开）　SB（常闭）
电喇叭	DD	📢	指示灯	HL	⊗
熔断器	FU	▯	延时继电器	KT	通电延时继电器 断电延时继电器
开关	K	◦	中间继电器	KA	KA
常开触头 常闭触头	SQ	SQ			

3. 信号联锁报警电路

案例：某企业生产线，入口水压要求保持在300kPa以上，一旦水压低于300kPa时，立即发生声光报警信号。高位槽内液位越限时（2m）时，立即停止高位槽送料。

图2-27是带电接点的压力表和液位计联锁报警原理图。图中X1为带电接点液位计的

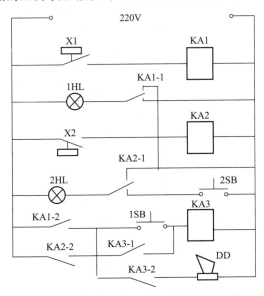

图 2-27　带电接点的压力表和液位计联锁报警原理图

常开接点，当液位高于 2m 时，此点接通；X2 为带电接点压力表的常开接点，当水压高于 300kPa 时此点接通。

当液位超限时，液位计的常开接点 X1 动作（闭合），继电器 KA1 得电，所带的常开触头 KA1-1 闭合，1HL 灯亮。同时，继电器所带的常开接点 KA1-2 也闭合，而此时继电器 KA3 失电，所带常闭触头 KA3-2 不动作（闭合），DD 电路接通，电喇叭响。当操作工听到响声后，按信号按钮 1SB、KA3 得电，所带的常开触头 KA3-1 闭合实现自锁，常闭触头 KA3-2 断开，DD 电路消声。当故障排除后，液位恢复正常，X1 断开，所有元件均恢复原状态。

2SB 的作用是检查信号灯和线路是否有问题，在正常情况下，按下 2SB 后，各信号灯均亮。

压力表 X2 的联锁报警原理与 X1 相似，读者可自行分析。

4. 联锁保护电路

安全联锁装置是在危险排除之前能阻止接触危险区，或者一旦接触时能自动排除危险状态的一种装置，它与设备、机械等控制装置联动。一旦工艺参数超出安全条件范围，系统马上执行联锁动作，以保证生产装置处于安全状态。石化生产中，在采用 DCS 实现生产过程自动控制的同时，还常采用 ESD（紧急停车系统）或 FSC（故障安全控制系统）完成生产过程安全控制。

案例：在氯化氢合成炉控制系统中，为使合成炉正常工作，要求 Cl_2 与 H_2 以 1∶1.05 的理论比例在合成炉中燃烧，产生 HCl 气体。当气体中存在游离氯时，可导致后系统爆炸。因此要求 Cl_2 和 H_2 流量和配比稳定，当出现异常时，需紧急停车。可采用如图 2-28 所示的联锁保护电路。图中实线为信号线，虚线为连锁线。

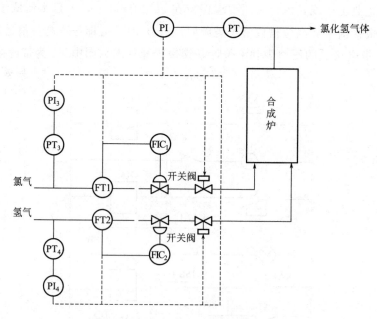

图 2-28　氯化氢合成炉联锁保护电路图

图中包括 Cl_2 流量控制系统、H_2 流量控制系统、Cl_2 压力显示系统、H_2 压力显示系统和 HCl 气体压力显示系统，其安全联锁逻辑图如图 2-29，通过 DCS 组态实现逻辑功能。

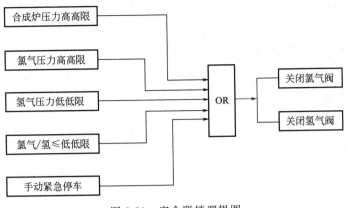

图 2-29 安全联锁逻辑图

【练习与拓展】

1. 试举出化工生产自动控制系统的例子，并画出其控制回路框图。

2. 列举串级、分程和比值调节系统的特点，它们与简单控制系统有什么差别？

3. 控制阀的作用是什么？试分析不同类型控制阀的工作原理。

4. 结合本单元实际分析信号联锁报警电路，区别"联锁报警"和"联锁保护"的不同。

5. 本单元在调节器 FIC103 和 FFIC104 组成的比值控制回路中，哪一个是主动量，怎样实现控制？

*项目2.5
化工仪表的维护与故障判断

一、考核要求

1. 能够对常用的化工仪表进行维护保养。

2. 能够检修常用的化工仪表和控制器。

3. 能够判断自动控制系统的仪表故障，并进行分析、处理。

二、实训装置

各种类型的压力表、流量计、温度计、控制器、变送器；在线的自动控制系统仪表。

三、实训操作

（一）仪表维护

（1）按日常巡检要求，对化工生产实训装置上的测量仪表进行维护保养。

（2）对实训装置自动化控制系统中的控制器进行维护保养。

（3）对实训装置自动化控制系统中的控制阀进行维护保养。

（二）仪表故障判断与检修

1. 调查了解

针对出现故障的仪表，调阅相关记录，了解发生故障前后外部条件的变化及故障过程中的现象。

2. 整体分析，分段检查

纵观整台仪表的故障现象，判断故障发生在哪一部分。采用分段检查法，从大段到小段，步步缩小，判断故障点的区域范围。

3. 仪表外部检查

检查仪表盘外观是否完好，指针有无变形，开关按钮是否完好，位置是否正确，仪表接线端子是否接好，有无松动线路，是否连接正确完整，外部有无冒烟打火痕迹等。

4. 开机检查

打开仪表，检查保险丝、电源、各种指示灯、插件、电阻、线圈、电路板等情况是否正常。内部有无打火、放电、冒烟痕迹，有无特殊气味、振动、噪声，元件温度是否正常等。

5. 机械检查

一般仪表机械部分发生故障的可能性比线路部分故障的可能性大。一般应先进行机械部分的检查确认，如腐蚀、磨损、脱落、断裂、卡涩等。

6. 线路检测

进行内部线路检测，如虚焊、脱焊、元器件及芯片损坏等。常采用以下简易方法。

（1）断路法　将被怀疑部分与主机断开，观察故障是否消失，以此判断故障位置。

（2）短路法　将被怀疑发生故障的某级电路或元件直接短接，观察故障是否消失。

（3）替换法　通过替换某些元件、插件或线路板，以确定故障位置。

（4）测量电压法　用万用表调至适当量程测量被怀疑部分，如测量交流供电电压、交流稳压器输出电压、变压器线圈电压、振荡电压等。

（5）测量电流法　直接测量法是将电路断开后直接串入电流表，测出电流值后与仪表正常工作时的数据比较，从而判断故障。间接测量法则不需要断开电路，而是测出电阻上的电压降，再根据电阻值计算出近似的电流值，多用于晶体管元件电流的测量。

四、考核标准

化工仪表的维护与故障判断项目考核标准见表 2-15。

表 2-15　化工仪表的维护与故障判断项目考核表

考核内容	考核要点	配分	扣分	扣分原因	得分
维护保养	操作过程完整	10			
	操作步骤规范	10			
	记录认真仔细	10			

考核内容	考核要点	配分	扣分	扣分原因	得分
故障分析与处理	故障现象	10			
	故障分析	20			
	故障处理	20			
职业素质	操作规范	5			
	操作到位	5			
实训报告	规范认真	5			
	数据真实可靠	5			
考评员签字		考核日期		合计得分	

【相关知识】

一、化工仪表的维护

对仪表进行日常维护、定期检修是保证自动控制系统正常运行的重要保障手段。需要定期对检测仪表进行维护，并做好记录。化工仪表的维护与检修规定见表 2-16。

表 2-16　化工仪表的维护与检修规定

仪表类型	项目	维护检修内容
测量仪表维护与检修	(1)日常巡检	每班至少进行两次巡回检查。查看仪表供电、供气、仪表指示是否正常；查看仪表保温、散热状况；检查仪表及其连接件是否有腐蚀、损坏；检查仪表接线是否有松动、管线是否有泄漏
	(2)定期维护	定期对检测仪表进行维护，并做好记录。每班做好运行情况检查汇总、记录；每班进行一次仪表外部清洁工作；每月进行一次仪表内部清洁工作，同时检查仪表阻尼情况；每年对仪表内单元接插件进行一次全面检查
	(3)定期校验	定期对仪表进行校验。在线运行仪表：一般为 12 个月；在线分析仪表：一般为 1~3 个月；在线式可燃与有害气体检测仪表：一般为 1~3 个月；离线分析用可燃与有害气体检测仪表：一般为 1 周~1 个月
DDZ-Ⅲ 控制器维护与检修	(1)日常巡检	查看仪表指示、供电是否正常；查看仪表 PID 参数设置是否正常；检查仪表接线是否有松动
	(2)定期维护	每班进行一次仪表外部清洁工作；每月进行一次仪表内部清洁工作；每 3 个月校正一次仪表指示准确度；每 3 个月进行一次运行方式切换检查；每年对仪表内单元接插件进行一次全面检查
	(3)定期校准	①校准周期：12 个月。②校准项目：指示误差校准；回程误差校准；比例度校准；积分时间校准；微分时间校准；手动操作及保持特性校准；手动拨杆误差校准；自动-手动双向切换误差校准；手动-自动双向切换误差校准
	(4)检修	检修周期：12 个月。检修项目：打开仪表，清除内、外部灰尘；检查连接导线、元器件是否有虚焊、脱落，焊点是否有氧化、脱落；检查比例、积分、微分度盘是否松动，电位器接触是否良好、旋转是否灵活；检查各操作按键、扳键是否工作正常；用适宜的清洗剂清洗开关和继电器触头；检查并拧紧各紧固件；按校准项目全面校准仪表；如需送检，完成上述项目后送检或直接送检

仪表类型	项目	维护检修内容
DDZ-Ⅲ 控制器维护与检修	(5)投入运行	检查仪表供电是否正常;检查仪表接线是否正确、牢固;检查输入信号是否正常;检查仪表的 PID 参数设置是否合适;将仪表置于手动方式运行;送仪表电源;检查仪表指示值是否正常;手动操作仪表输出,检查输出是否正常;待仪表运行正常、工艺稳定后,调节给定值,使等于测量值(偏差为零),然后投入自动运行;严密监视仪表运行状况和工艺状况,确认控制参数设置正确、仪表运行正常后,仪表投运作业完成
	(6)检修、校准、投运工作要求	仪表的检修、校准、制动工作应严格按相应规程进行。人员需经过严格培训,必须由 2 人以上同时配合工作;制订有相应的规程,并经审核、批准;使用相应规程规定的、功能和精度符合要求的、经过检定的仪表和装置;检修、校准后指标应符合要求,相应记录应经 2 人以上签字确认
气动控制阀维护与检修	(1)日常巡检	每班至少进行两次巡回检查。查看供气气源压力是否正常,供气是否洁净干燥,管道有无泄漏;查看信号稳定时阀门开度有无变化,信号变化时阀门动作是否卡涩;查看阀门是否有腐蚀、泄漏、损坏,运行中是否有杂音、振动;发现问题及时处理,并做好巡检记录
	(2)定期维护	定期进行维护,并做好记录。每周进行一次阀门外部清洁工作;每月进行一次阀门运动部件润滑工作;每 3 个月检查一次密封环,同时检查接头密封腐蚀情况;每 1～6 月检查一次供气过滤器减压阀,并排污
	(3)定期校准	校准周期:12 个月。校准项目:基本误差校准;回程误差校准;气密性检查
	(4)检修	检修周期:12 个月。清除阀体外部灰尘、油污、锈蚀,视情况防腐、喷涂标志;解体检修阀体内壁及腐蚀、耐压情况,并视情况更换密封环,填料及垫片必须更换新件;补充或更换润滑剂,保证阀门动作灵活;依阀门形式、结构不同,进行相应项目的检查维修工作
	(5)投入运行	检查工艺管线、阀门支撑是否牢固,阀门与管线连接是否可靠、无泄漏;检查手轮机构应动作灵活并置于自动位置,阀门定位器应能够正常工作并切换在自动位置;在工艺条件允许的情况下,先将阀门投入手动工作状态,观察运行是否正常;确认控制阀运行正常、工艺稳定后,投运作业完成

二、仪表故障的一般规律

1. 气动仪表常见故障

(1) 漏　因为气动仪表的信号源来自压缩空气,所以任何一部分泄漏都会造成仪表的偏差和失灵。易漏的部分有仪表接头、橡皮软管、密封圈、垫,特别是一些尼龙件、橡胶件,在使用数年后容易老化造成泄漏。一般通过分段憋压的方法就很容易找到泄漏点。

(2) 堵　仪表长期运行过程中,空气中的水气、灰尘和油性杂质会使一些节流部件堵塞或半堵,会程度不同地引起输出信号改变,尤其是在潮湿天气下更为严重。

(3) 卡　因为气动信号驱动力矩小,只要某一部位摩擦力增大,都会造成传动机构卡住或者反应迟钝。常见部位有连杆、指针和其他机械传动部件。

2. 电动仪表常见故障

(1) 接触不良　仪表插件板、接线端子的表面氧化、松动以及导线的似断非断状态,都是造成接触不良的主要原因。

(2) 断路　因为仪表引线一般较细,在拉机芯或操作过程中稍有相碰,都会造成断路,保险丝的烧毁、电气元件内部断路也是一个方面。

（3）短路　导线的裸露部分相碰，晶体管、电容击穿是短路的常见现象。

（4）松脱　主要是机械部分，诸如划线盘、指针、螺钉等，气动仪表也有类似现象。

【练习与拓展】

1. 化工仪表的维修与维护包括哪些内容？

2. 测量仪表、控制器、气动控制阀的维护与检修有什么不同要求？

3. 怎样对化工仪表故障进行检查判断与处理？

模块三
化工单元操作

项目3.1
流体输送操作

任务1 流体输送实训操作

一、考核要求

1. 能够熟练地进行离心泵的启动、正常运行和停车操作。

2. 能够按工艺要求完成流体输送及流量调节。

3. 能够判断离心泵常见故障、分析原因并排除。

二、实训装置

流体输送实训装置，如图 3-1 所示。

图 3-1 流体输送实训装置

三、实训操作

1. 检查准备

（1）检查装置所有设备、仪表、阀门、电气是否正常，管道系统的连接螺栓是否拧紧。

（2）检查泵轴承的密封填料是否压紧，盘车，检查泵轴是否灵活，是否有不正常响声。

（3）打开电源总开关、相关仪表开关及监控界面。

（4）打开进水总开关，向原料水槽内加水至浮球阀关闭，关闭自来水。

2. 开车

（1）选择相应的实训项目（离心泵输送、真空输送、管阻力等），根据操作要求在现场开启相关阀门，并打通流程。

（2）对离心泵进行灌泵，排除泵内空气，直至泵壳顶部排气嘴开启时有水冒出为止。

（3）关闭泵的出口阀，启动电机。当电机运转正常后，缓慢打开泵的出口阀，输送液体。

3. 正常运行

（1）保持离心泵正常运行，通过现场改变离心泵出口管路上阀门的开度或通过监控界面电动调节阀，将流量及时准确地调到规定的范围内。

（2）调节液体流量分别为 $2m^3/h$、$3m^3/h$、$4m^3/h$、$5m^3/h$、$6m^3/h$、$7m^3/h$，从监控界面上观察离心泵的特性数据；待系统稳定后（至少 5min），记录相关数据。

（3）由教师给出指令，不定时改变某些阀门或泵的工作状态来扰动液体输送系统正常的工作状态，模拟生产过程中的常见故障；根据各参数的变化情况及设备运行异常现象，分析故障原因，并排除故障。

4. 泵的联锁投运（本步操作可在学习化工自动控制内容时重点训练）

（1）解除联锁，启动 2 号泵至正常运行后，投运联锁。

（2）设定好 2 号泵进口压力报警下限值，逐步关小流量调节阀，检查泵运转情况。

（3）当 2 号泵有异常声音产生、进口压力低于下限时，操作台发出报警，同时联锁启动：2 号泵自动跳闸停止运转，1 号泵自动启动，保证液体输送系统的正常稳定运行。

5. 停车

（1）先关闭泵出口阀，避免停泵后管路中高压液体倒流，使叶轮反转造成事故。

（2）停电动机，按操作步骤分别停止所有运转设备，关闭仪表及电源总开关。

（3）打开系统排污阀，将泵和管路系统的液体排放干净，以免锈蚀和冬季冻结。

（4）清理现场，把系统内的相关阀门及仪表恢复到初始状态。

6. 紧急停车

遇到下列情况之一者，应紧急停车处理：

（1）泵（或空压机、真空泵）内发出异常声响；

（2）泵突然发生剧烈振动；

（3）电机电流超过额定值持续不降；

（4）泵突然不出水。

四、考核标准

流体输送操作项目考核标准见表3-1。

表 3-1　流体输送操作项目考核表

考核内容	考核要点	配分	扣分	扣分原因	得分
检查准备	检查设备、仪表、阀门、电气、连接螺栓	5			
	盘车,检查泵密封填料	5			
	开电源、仪表,原料槽进水	5			
开车	开启相关阀门,打通流程	5			
	灌泵操作	5			
	开泵,开出口阀	5			
正常运行	通过出口阀调节流量到合适范围	5			
	调节流量,观察并记录泵的特性数据	5			
	根据模拟故障情况,分析故障现象并排除故障	10			
停车	关闭泵出口阀,停电动机及所有运转设备	5			
	关闭仪表及电源总开关	5			
	开排污阀,将液体排放干净	5			
	清理现场,阀门、仪表恢复初始状态	5			
	紧急情况停车	5			
职业素质	操作安全规范	5			
	团队配合合理有序	5			
	现场管理文明安全	5			
实训报告	书写认真规范	5			
	数据真实可靠	5			
考评员签字		考核日期		合计得分	

任务2　离心泵仿真操作

一、操作目标

1. 能正确标识设备、阀门、各类测量仪表的位号及作用。

2. 学会离心泵正确的开车、停车操作方法。

3. 能正确分析常见事故产生的原因,学会常见事故的判断及处理方法。

4. 认知简单控制系统与分程控制系统的构成,学会其操作方法。

二、工艺流程及设备

1. 工艺流程

带控制点的工艺流程如图3-2所示,仿DCS流程如图3-3所示,仿现场流程如图3-4所示。来自某一设备约40℃的带压液体经调节阀LV101进入带压罐V101,罐液位由液位控制器 LIC101 通过调节 V101 的进料量来控制；罐内压力由 PIC101 分程控制，PV101A、PV101B 分别调节进入 V101 和出 V101 的氮气量，从而保持罐压恒定在 5.0atm（表压）。罐内液体由泵 P101A/B 抽出，泵出口流量在流量调节器 FIC101 的控制下输送到其他设备。

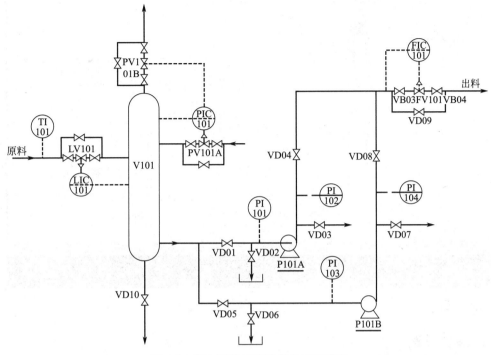

图 3-2　离心泵单元带控制点工艺流程

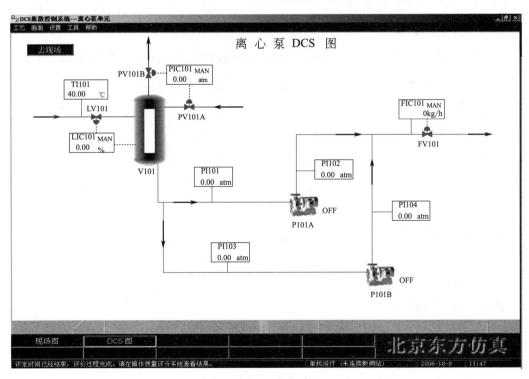

图 3-3　离心泵 DCS 界面

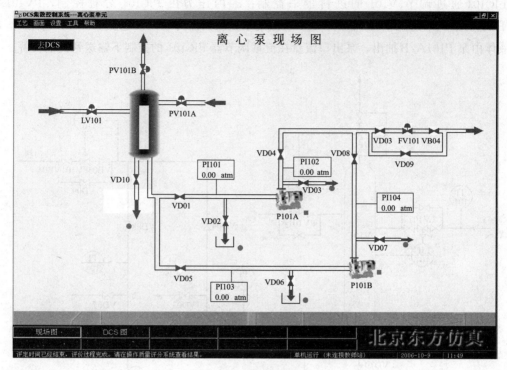

图 3-4　离心泵现场界面

2. 设备一览

P101A/B：离心泵；V101：带压液体贮罐。

三、控制方案

V101 的压力由调节器 PIC101 分程控制，调节阀 PV101 的分程动作如图 3-5 所示。

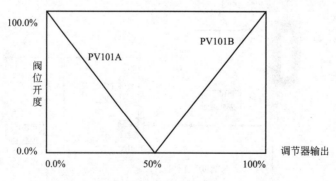

图 3-5　调节器 PIC101 分程动作示意图

四、操作规程

1. 正常工况操作参数

（1）P101A 泵出口压力 PI102：12.0atm，泵出口流量 FIC101：20000kg/h。

（2）V101 罐液位 LIC101：50.0%，罐内压力 PIC101：5.0atm。

2. 冷态开车

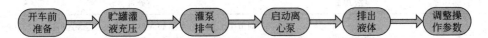

（1）开车前准备　盘车，调整填料或机械密封装置；核对吸入条件。

（2）罐 V101 灌液、充压　缓慢打开 LIC101 调节阀，开度约为 50%，向罐 V101 充液；待罐 V101 液位＞5% 后，缓慢打开 PV101A 调节阀向罐 V101 充压，开度为 20%。当 LIC101 达到 50% 时，LIC101 设定 50%，投自动；当压力达到 5.0atm 时，PIC101 设定 5.0atm，投自动。

（3）灌泵、排气　待罐 V101 充压至 5.0atm 后，打开泵 P101A 入口阀 VD01，向离心泵充液。打开泵 P101A 后排气阀 VD03 排放泵内不凝性气体，当 P101A 泵内无不凝气体有液体溢出时（显示标志变为绿色），关闭 VD03。

（4）启动离心泵 P101A（或 P101B）。

（5）液体输出　待 PI102 指示比入口压力 PI101 大 1.5～2.0 倍后，打开泵 P101A 出口阀 VD04。依次打开调节阀 FIC101 的前、后阀 VB03、VB04，逐渐开大调节阀 FIC101 的开度，使 PI101、PI102 趋于正常值。

（6）调整操作参数　微调 FV101 调节阀，在测量值与给定值相对误差 5% 范围内且较稳定时，FIC101 投自动，设定值为 20000kg/h。

3. 正常停车

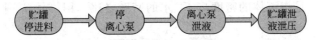

（1）罐 V101 停进料　LIC101 置手动，关闭调节阀 LV101，停罐 V101 进料。

（2）停离心泵　FIC101 置手动，缓慢开大阀门 FV101，增大出口流量（注意防止 FIC101 值超出高限：30000kg/h），待罐 V101 液位＜10% 时，关闭泵 P101A（或 B）出口阀 VD04，停 P101A 泵，关闭泵 P101A 前阀 VD01。FIC101 置手动并关闭调节阀 FV101 及其后、前阀 VB04、VB03。

（3）离心泵泄液　打开泵 P101A 泄液阀 VD02，当不再有液体泄出时（显示标志变为红色），关闭 VD02。

（4）贮罐泄液泄压　待罐 V101 液位小于 10% 时，打开罐 V101 泄液阀 VD10；待罐 V101 液位小于 5% 时，打开 PIC101 泄压，当不再有液体泄出时（显示标志变为红色），关闭 VD10。

4. 事故处理

离心泵仿真操作常见事故及处理方法见表 3-2。

表 3-2　离心泵仿真操作事故及处理方法

事故名称	事故现象	处理方法
泵 P101A 坏	P101A 出口压力急剧下降；FIC101 流量急剧减小	切换到备用泵 P101B；按正常操作启动泵 P101B，待 P101B 进出口压力指示正常，按正常操作停止泵 P101A（参见正常停车）

事故名称	事故现象	处理方法
调节阀 FV101 阀卡住	FIC101 流量不可调节	调节 FIC101 的旁路阀 VD09，使流量达到正常值 20000kg/h；手动关闭调节阀 FV101 及其后阀 VB04、前阀 VB03，FIC101 转换到手动，手动缓慢关闭流量控制阀 FIC101
泵 P101A 入口管线堵塞	P101A 泵入口、出口压力急剧下降；FIC101 流量急剧减小到零	按泵的切换步骤切换到备用泵 P101B
泵 P101A 汽蚀	P101A 泵入口、出口压力上下波动；P101A 泵出口流量波动（大部分不到正常值）	按泵的切换步骤切换到备用泵 P101B
泵 P101A 气缚	101A 泵入口、出口压力急剧下降；FIC101 流量急剧减少	按泵的切换步骤切换到备用泵 P101B，停泵 P101A，然后排气

【相关知识】

一、流体输送基本知识

1. 流体的主要物理量

（1）密度　工程上把单位体积流体所具有的质量，称为流体的密度，用符号 ρ 表示，单位为 kg/m^3。

（2）相对密度　是指流体的密度与 4℃水的密度之比。用符号 d^0 来表示。即：

$$d^0 = \frac{\rho}{\rho_{4℃,水}} = \frac{\rho}{1000} \tag{3-1}$$

式中　d^0——流体的相对密度；

　　　ρ——流体的密度，kg/m^3；

　　　$\rho_{4℃,水}$——4℃水的密度，$1000kg/m^3$。

（3）流量　单位时间内流过管道任一截面的流体量称为流量。有体积流量（用符号 q_V 表示，单位 m^3/s）和质量流量（用符号 q_m 表示，单位 kg/s）两种表示方法，两者的关系为：

$$q_m = q_V\rho \tag{3-2}$$

（4）流速　单位时间内流体在流动方向上所流过的距离称为流速，用符号 u 表示，单位 m/s。

流速与流量之间的关系为：

$$q_V = uA \tag{3-3}$$

式中　q_V——体积流量，单位 m^3/s；

　　　u——流速，m/s；

　　　A——与流动方向相垂直的管道截面积，m^2。

2. 静止流体的基本规律——静力学基本方程式

液体处于静状态时，其内部任意水平面上的压力可用静力学基本方程式计算。

$$p = p_0 + \rho g h \tag{3-4}$$

式中 p——液体内部任意一点的压力，Pa；

p_0——液面上方的压力，Pa；

ρ——液体的密度，kg/m^3；

h——该点距离液面的高度，m。

静力学基本方程式表明：在静止的、连通着的同种液体内，处于同一水平面上各点的压力相等。利用静力学方程式可以进行压力及压差测量，液位高度测量和液封高度计算。

3. 稳定流动的物料衡算式——连续性方程式

如图 3-6 所示，稳定流动系统中，流体在各个截面的质量流量相等，可用连续性方程式表示。即：

$$q_{m1} = q_{m2} \tag{3-5}$$

$$q_m = u_1 A_1 \rho_1 = u_2 A_2 \rho_2 = \cdots = u A \rho = 常数 \tag{3-6}$$

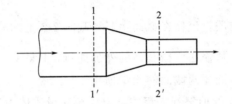

图 3-6　稳定流动系统示意图

若流体为不可压缩流体，则不仅流经各截面的质量流量相等，它们的体积流量也相等。对于圆管，$A = \dfrac{\pi}{4} d^2$，故

$$\frac{u_1}{u_2} = \frac{A_2}{A_1} = \left(\frac{d_2}{d_1} \right)^2 \tag{3-7}$$

式中 u_1，u_2——1-1′、2-2′截面处的平均流速，m/s；

d_1，d_2——1-1′、2-2′截面处的管内径，m。

式(3-7)说明不可压缩流体在管道内的流速 u 与管道内径的平方 d^2 成反比。管径越小，流速越大，管径最小的地方，流速最大。

4. 稳定流动的机械能衡算式——伯努利方程式

如图 3-7 所示，不可压缩流体在系统中稳定流动，流体从截面 1-1′经泵输送到截面 2-2′。

根据能量守恒定律，1kg 流体在两截面 1-1′与 2-2′处所具有的机械能守恒与转化关系可用伯努利方程式表示：

$$g Z_1 + \frac{u_1^2}{2} + \frac{p_1}{\rho} + W_e = g Z_2 + \frac{u_2^2}{2} + \frac{p_2}{\rho} + \sum h_f \tag{3-8}$$

式中 $g Z_1$，$g Z_2$——单位质量流体在截面 1-1′和截面 2-2′上的位能，J/kg；

$\dfrac{u_1^2}{2}$，$\dfrac{u_2^2}{2}$——单位质量流体在截面 1-1′和截面 2-2′上的动能，J/kg；

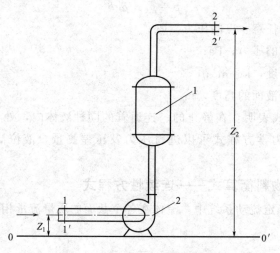

图 3-7　流体流动的机械能衡算

1—容器；2—泵

$\dfrac{p_1}{\rho}$，$\dfrac{p_2}{\rho}$——单位质量流体在截面 1-1′ 和截面 2-2′ 上的静压能，J/kg；

W_e——流体从输送机械获得的外加能量，J/kg；

$\sum h_f$——流体流经两截面的能量损失，J/kg。

式(3-8) 称为实际流体的伯努利方程式，以单位质量流体为计算基准，式中各项单位均为 J/kg。若将式(3-8) 中的各项除以 g，则可得

$$Z_1 + \frac{u_1^2}{2g} + \frac{p_1}{\rho g} + H_e = Z_2 + \frac{u_2^2}{2g} + \frac{p_2}{\rho g} + H_f \tag{3-9}$$

式中　Z，$\dfrac{u^2}{2g}$，$\dfrac{p}{\rho g}$——分别称为位压头、动压头、静压头，为单位重量（1N）流体所具

有的机械能，m；

H_e——有效压头，$H_e = \dfrac{W_e}{g}$，单位重量流体在截面 1-1′ 与截面 2-2′ 间所获

得的外加功，m；

H_f——压头损失，$H_f = \dfrac{\sum h_f}{g}$，单位重量流体从截面 1-1′ 流到截面 2-2′ 的

能量损失，m。

式(3-9) 为以单位重量流体为计算基准的伯努利方程式，式中各项均表示单位重量流体所具有的能量，单位为 J/N（m）。m 的物理意义是单位重量流体所具有的机械能把自身从基准水平面升举的高度。

伯努利方程式在工程上可用于确定两设备间的相对位置高度，确定输送设备的有效功率，确定输送液体的压力，求管路中流体的流量。

二、液体输送机械的类型

通常输送液体的机械称为泵，各种类型泵的结构及性能特点见表 3-3。

表 3-3　泵的类型及结构和性能特点

泵的类型	结构及性能特点
离心泵	离心泵是通过高速旋转的叶轮使泵壳内的液体产生离心力被甩出,并在中心处形成低压区,从而不断压出和吸入液体。结构简单,操作容易,便于调节和自控,流量均匀,适用范围广,在化工生产中应用最为广泛,约占所用泵的80%以上
往复泵	往复泵是一种容积式泵,它是依靠活塞的往复运动并依次开启吸入阀和排出阀,从而吸入和排出液体。应用较为广泛,主要适用于小流量、高扬程的场合
计量泵	是往复泵的一种,有柱塞式和隔膜式两种形式。可以严格地控制和调节流量,适用于要求输液量十分准确而又便于调整的场合
齿轮泵	由一对相互啮合的齿轮在相互啮合的过程中引起的空间容积的变化来输送液体
螺杆泵	属于转子容积泵,根据螺杆根数,可分为单螺杆泵、双螺杆泵、三螺杆泵和五螺杆泵等几种。其工作原理是螺杆在具有内螺纹的泵壳中偏心转动,将液体沿轴向推进,最终由排出口排出
旋涡泵	由泵壳和叶轮组成,叶轮由一个四周有凹槽的圆盘构成,几十片叶片呈辐射状排列。工作时,液体按叶轮的旋转方向进入泵的流道,在流道内每经过一次叶轮就得到一次能量,因此可达到很高的扬程
屏蔽泵	属于离心式无密封泵,泵和驱动电机都被封闭在一个被泵送介质充满的容器内,取消了传统离心泵的旋转轴密封装置,能做到完全无泄漏
喷射泵	属于流体作用泵,利用从喷嘴流出的高速流体造成喷嘴处的局部低压,将另一种流体吸进喷嘴附近,再送至排液管中。根据喷射流体不同,有水力喷射泵和蒸汽喷射泵两种

三、离心泵的结构与性能

1. 离心泵的结构

离心泵主要部件有叶轮、泵壳和轴封装置,如图 3-8 所示。

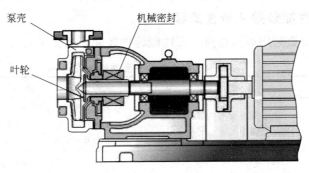

图 3-8　离心泵结构图

　　叶轮的作用是将原动机的机械能直接传给液体,以增加液体的静压能和动能。叶轮一般有 6~12 片后弯叶片,根据叶轮在叶片两侧有无盖板,分为开式、半闭式和闭式三种。泵壳多做成蜗壳形,故又称蜗壳,其作用是将叶轮封闭在一定的空间,以便由叶轮的作用吸入和压出液体。轴封装置的作用是防止泵壳内液体沿轴漏出或外界空气漏入泵壳内。常用轴封装置有填料密封和机械密封两种。填料一般采用浸油或涂有石墨的石棉绳。机械密封主要是靠装在轴上的动环与固定在泵壳上的静环之间端面作相对运动,以达到密封的目的。

2. 离心泵的工作原理

　　图 3-9 是离心泵的装置简图。叶轮 1 安装在泵壳 2 内,并紧固在泵轴 3 上,泵轴由电

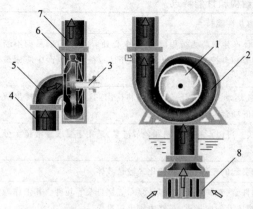

图 3-9 离心泵工作原理图

1—叶轮；2—泵壳；3—泵轴；4—吸入管；5—吸
入口；6—排出口；7—排出管；8—底阀

机直接带动。泵壳中央有一液体吸入口 5 与吸入管 4 连接。液体经底阀 8 和吸入管进入泵内。泵壳上的液体排出口 6 与排出管 7 连接。

在泵启动前，泵壳内灌满被输送的液体。启动后，叶轮由轴带动高速转动，叶片间的液体也随着转动，在离心力的作用下，液体从叶轮中心被抛向外缘并获得能量，以高速离开叶轮外缘进入蜗形泵壳。在蜗壳中，液体由于流道的逐渐扩大而减速，又将部分动能转变为静压能，最后以较高的压力流入排出管道，送至需要场所。液体由叶轮中心流向外缘时，在叶轮中心形成了一定的真空，由于贮槽液面上方的压力大于泵入口处的压力，液体便被连续压入叶轮中。可见，只要叶轮不断地转动，液体便会不断地被吸入和排出。

当离心泵壳内存有空气时，则启动时叶轮中心气体被抛出时产生的离心力较小，不能在该处形成足够大的真空度，这样槽内液体便不能被吸上，离心泵不能输送液体，此种现象称为气缚。为防止气缚现象发生，离心泵启动前要用液体将泵壳内空间灌满，这一步操作称为灌泵。通常在吸入管底部安装一带滤网的底阀（止逆阀），以防止灌入的液体流入低位槽，滤网的作用是防止固体物质进入泵内损坏叶轮或妨碍泵的正常操作。

3. 离心泵的性能参数和特性曲线

离心泵的性能参数是用以描述离心泵性能的物理量。见表 3-4。

表 3-4　离心泵的主要性能参数

性能参数	单位	定　义	影响因素
流量 q_V	m^3/h m^3/s	离心泵在单位时间内所输送的液体体积	影响因素有泵的结构尺寸（主要为叶轮的直径与叶片的宽度）和转速等。泵实际所能输送的液体量还与管路阻力及所需压力有关
扬程 H	m	也称压头，单位重量流体经泵所获得的能量	泵的扬程大小取决于泵的结构（如叶轮直径的大小，叶片的弯曲情况等）、转速等。泵的扬程可用实验测定
效率 η		离心泵的有效功率与轴功率之比，反映离心泵能量损失的大小	泵的效率与泵的类型、大小、结构、制造精度和输送液体的性质有关。大型泵效率高些，可达 90% 左右，小型泵效率低些，为 50%～70%，此值由实验测得
轴功率 P	W kW	泵轴所需的功率 $P = \dfrac{P_e}{\eta} = \dfrac{q_V H \rho g}{\eta}$	随设备的尺寸、流体的黏度、流量等的增大而增大

离心泵的扬程、功率及效率均与流量有关。常将由实验测定的 H、P、η 与 q_V 之间的关系用图表示出来，即为离心泵的特性曲线，如图 3-10 所示。

（1）H-q_V 线　表示泵的扬程与流量的关系。离心泵的扬程随流量的增大而下降。

（2）P-q_V 线　表示泵轴功率和流量的关系。离心泵的轴功率随流量的增大而提高，

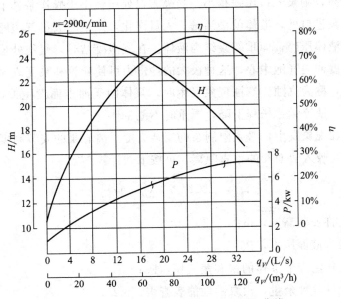

图 3-10　IS100-80-125 型离心泵的特性曲线

流量为零时轴功率最小。

（3）ηq_V 线　表示泵的效率和流量的关系。当 $q_V = 0$ 时，$\eta = 0$；随着流量的增大，效率随之上升达到一个最大值；而后随流量增大，效率下降。

离心泵特性曲线上的效率最高点称为设计点，泵在该点对应的压头和流量下工作最为经济，离心泵铭牌上标出的性能参数即为最高效率点上的工况参数。泵的特性曲线均在一定转速下测定，故特性曲线图上注出转速 n 值。在选用离心泵时，应使离心泵在该点附近工作（如图中波折号所示的范围）。一般操作时效率应不低于最高效率的 90%。

四、离心泵的使用

1. 离心泵的选用

按输送液体的性质不同，离心泵可分为清水泵、耐腐蚀泵（代号 F）、油泵（代号 Y）、污水泵（代号 W）等；按叶轮的吸液方式不同，可分为单吸泵（代号 IS）、双吸泵（代号 S）；按叶轮的数目不同，可分为单级泵、多级泵（代号 D）。

离心泵的选用可根据以下步骤进行：

（1）根据被输送液体的性质及操作条件确定类型；

（2）根据流量（一般由生产任务定）及计算管路中所需压头，确定泵的型号（从样本或产品目录中选取）；

（3）若被输送液体的黏度和密度与水相差较大时，应核算泵的特性参数（流量、压头和轴功率）；

（4）选择离心泵时，可能有几种型号的泵同时满足在最佳范围内操作这一要求，此时，可分别确定各泵的工作点，比较工作点上的效率，择优选取。

2. 离心泵的汽蚀现象及安装高度

离心泵吸入液体是靠吸入液面与泵入口处的压强差完成的。当吸入液面上的压强一定时，吸上高度越高，则泵入口压强越小。当吸入口处压强小于操作条件下被输送液体的饱和蒸气压时，在泵进口处，液体就会沸腾，大量汽化，产生的大量气泡随液体进入高压区时，又被周围的液体压碎，而重新凝结为液体。在气泡凝结时，气泡处形成真空，周围的液体以极大的速度冲向气泡中心。这种极大的冲击力可使叶轮和泵壳表面的金属脱落，形成斑点和小裂缝，称为汽蚀。汽蚀现象发生时，泵体因受冲击而发生振动，并发出噪声；因产生大量气泡，使流量、扬程下降，严重时不能工作。

为了防止汽蚀现象发生，必须限制泵的安装高度。离心泵的安装高度（吸上高度）是指泵入口中心处与吸入液面间的垂直距离，可按下式计算

$$H_g = \frac{p_0}{\rho g} - \frac{p_s}{\rho g} - \Delta h - H_{f,0-1} \qquad (3-10)$$

式中　　H_g——允许安装高度，m；

$\quad\quad\quad p_0$——吸入液面压力，Pa；

$\quad\quad\quad p_s$——操作温度下液体的饱和蒸气压，Pa；

$\quad\quad\quad \Delta h$——允许汽蚀余量，由泵的性能表查得，m；

$\quad\quad\quad \rho$——被输送液体的密度，kg/m^3；

$\quad\quad\quad H_{f,0-1}$——液体流经吸入管的压头损失，m。

离心泵的安装高度应低于允许的安装高度（即计算的安装高度），以免产生汽蚀现象。从安全角度考虑，泵的实际安装高度值一般应比计算值再低 0.5～1m。当计算之 H_g 为负值时，说明泵的吸入口位置应在贮槽液面之下。

3. 离心泵的工作点

当离心泵安装在特定的管路系统中时，泵应提供的流量和压头应依管路的要求而定。压头与流量的关系曲线称为管路特性曲线，如图 3-11 所示。

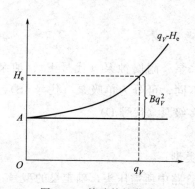

图 3-11　管路特性曲线

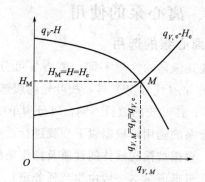

图 3-12　离心泵的工作点

当泵安装在一定管路系统中时，泵的特性曲线与管路特性曲线的交点即为泵的工作点，如图 3-12 所示。工作点所示的流量与压头既是泵提供的流量和压头，又是管路所需要的流量和压头，离心泵只有在工作点工作，管中流量才能稳定。泵的工作点以在泵的效率最高区域内为宜。

4. 离心泵的流量调节

改变泵工作点的位置，即可调节泵的流量。对一台泵而言，特性曲线不会变，而管路

特性曲线可变。改变管路系统中离心泵出口阀的开度，即可改变管路特性曲线，如图3-11所示。阀门开大，工作点远离纵轴；阀门关小，工作点靠近纵轴。这种调节方法简单方便，且流量可连续变化，因此工业生产中广泛采用，多用在流量调节幅度不大，而经常需要调节的场合。

改变泵的转速，流量和扬程均能增加。随着无级变速设备在工业中的应用，这种调节将成为一种方便且节能的流量调节方式。

5. 离心泵的常见操作故障及处理方法

离心泵的常见操作故障及处理方法见表3-5。

表 3-5　离心泵的常见操作故障及处理方法

故障现象	故障原因	处理方法
启动后不上料	①开泵前泵体内未充满液体； ②开泵时出口阀全开，致使压头下降而低于输送高度； ③压力表失灵，指示为零，误以为打不上料； ④电机相线接反； ⑤叶轮和泵壳之间的间隙过大	①停泵，排气充液后重新启动； ②关闭出口阀，重新启动泵； ③更换压力表； ④重接电机相线，使电机正转； ⑤调整间隙至符合要求
贮液罐抽空	开泵运转后未及时检查液面使贮罐抽空，泵体内进空气，使泵打不上料	停泵，充液并排尽空气，待泵体充满液体后重新启动泵
轴封泄漏	①填料未压紧或填料发硬失去弹性； ②机械密封动环与静环接触面安装时找平未达标	①调节填料松紧程度或更换填料； ②更换动环，重新安装，严格找平
烧坏填料及动环	①填料压得太紧，开泵并未盘车； ②密封液阀未开或开得太小	①更换填料，进行盘车，调节填料松紧度； ②调节好密封液
高位槽满料	①上下岗之间联系不够，开车前未及时通知后续岗位； ②泵的出口流量开得太大	①开停泵时加强岗位间的联系； ②慢慢开启泵出口阀，勿过快过大

【练习与拓展】

1. 离心泵在启动和停车前，为什么都要关闭出口阀？原因相同吗？
2. 离心泵启动后没有液体送出，是什么原因？应如何处理？
3. 随着流量的增大，泵入口处的真空度和出口处的压力表读数如何变化？
4. 发生汽蚀现象的原因有哪些？如何防止汽蚀现象的发生？
5. 离心泵运行一段时间后输出液流量下降，是什么原因导致的？应如何处理？

项目3.2
压缩机操作

任务1　往复式压缩机操作

一、考核要求

1. 能够熟练操作往复式压缩机。

图 3-13 往复式压缩机

2. 熟悉各种气体输送机械的结构及特点，能够正确选用与维护。

3. 能够判断压缩机的常见故障并进行正确排除。

二、实训装置

往复式压缩机如图 3-13 所示。

三、实训操作

1. 检查准备

检查机身和汽缸、油位、空气滤清器是否正常，检查气路的阀门、仪表是否灵敏可靠，盘车检查有无摩擦和磕碰。

2. 启动

空载启动，注意机器的转向，避免发生反转，注意观察油压的变化及倾听机器的运转声。

3. 运行

机器空载运转 1~2min 后，若无异常，即可带负荷运转。逐渐关闭放空阀进行升压，同时打开送气阀门向外送气。

经常查看轴承温度、主机转速和电流大小、排气温度和压力，记录机器运转数据，发现问题及时调整。

4. 停车

停车顺序和开车顺序相反。先减负荷直至不排气，打开冷却器放空阀，然后切断电源，将排气阀门全闭，机器冷却后，关闭冷却水。

四、考核标准

往复式压缩机操作项目考核标准见表 3-6。

表 3-6 往复式压缩机操作项目考核表

考核内容	考核要点	配分	扣分	扣分原因	得分
检查准备	检查机身、汽缸、油位、空滤	5			
	检查气路阀门、仪表	5			
	盘车检查正常	5			
启动	空载启动	5			
	观察油压变化正常	5			
	倾听机器声音正常	5			
运行	空载运转 1~2min	5			
	关闭放空阀,打开送气阀送气	10			
	查看轴承温度、电流大小、排气温度和压力,记录运转数据	10			

考核内容	考核要点	配分	扣分	扣分原因	得分
停车	减负荷至不排气	10			
	开冷却器放空阀	5			
	关闭电源,关闭排气阀,关冷却水	5			
职业素质	操作安全规范	5			
	团队配合合理有序	5			
	现场管理文明安全	5			
实训报告	书写认真规范	5			
	数据真实可靠	5			
考评员签字		考核日期		合计得分	

*任务2 二氧化碳压缩机仿真操作

一、操作目标

1. 能正确标识设备、阀门、各类测量仪表的位号及作用。
2. 学会离心式压缩机正确的开车、停车操作方法。
3. 能正确分析常见事故产生的原因,学会常见事故的判断及处理方法。
4. 认知工艺报警及联锁系统的构成,学会其操作方法。

二、工艺流程及设备

1. 工艺流程

带控制点的工艺流程如图 3-14 所示,仿 DCS 流程如图 3-15、图 3-17 所示,仿现场流程如图 3-16、图 3-18 所示。

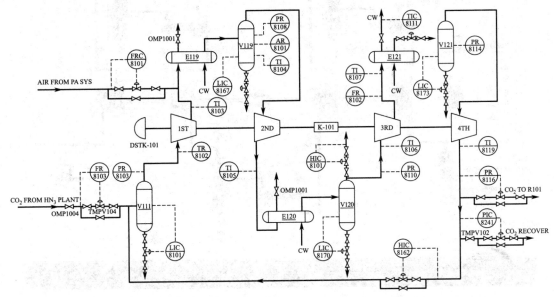

图 3-14 二氧化碳压缩机单元带控制点工艺流程

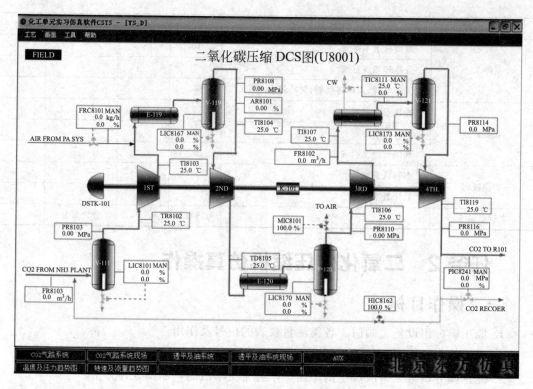

图 3-15　二氧化碳压缩机 DCS 界面

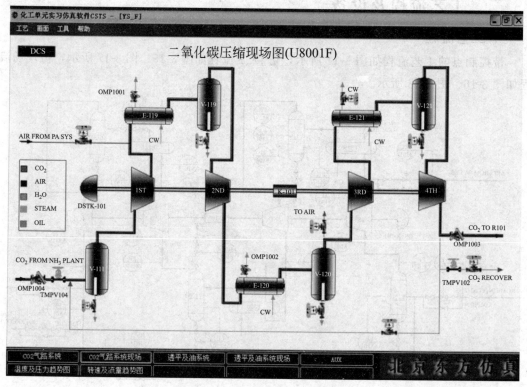

图 3-16　二氧化碳压缩机现场界面

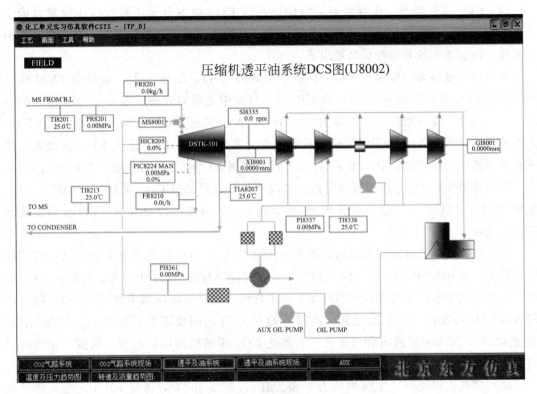

图 3-17　压缩机透平油系统 DCS 界面

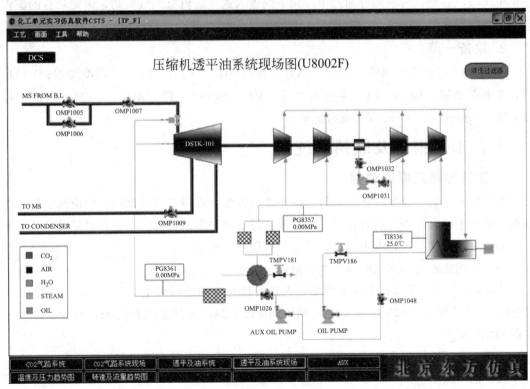

图 3-18　压缩机透平油系统现场界面

（1）CO_2 流程说明 将合成氨装置的原料气 CO_2 经本单元压缩后送往尿素合成工段，采用的是以汽轮机驱动的四级离心压缩机。其机组主要由压缩机主机、驱动机、润滑油系统、控制油系统和防喘振装置组成。

来自合成氨装置的原料气 CO_2 压力为 150kPa（A），温度 38℃，流量由 FR8103 计量，进入 CO_2 原料分离器 V111，分离掉 CO_2 气相中夹带的液滴后进入 CO_2 压缩机的一段入口，经过一段压缩后，CO_2 压力 0.38MPa（A），温度 194℃，进入一段冷却器 E119 用循环水冷却到 43℃，为了保证尿素装置防腐所需氧气，在 CO_2 进入 E119 前加入适量来自合成氨装置的空气，流量由 FRC8101 调节控制，CO_2 气中氧含量 0.25％～0.35％，在一段分离器 V119 中分离掉液滴后进入二段压缩，二段出口 CO_2 压力 1.866MPa（A），温度 227℃。然后进入二段冷却器 E120 冷却到 43℃，并经二段分离器 V120 分离掉液滴后进入三段。

在三段入口设计有段间放空阀，便于低压缸 CO_2 压力控制和快速泄压，CO_2 经三段压缩后压力 8.046MPa（A），温度 214℃，进入三段冷却器 E121 中冷却。为防止 CO_2 过度冷却而生成干冰，在三段冷却器冷却水回水管线上设计有温度调节阀 TV8111，控制四段入口 CO_2 温度在 50～55℃ 之间。冷却后的 CO_2 进入四段压缩后压力 15.5MPa（A），温度 121℃，进入尿素高压合成系统。为防止 CO_2 压缩机高压缸超压、喘振，在四段出口管线上设计有四回一阀 HV8162（即 HIC8162）。

（2）蒸汽流程说明 主蒸汽压力 5.882MPa，温度 450℃，流量 82t/h，进入透平做功，其中一大部分在透平中部被抽出，抽汽压力 2.598MPa，温度 350℃，流量 54.4t/h，送至中压蒸汽管网；另一部分通过中压调节阀进入透平后汽缸继续做功，做完功后的蒸汽进入蒸汽冷凝系统。

2. 设备一览

E119：CO_2 一段冷却器；E120：CO_2 二段冷却器；E121：CO_2 二段冷却器；V111：CO_2 原料分离器；V119：CO_2 一段分离器；V120：CO_2 二段分离器；V121：CO_2 三段分离器；DSTK101：CO_2 压缩机组透平。

三、工艺报警及联锁系统

1. 工艺报警及联锁说明

为了保证工艺、设备的正常运行，防止事故发生，在设备重点部位安装检测装置并在辅助控制盘上设有报警灯进行提示，以提前进行处理将事故消除。工艺联锁是设备处于不正常运行时的自保系统，本单元设计了两个联锁自保措施。

（1）压缩机振动超高联锁（发生喘振）

动作：20s 后（主要是为了方便培训人员处理）自动进行以下操作：关闭透平速关阀 HS8001、调速阀 HIC8205、中压蒸汽调压阀 PIC8224；全开防喘振阀 HIC8162、段间放空阀 HIC8101。

处理：在辅助控制盘上按 RESET 按钮，按冷态开车中暖管暖机起重新开车。

（2）油压低联锁

动作：关闭透平速关阀 HS8001、调速阀 HIC8205、中压蒸汽调压阀 PIC8224；全开防喘振阀 HIC8162、段间放空阀 HIC8101。

处理：找到造成油压低的原因并处理后，在辅助控制盘上按 RESET 按钮，按冷态开车中油系统开车起重新开车。

2. 工艺报警及联锁触发值

压缩机工艺报警及联锁触发值见表 3-7。

表 3-7　压缩机工艺报警及联锁触发值

位号	检测点	触发值
PSXL8101	V111 压力	≤0.09MPa
PSXH8223	蒸汽透平背压	≥2.75MPa
LSXH8165	V119 液位	≥85%
LSXH8168	V120 液位	≥85%
LSXH8171	V121 液位	≥85%
LAXH8102	V111 液位	≥85%
SSXH8335	压缩机转速	≥7200r/min
PSXL8372	控制油油压	≤0.85MPa
PSXL8359	润滑油油压	≤0.2MPa
PAXH8136	CO_2 四段出口压力	≥16.5MPa
PAXL8134	CO_2 四段出口压力	≤14.5MPa
SXH8001	压缩机轴位移	≥0.3mm
SXH8002	压缩机径向振动	≥0.03mm
振动联锁		XI8001≥0.05mm 或 GI8001≥0.5mm(20s 后触发)
油压联锁		PI8361≤0.6MPa
辅油泵自启动联锁		PI8361≤0.8MPa

四、操作规程

1. 正常工况操作参数

(1) CO_2 原料气温度 TR8102：40℃。

(2) CO_2 压缩机一段出口温度 TI8103：190℃；出口压力 PR8108：0.28MPa（G）；冷却器出口温度 TI8104：43℃。

(3) 二段空气补加流量 FRC8101：330kg/h（标准状况）；CO_2 吸入流量 FR8103：27000m³/h（标准状况）；三段出口流量 FR8102：27330m³/h（标准状况）；含氧量 R8101：0.25%～0.3%。

(4) CO_2 压缩机二段出口温度 TE8105：225℃；出口压力 PR8110：1.8MPa（G）；冷却器出口温度 TI8106：43℃。

(5) CO_2 压缩机三段出口温度 TI8107：214℃；出口压力 PR8114：8.02MPa（G）；冷却器出口温度 TIC8111：52℃。

(6) CO_2 压缩机四段出口温度 TI8119：120℃；出口压力 PIC8241：15.4MPa（G）。

(7) 出透平中压蒸汽压力 PIC8224：2.5MPa（G）；蒸汽流量 FR8210：54.4t/h；蒸

汽温度 TI8213：350℃。

（8）入透平蒸汽流量 FR8201：82t/h。

（9）CO_2 压缩机油冷器出口温度 TI8338：43℃；油滤器出口压力 PI8357：0.25MPa（G）；CO_2 控制油压力 PI8361：0.95MPa（G）。

（10）压缩机转速 SI8335：6935r/min；压缩机振动 XI8001：0.022mm；压缩机轴位移 GI8001：0.24mm。

2. 冷态开车

（1）开车前准备　在 CO_2 压缩机现场图中，分别开 E119、E120、E121 循环水阀 OMP1001、OMP1002、TIC8111，引入循环水。

（2）CO_2 压缩机油系统开车　在辅助控制盘上启动油箱油温控制器，将油温升到 40℃左右；打开油泵的前、后切断阀 OMP1026、1048，从辅助控制盘上开启主油泵；调整油泵回路阀 TMPV186，将控制油压力控制在 0.9MPa 以上。

（3）盘车　开启盘车泵的前、后切断阀 OMP1031、1032，从辅助控制盘启动盘车泵；按下盘车按钮，盘车至转速大于 150r/min；检查压缩机有无异常响声，检查振动、轴位移等。

（4）停止盘车　在辅助控制盘上停盘车、停盘车泵，关闭盘车泵的后、前切断阀 OMP1032、OMP1031。

（5）联锁试验

① 油泵自启动试验。主油泵启动且将油压控制正常后，在辅助控制盘上将辅助油泵自动启动按钮按下，按一下 RESET 按钮，打开透平蒸汽速关阀 HS8001，再在辅助控制盘上按停主油泵，辅助油泵应该自行启动，联锁不应动作。

② 低油压联锁试验。主油泵启动且将油压控制正常后，确认在辅助控制盘上没有将辅助油泵设置为自动启动，按一下 RESET 按钮，打开透平蒸汽速关阀 HS8001，关闭四回一阀和段间放空阀，通过油泵回路阀缓慢降低油压，当油压降低到一定值时，仪表盘 PSXL8372 应该报警，按确认后继续开大阀降低油压，检查联锁是否动作，动作后透平蒸汽速关阀 HS8001 应该关闭，此前关闭的四回一阀和段间放空阀应该全开。

③ 停车试验。主油泵启动且将油压控制正常后，按一下 RESET 按钮，打开透平蒸汽速关阀 HS8001，关闭四回一阀和段间放空阀，在辅助控制盘上按一下 STOP 按钮，透平蒸汽速关阀 HS8001 应该关闭，此前关闭的四回一阀和段间放空阀应该全开。

（6）暖管暖机

① 在辅助控制盘上点辅油泵自动启动按钮，打开入界区蒸汽副线阀 OMP1006，准备引蒸汽；打开蒸汽透平主蒸汽管线上的切断阀 OMP1007，压缩机暖管。

② 打开 CO_2 放空截止阀 TMPV102、放空调节阀 PIC8241。

③ 透平入口管道内蒸汽压力上升到 5.0MPa 后，开入界区蒸汽阀 OMP1005；关副线阀 OMP1006；打开 CO_2 进料总阀 OMP1004、进口控制阀 TMPV104、透平抽出截止

OMP1009；从辅助控制盘上按一下 RESET 按钮，打开透平速关阀 HS8001。

④ 逐渐打开阀 HIC8205，将转速 SI8335 提高到 1000r/min，进行低速暖机；控制转速 1000r/min，暖机 15min（模拟为 1min）；打开油冷器冷却水阀 TMPV181。

⑤暖机结束，将机组转速缓慢提到 2000r/min，检查机组运行情况；检查压缩机有无异常响声，检查振动、轴位移等；控制转速 2000r/min，停留 15min（模拟为 1min）。

（7）过临界转速

① 开大 HIC8205，将机组转速缓慢提到 3000r/min，准备过临界转速（3000～3500r/min）；开大 HIC8205，用 20～30s 的时间将机组转速缓慢提到 4000r/min，通过临界转速；

② 逐渐打开 PIC8224 到 50%，缓慢将段间放空阀 HIC8101 关小到 72%。

③ 将 V111 液位控制 LIC8101 投自动，设定值在 20% 左右；将 V119 液位控制 LIC8167 投自动，设定值在 20% 左右；将 V120 液位控制 LIC8170 投自动，设定值在 20% 左右；将 V121 液位控制 LIC8173 投自动，设定值在 20% 左右；将 TIC8111 投自动，设定值在 52℃ 左右

（8）升速升压　缓慢开大 HIC8205，将机组转速提到 5500r/min，段间放空阀 HIC8101 关小到 50%；机组转速提到 6050r/min，将 HIC8101 关小到 25%，四回一阀 HIC8162 关小到 75%；机组转速提到 6400r/min，将 HIC8101、HIC8162 关闭；将机组转速缓慢提到 6935r/min，并稳定在此转速。

（9）投料　逐渐关小 PIC8241，将四段出口压力升到 14.4MPa，平衡合成系统压力。打开 CO_2 出口阀 OMP1003，手动关小 PIC8241，将四段出口压力升到 15.4MPa，将 CO_2 引入合成系统。当 PIC8241 控制稳定在 15.4MPa 左右后，将其设定在 15.4MPa 投自动。

3. 正常停车

（1）CO_2 压缩机停车

① 调节 HIC8205 将转速降至 6500r/min，调节 HIC8162 将负荷减至 21000m³/h（标准状况）；继续调节 HIC8162，调整抽汽与注汽量，直至 HIC8162 全开。

② 手动打开 PIC8241，将四段出口压力降到 14.5MPa 以下，CO_2 退出合成系统，关闭 CO_2 入合成总阀 OMP1003；开大 PIC8241 缓慢降低四段出口压力到 8.0～10.0MPa。

③ 调节 HIC8205 将转速降至 6403r/min，继续调节降至 6052r/min；调节 HIC8101，将四段出口压力降至 4.0MPa。

④ 调节 HIC8205 将转速降至 3000r/min，继续调节降至 2000r/min；在辅助控制盘上按 STOP 按钮，停压缩机。

⑤ 关闭 CO_2 入压缩机控制阀 TMPV104、总阀 OMP1004；关闭蒸汽抽出至 MS 总阀 OMP1009、蒸汽至压缩机工段总阀 OMP1005、压缩机蒸汽入口阀 OMP1007。

（2）油系统停车　从辅助控制盘上取消辅油泵自启动、停运主油泵；关闭油泵进、出

口阀 OMP1048、OMP1026；关闭油冷器冷却水阀 TMPV181；从辅助控制盘上停油温控制。

4. 事故处理

压缩机仿真操作常见事故及处理方法见表 3-8。

表 3-8　压缩机仿真操作常见事故及处理方法

事故名称	事故原因	处理方法
压缩机振动大	①机械方面的原因,如轴承磨损,平衡盘密封坏,找正不良,轴弯曲,联轴节松动等设备本身的原因; ②转速控制方面的原因,机组接近临界转速下运行产生共振; ③工艺控制方面的原因,主要是操作不当造成压缩机喘振	①机械方面故障需停车检修; ②产生共振时,需改变操作转速,另外在开停车过程中过临界转速时应尽快通过; ③当压缩机发生喘振时,找出发生喘振的原因,并采取相应的措施: a. 入口气量过小:打开防喘振阀 HIC8162,开大入口控制阀开度 b. 出口压力过高:打开防喘振阀 HIC8162,开大四段出口排放调节阀开度 c. 操作不当,开关阀门动作过大:打开防喘振阀 HIC8162,消除喘振后再精心操作
压缩机辅助油泵自动启动	①油泵出口过滤器有堵塞; ②油泵回路阀开度过大	①关小油泵回路阀,按过滤器清洗步骤清洗油过滤器; ②从辅助控制盘停辅助油泵
四段出口压力偏低,CO_2 打气量偏少	①压缩机转速偏低; ②防喘振阀未关死; ③压力控制阀 PIC8241 未投自动或未关死	①将转速调到 6935r/min; ②关闭防喘振阀; ③关闭压力控制阀 PIC8241
压缩机因喘振发生联锁跳车	操作不当,压缩机发生喘振,处理不及时	关闭 CO_2 去尿素合成总阀 OMP1003,在辅助控制盘上按一下 RESET 按钮;按冷态开车步骤中暖管暖机冲转开始重新开车
压缩机三段冷却器出口温度过低	冷却水控制阀 TIC8111 未投自动,阀门开度过大	关小冷却水控制阀 TIC8111,将温度控制在 52℃左右;控制稳定后将 TIC8111 设定在 52℃投自动

【相关知识】

一、气体压缩基本知识

1. 气体输送和压缩

气体输送和压缩是化工生产中常见的操作,常常需要某些机械给予气体一定的外加能量,克服气体在管路中的流动阻力或产生一定的高压和真空度,满足多种化工过程对气体压力、流量的要求,如压缩气体用于制冷和气体分离,用于合成或聚合反应,用于炼油的加氢精制等。另外在自动化控制中,各种气动调节器也需要一定压力的空气作为动力气源。

气体具有可压缩性,在压送过程中,气体压力会发生变化,其体积和温度也将随着变化。气体压缩的程度用压缩比表示,压缩比是指压缩机出口压力和进口压力的比值。正常压缩比越大,代表着本级压缩机的额定功率越大。

2. 多级压缩

在化工生产中，常常需将一些气体从常压提高到几兆帕或几百兆帕，这时压缩比就会很大，而在一个汽缸内实现很大的压缩比，无论在理论上或实际上都是不可能的。因此，一般压缩比大于 8 时，需采用多级压缩。每经过一次压缩称为一级，每一级的压缩比只占总压缩比的一个分数，连续压缩的次数就是压缩机的级数。

多级压缩可以减少功耗提高压缩机的经济性，所用的级数越多，则功耗越小，经济性越高；在多级压缩中，由于每级压缩比降低，从而可以避免因排出气体温度过高而导致操作恶化的情况；此外，多级压缩还可以提高汽缸的利用率。但附着压缩机级数的增加，设备费用和能量水泵也相应增高。通常的级数多为 2～6 级，每级的压缩比为 2～5 之间。

二、气体输送机械的类型及应用

气体输送机械的结构和原理与液体输送机械大体相同，也有离心式、旋转式、往复式及流体作用式等类型。按终压或压缩比可将气体输送机械分为四类，见表 3-9。

表 3-9　气体输送机械的分类

类型	终压(表压)/kPa	压缩比	用　　途
通风机	<15	1～1.15	用于换气通风
鼓风机	15～300	1.15～4	用于送气
压缩机	>300	>4	造成高压
真空泵	当地大气压	由真空度决定	用于减压操作

1. 离心式通风机

离心式通风机的结构和工作原理与离心泵相似，在蜗壳中有一高速旋转的叶轮，借叶轮旋转时所产生的离心力将气体压力增大而排出，如图 3-19 所示。

根据所产生的压头大小，可将离心式通风机分为：

低压离心通风机　　出口风压低于 0.9807kPa（表压）；

中压离心通风机　　出口风压为 0.9807～2.942kPa（表压）；

高压离心通风机　　出口风压为 2.942～14.7kPa（表压）。

图 3-19　离心式通风机

离心式通风机的主要性能参数有风量、风压、轴功率和效率，见表 3-10。

表 3-10　离心式通风机的主要性能参数

性能参数	定　义
风量 $q_V/(\mathrm{m^3/h})$	气体通过进风口的体积流量
风压 $H_T/(\mathrm{N/m})$	单位体积的气体经过风机时所获得的能量
轴功率 P/kW 全压效率 η	$P=\dfrac{H_T q_V}{1000\eta}$

2. 往复式压缩机

往复式压缩机的构造与工作原理与往复泵相似，是依靠活塞的往复运动而将气体吸入和压出。主要部件有气缸、活塞、吸气阀和排气阀。

往复式压缩机工作时，活塞往复一次，完成了一个实际的工作循环，每个工作循环由吸气、压缩、排气、气体膨胀四个过程组成。为了移除压缩过程所放出的热量，降低气体温度，保证吸气量，必须附设冷却装置。

往复式压缩机的主要性能参数见表 3-11。

表 3-11　往复式压缩机的主要性能参数

性能参数	定　义
排气量 $V_{\min}/(\mathrm{m^3/min})$	又称生产能力，单位时间内排出的气体体积换算为吸入状态的量
排气温度/℃	经过压缩后的气体温度
功率 P/kW	单位时间内消耗的功(压缩机铭牌上标明的功率数值，为其最大功率)
压缩比 ε	压缩机出口压力与进口压力之比

往复式压缩机排气量可以采用节流进气调节、旁路回流调节、顶开吸气阀调节、补充余隙调节等方法调节，或通过改变转速来实现流量调节。

3. 离心式压缩机

离心式压缩机又称透平压缩机，如图 3-20 所示。它以汽轮机（蒸汽透平）为动力，蒸汽在汽轮机内膨胀做功驱动压缩机主轴，主轴带动叶轮高速旋转。被压缩气体从轴向进入压缩机叶轮，在高速转动的叶轮作用下随叶轮高速旋转，并沿半径方向甩出叶轮。气体在叶轮内的流动过程中，一方面受离心力作用增加了气体本身的压力，另一方面得到了很大的动能。气体离开叶轮进入流通面积逐渐扩大的扩压器，气体流速急剧下降，动能转化为压力能（势能），使气体的压力进一步提高，使气体压缩。

图 3-20　离心式压缩机

由于单级压缩机不可能产生很高的风压，故离心式压缩机都是多级的，叶轮的级数通常在 10 级以上，并且叶轮转速高，一般在 5000r/min 以上，因此可以产生很高的出口压力。由于气体的体积变化较大，温度升高也较显著，故离心式压缩机常分成几段，每段包括若干级，叶轮直径逐段缩小，叶轮宽度也逐级有所缩小。段与段间设有中间冷却器将气体冷却，避免气体终温过高。

离心式压缩机排气量大而均匀，操作可靠，运转平稳，调节性能好，压缩气体绝对无油，非常适宜处理那些不宜与油接触的气体。但有时会发生"喘振"现象，压缩机和排气管系统噪声加重，整个机器强烈振动，以致无法工作。

离心式压缩机流量可以通过调整出口阀开度、入口阀开度和改变叶轮的转速来调节，其中调节入口阀开度是常用的调节方法。

4. 罗茨鼓风机

罗茨鼓风机机壳内有两个腰形转子，以同步等速向相反方向旋转，将气体从吸入口吸入，压入腔体，随着腔体内转子旋转，腰形容积变小，气体受挤压从出口排出，被送入管道或容器内。其结构和工作原理如图 3-21 所示。

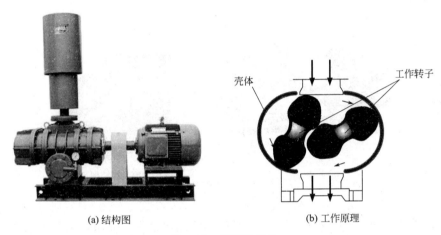

(a) 结构图　　　　　　　　　　　(b) 工作原理

图 3-21　罗茨鼓风机

罗茨鼓风机的输风量与转速成正比，当其转速一定时，风量大体保持不变，故称为定容式鼓风机。其输气量范围为 $2\sim500\mathrm{m^3/min}$，出口表压力一般在 80kPa 以内，以表压力 40kPa 左右时效率较高。

罗茨鼓风机的出口应安装气体稳压罐（缓冲罐），并配置安全阀。出口阀门不能完全关闭，一般采用回流支路调节流量。气体进入罗茨鼓风机之前，应尽可能将尘屑油污等除去。

罗茨鼓风机结构简单，运行稳定，效率高，便于维护和保养，输送的气体纯净、干燥，在工业中应用广泛。

三、真空泵

在化工生产中，常有一些生产过程需在低于大气压的情况下进行，这就需要抽真空。从设备中抽吸气体的机械称为真空泵。

1. 往复式真空泵

往复式真空泵的构造和工作原理与往复式压缩机基本相同，如图 3-22 所示。只是其

图 3-22　往复式真空泵

吸入阀、排出阀要求更加轻巧，启闭更灵敏。与压缩机不同之处是，在真空泵气缸壁的两端设置平衡气道，以降低余隙影响。

特点是抽气速率较大，真空度较高，但结构复杂。适用于抽送不含固体颗粒、无腐蚀性的气体。

国产往复式真空泵有 W 型、WL 型（立式），W 型有 W-1～W-5 五种规格，生产能力为 $60～770m^3/h$，真空度可达 0.1kPa。

2. 水环式真空泵

水环式真空泵在泵壳中安装有叶轮，叶轮上有许多径向叶片，如图 3-23 所示。运转前泵内充有约为机壳容积一半的水，当叶轮旋转时，形成水环。由于叶轮是偏心安装的，在水环和叶轮叶片根部之间形成的空间先由小变大，再由大变小，利用水的活塞作用，将空气不断吸入、送出。

(a) 外观　　　　　　　　　　　(b) 内部结构

图 3-23　水环式真空泵

特点是结构简单，经久耐用。运转时必须不断地向泵内补充水，以保持泵内水环的活塞作用。

国产水环式真空泵的系列代号有 SK、2SK、SZ 等。如 SZZ-4 型真空泵，S 表示水环式，第一个 Z 表示真空泵，第二个 Z 表示泵与电动机由联轴器直联，如采用带传动则字母为 B，4 表示绝对压力为 32kPa 时的排气量（L/s）。

3. 喷射式真空泵

喷射泵既可以输送液体，也可以输送气体，还常用于抽真空，称为喷射式真空泵。其特点是结构简单，没有活动部件。但效率低，用于需要产生较高真空度的场合。

喷射泵的工作液体最常用的是水，水喷射泵具有产生真空和冷凝水蒸气的双重作用，应用很广，但其产生的真空度一般只能达到 93kPa。要想达到高的真空度，可以采用蒸汽喷射泵。多级喷射泵可以取得更高的真空度，如采用三级蒸汽喷射泵，可达到绝对压力为 33～0.5kPa 的真空度。

【练习与拓展】

1. 往复式压缩机采用什么方法调节排气量？排气量不足是什么原因造成的？应如何解决？

2. 离心式压缩机喘振现象产生的原因是什么？怎样防止？

3. 多级压缩机有什么特点？为什么要采用多级？

4. 不同类型气体输送机械各有何特点？试比较它们的适用场合。

项目3.3
换热器操作

任务1 换热器实训操作

一、考核要求

1. 熟悉换热器的结构，能够熟练拆装换热器。

2. 能够按操作要求正确操作换热器，掌握换热器开车、正常运行和停车操作技能。

3. 能够熟练判断及排除换热器在运行中的常见故障，掌握其维护保养方法。

二、实训装置

换热器操作实训装置如图 3-24 所示。

图 3-24　换热器操作实训装置

三、实训操作

1. 检查准备

（1）检查装置所有设备、管道、仪表、阀门是否齐备完好。

（2）打开电源总开关，相关仪表开关及监控界面。

（3）打开蒸汽发生器进水阀，对其加水至适当液位。

2. 开车

（1）选择相应的实训项目（列管式换热器、套管式换热器、板式换热器单独操作或不同换热器串、并联操作，本步骤以套管式换热器的蒸汽与冷空气换热操作为例），根据操作要求现场开启相关阀门，打通流程，关闭其他与套管换热器相连接的管路阀门。

（2）启动蒸汽发生器加热电源开关，调节合适加热功率，控制蒸汽压力 0.07～0.1MPa（首先在操作台上手动控制加热功率大小，待压力缓慢升高到实验值时，调为自动）。

（3）打开冷风进口阀，启动冷风风机，打开风机出口阀，调节流量至合适值。

（4）开启水冷却器空气出口阀及自来水进、出口阀，通过进水阀调节冷却水流量，通过空气出口旁路阀控制冷风温度稳定。

（5）徐徐开启蒸汽进、出口阀，通入水蒸气；开启套管式换热器排气阀、排液阀，排除设备内的不凝性气体及冷凝水。

3. 正常运行

（1）控制蒸汽发生器加热功率，保证其压力和液位在合适范围内；注意调节蒸汽出口阀，控制套管式换热器内蒸汽压力为 0～0.15MPa 的某一恒定值。

（2）根据工艺要求调节冷风的流量，待系统稳定后，读取冷、热流体的流量及入口和出口温度。

（3）改变冷风的流量，从小到大，做 3～4 组数据，记录相关数据并进行比较。

4. 停车

（1）停止蒸汽发生器电加热器运行，关闭蒸汽出口阀，开启蒸汽发生器放空阀，开套管式换热器疏水阀组旁路阀，将蒸汽系统压力卸除。

（2）继续大流量运行冷风机，当风机出口总管温度接近常温时，停冷风风机及冷却水。

（3）关闭仪表及电源开关。

（4）打开系统排污阀，将换热器内残留的流体排出，以防冻结和腐蚀。

（5）把系统内的相关阀门及仪表恢复到初始状态。

四、考核标准

换热器操作项目考核标准见表 3-12。

表 3-12　换热器操作项目考核表

考核内容	考核要点	配分	扣分	扣分原因	得分
检查准备	检查设备、管道、仪表、阀门	5			
	开电源、仪表开关及监控界面	5			
	开蒸汽发生器进水阀，加水至适当液位	5			
开车	开启相关阀门，打通流程	5			
	蒸汽发生器加热，控制蒸汽压力 0.07～0.1MPa	5			
	启动冷风风机，调流量至合适值	5			
	开启水冷却器各阀门，调节冷却水流量和冷风温度	5			
	通入水蒸气，排不凝性气、冷凝水	5			

考核内容	考核要点	配分	扣分	扣分原因	得分
正常运行	控制蒸汽发生器压力和液位,控制换热器压力为0~0.15MPa	5			
	调节冷风流量,并读取冷、热流体流量及入口和出口温度	5			
	改变冷风的流量,记录相关数据并进行比较	5			
停车	停蒸汽发生器,关蒸汽出口阀,蒸汽系统卸压	5			
	风机出口总管温度至常温时停机	5			
	关闭仪表及电源开关	5			
	开系统排污排液,阀门及仪表恢复到初始状态	5			
职业素质	操作安全规范	5			
	团队配合合理有序	5			
	现场管理文明安全	5			
实训报告	书写认真规范	5			
	数据真实可靠	5			
考评员签字		考核日期		合计得分	

任务2 换热器仿真操作

一、操作目标

1. 能正确标识设备、阀门、各类测量仪表的位号及作用。
2. 认知换热系统的构成,学会换热器正确的开车、停车的操作方法。
3. 能正确分析常见事故产生的原因,学会常见事故的判断及处理方法。
4. 认知简单控制系统与分程控制系统的构成,学会正确进行流量、压力、温度等参数调节方法。

二、工艺流程及设备

1. 工艺流程

带控制点的工艺流程如图3-25所示,仿DCS流程如图3-26所示,仿现场流程如图3-27所示。

来自外界的92℃冷物流(沸点198.25℃)由泵P101A/B送至换热器E101的壳程,被流经管程的热物流加热至145℃,并有20%被汽化。冷物流流量由流量控制器FIC101控制,正常流量为12000kg/h。来自另一设备的225℃热物流经泵P102A/B送至换热器E101,与流经壳程的冷物流进行热交换,热物流出口温度由TIC101控制在177℃。

2. 设备一览

P101A/B:冷物流进料泵;P102A/B:热物流进料泵;E101:列管式换热器。

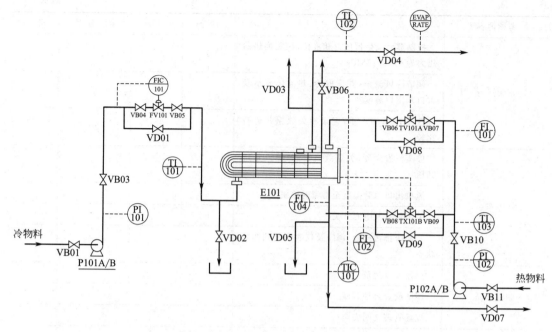

图 3-25　换热器单元带控制点工艺流程

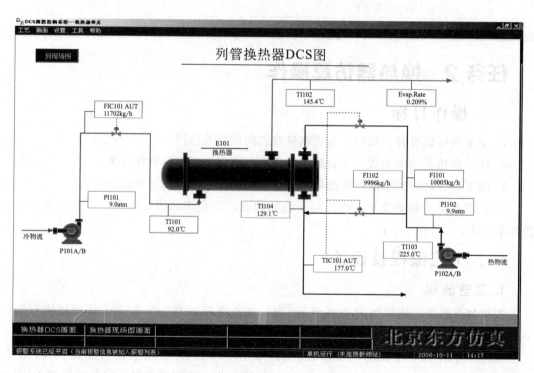

图 3-26　列管式换热器 DCS 界面

三、控制方案

　　为保证热物料的流量稳定，TIC101 采用分程控制，其分程动作如图 3-28 所示。TV101A 和 TV101B 分别调节流经 E101 和副线的流量，TIC101 输出 0～100％分别对应

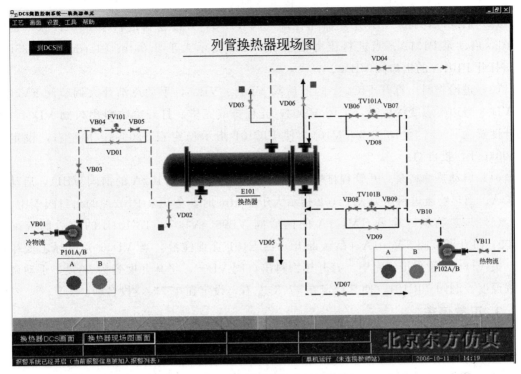

图 3-27 列管式换热器现场界面

TV101A 开度 0~100%，TV101B 开度 100%~0。

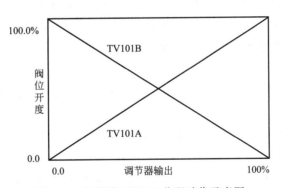

图 3-28 调节器 TIC101 分程动作示意图

四、操作规程

1. 正常工况操作参数

（1）冷物料流量为 12000kg/h，出口温度为 145℃，汽化率 20%。

（2）热物料流量为 10000kg/h，出口温度为 177℃。

2. 冷态开车

（1）开车前准备　装置的开工状态为换热器处于常温常压下，各调节阀处于手动关闭

状态，各手动阀处于关闭状态，可以直接进冷物流。

（2）启动冷物料泵　开换热器壳程排气阀 VD03，开冷物料进料泵 P101A 泵的前阀 VB01，启动泵 P101A；当进料压力指示表 PI101 指示大于 9.0atm（1atm＝101325Pa）时，打开 P101A 的出口阀 VB03。

（3）进冷物料　打开 FIC101 的前后阀 VB04、VB05，手动逐渐开大调节阀 FV101，当 VD03 旁边标志变绿色时，关闭 VD03，壳程排气完毕。打开冷物料出口阀 VD04，将其开度置为 50%，手动调节 FV101，使 FIC101 指示稳定在 12000kg/h 左右，设定在 12000kg/h，投自动。

（4）启动热物料泵　开管程排气阀 VD06，开热物料泵 P102A 的前阀 VB11，启动泵 P102A；当热物流进料压力表 PI102 指示大于 10atm 时，全开泵 P102A 的出口阀 VB10。

（5）进热物料　全开 TV101A 的前后阀 VB06、VB07，TV101B 的前后阀 VB08、VB09；打开调节阀 TV101A（默认即开）给 E101 管程注液，当 VD06 旁边标志变绿色时，关 VD06，管程排气完毕。打开热物料出口阀 VD07，将其开度置为 50%，手动调节管程温度控制阀 TIC101，使其稳定在 177℃左右，设定在 177℃，投自动。

3. 正常停车

（1）停热物料进料泵　关闭泵 P102A 的出口阀 VB01，停泵 P102A；待 PI102 指示小于 0.1atm 时，关闭泵 P102A 入口阀 VB11。

（2）停热物料进料　TIC101 置手动；关闭 TV101A 的前、后阀 VB06、VB07；关闭 TV101B 的前、后阀 VB08、VB09；关闭 E101 热物流出口阀 VD07。

（3）停冷物料进料泵 P101A　关闭泵 P101A 的出口阀 VB03，停泵 P101A；待 PI101 指示小于 0.1atm 时，关闭泵 P101A 入口阀 VB01。

（4）停冷物料进料　FIC101 置手动；关闭 FIC101 的前、后阀 VB04、VB05，关闭 E101 冷物流出口阀 VD04。

（5）E101 管程泄液　打开管程泄液阀 VD05，观察管程泄液阀 VD05 的出口，当不再有液体泄出时，关闭泄液阀 VD05。

（6）E101 壳程泄液　打开壳程泄液阀 VD02，观察壳程泄液阀 VD02 的出口，当不再有液体泄出时，关闭泄液阀 VD02。

4. 事故处理

换热器仿真操作常见事故及处理方法见表 3-13。

表 3-13　换热器仿真操作常见事故及处理方法

事故名称	事故现象	处理方法
FIC101 阀卡住	①FIC101 流量减小； ②泵 P101 出口压力升高； ③冷物料出口温度升高	关闭 FIC101 前后阀，调节其旁路阀 VD01，使流量达到正常值
P101A 泵坏	①泵 P101 出口压力急骤下降； ②FIC101 流量急骤减小； ③冷物料出口温度升高，汽化率增大	按泵的切换步骤切换到备用泵 P101B，并通知维修部门进行维修

事故名称	事故现象	处理方法
泵 P102A 坏	①泵 P102 出口压力急骤下降; ②冷物料出口温度下降,汽化率降低	按泵的切换步骤切换到备用泵 P102B,并通知维修部门进行维修
TV101A 阀卡住	①热物料经换热器换热后的温度降低; ②冷物料出口温度降低	①关闭 TV101A 前后阀,调节旁路阀 VD01,使流量达正常值; ②关闭 TV101B 前后阀,调节旁路阀 VD09
部分管堵	①热物流流量减小; ②冷物流出口温度降低,汽化率降低; ③热物流泵 P102 出口压力略升高	正常停车,清洗换热器
换热器结垢严重	热物流出口温度高	正常停车,清洗换热器

【相关知识】

一、传热基本知识

1. 传热的基本方式

根据传热机理,传热有三种基本方式:热传导、对流传热和辐射传热。

(1) 热传导　热传导又称导热,是借助物质的分子、原子或自由电子的运动将热量从物体温度较高的部位传到温度较低部位的过程。热传导可发生在固体(或静止流体)内部以及直接接触的物体之间。

(2) 对流传热　对流传热又称给热,是由于流体质点之间产生相对位移而引起的热量传递。对流传热仅发生在流体中。根据引起流体质点相对位移的原因不同,又可分为强制对流传热和自然对流传热。

(3) 热辐射　热量以电磁波形式传递的现象称为辐射。辐射传热是不同物体间相互辐射和吸收能量的结果。辐射传热的特点是不需要任何介质作为媒介,可以在真空中进行。

实际上,传热过程往往不是以某种传热方式单独进行,而是两种或三种传热方式的组合。如间壁式换热器内的传热过程如下:热流体以对流传热方式将热传给高温面,高温面以热传导方式将热传至低温面,低温面又以对流方式将热传给冷流体。

2. 加热剂和冷却剂选用

化工生产中要求载热体比热容或潜热较大,能满足所要求达到的温度,且温度调节方便,价格低廉,来源广泛。同时要求载热体本身应无毒,不易燃易爆,具有化学稳定性,对设备腐蚀性小。常用加热剂和冷却剂的适宜温度及适用情况见表 3-14。

表 3-14　常用加热剂和冷却剂适用情况一览表

剂型	载热体名称	适宜温度范围/℃	优　点	缺　点
加热剂	热水	40~100	利用饱和水蒸气的冷凝水和废热水的余热	只用于低温,传热效果差,温度不易调节
	饱和水蒸气	100~180	可以通过调节蒸汽压力,准确地调节温度;蒸汽的汽化潜热很大,且加热均匀	不适于高温加热

剂型	载热体名称	适宜温度范围/℃	优　点	缺　点
加热剂	矿物油	180～250	矿物油的饱和蒸气压比水的低,其饱和蒸气来源较容易、加热均匀、不需加压	加热效果不如水蒸气,易着火,只能利用显热
	导生油	液态:115～250 气态:255～380	沸点高(258℃),蒸气压低;加热温度范围很广	极易渗透软性石棉填料,使用时所有管道法兰连接处需用金属垫片
	无机熔盐	380～530	常压下温度较高	比热容小
	烟道气	500～1000	温度高	传热差,比热容小,易局部过热
	电	＞1000	温度范围广	成本高
冷却剂	空气	＞30	成本低,经济合理	对流传热效果差
	水	0～80	使用最广泛	
	冷冻盐水	−15～5	可用于较低温度	能耗高

* 二、换热器的热量衡算

1. 传热基本方程式

传热速率与传热面积有关,与冷、热二流体的温度差有关,即

$$Q = KA\Delta t_m \tag{3-11}$$

式中　Q——传热速率(单位时间内传递的热量),J/s(W);

$\quad\quad A$——传热面积,m²;

$\quad\quad \Delta t_m$——平均温度差,K;

$\quad\quad K$——传热系数,W/(m²·K)。

由式(3-11)可看出,传热系数 K 的物理意义为单位传热面积、单位传热温度差时的传热速率。K 值越大,在相同的温度差条件下,所传递的热量越多,热交换程度越强烈。因此,在传热操作中,总是设法提高传热系数 K,以强化传热过程。

2. 换热器热负荷的计算

换热器热负荷是指要求换热器在单位时间内传递的热量,是换热器的生产任务,是由工艺条件决定的。

传热速率是指换热器单位时间内传递的热量,是换热器本身的换热能力,是设备的特性。换热器的传热速率必须不低于热负荷。

对于间壁式换热器,若当换热器保温性能良好,热损失可以忽略不计时,在单位时间内热流体放出的热量等于冷流体吸收的热量,即

$$Q_T = Q_t \tag{3-12}$$

式中　Q_T——单位时间内热流体放出的热量,W;

$\quad\quad Q_t$——单位时间内冷流体吸收的热量,W。

传热量包括以下三个方面。

(1) 流体温度变化的显热

$$Q_T = q_{mT} C_{pT}(T_1 - T_2) \tag{3-13}$$

$$Q_t = q_{mt}C_{pt}(t_2 - t_1) \tag{3-14}$$

式中 C_{pt}，C_{pT}——冷、热流体的定压比热容，J/(kg·K)；

T_1，T_2——热流体的进、出口温度，K；

t_1，t_2——冷流体的进、出口温度，K。

（2）流体发生相变的潜热

$$Q_T = q_{mT}r_T \tag{3-15}$$

$$Q_t = q_{mt}r_t \tag{3-16}$$

式中 r_t，r_T——冷、热流体的汽化潜热，J/kg。

（3）冷热流体的焓差

$$Q_T = q_{mT}(H_1 - H_2) \tag{3-17}$$

$$Q_t = q_{mt}(h_2 - h_1) \tag{3-18}$$

式中 q_{mt}，q_{mT}——冷、热流体的质量流量，kg/s；

H_1，H_2——热流体的进、出口的质量焓，J/kg；

h_1，h_2——冷流体的进、出口的质量焓，J/kg。

3. 传热平均温度差的计算

间壁两侧流体传热的平均温度差计算方法，与换热器中两流体的温度变化及相对流动方向有关。而两流体的温度变化情况，可分为恒温传热和变温传热。

（1）恒温传热时的平均温度差   换热器的间壁两侧流体均有相变化时，例如在蒸发器中，间壁的一侧，液体保持在恒定的沸腾温度 t 下蒸发，间壁的另一侧，加热用的饱和蒸汽在一定的冷凝温度 T 下进行冷凝，属恒温传热。此时传热温度差不变，即：

$$\Delta t_m = T - t \tag{3-19}$$

（2）变温传热时的平均温度差   变温传热时，两流体相对流动的方向不同，对温度差的影响不同。在换热器中，冷、热两流体平行而同向流动，称为并流；两者平行而反向的流动，称为逆流。

逆流和并流时的平均温度差为

$$\Delta t_m = \frac{\Delta t_1 - \Delta t_2}{\ln \dfrac{\Delta t_1}{\Delta t_2}} \tag{3-20}$$

逆流时，$\Delta t_1 = T_1 - t_2$，$\Delta t_2 = T_2 - t_1$；

并流时，$\Delta t_1 = T_1 - t_1$，$\Delta t_2 = T_2 - t_2$。

对于同样的进出口条件，$\Delta t_{m逆} > \Delta t_{m并}$，并且逆流可以节省加热剂或冷却剂的用量，工业上一般采用逆流。对于一侧温度有变化，另一侧恒温，$\Delta t_{m逆} = \Delta t_{m并}$。

当 $\Delta t_1 - \Delta t_2 \leq 2$ 时，可以用算术平均温度差 $\dfrac{\Delta t_1 + \Delta t_2}{2}$ 代替对数平均温度差。

4. 总传热系数的确定

总传热系数 K 在数值上等于单位传热面积、单位温度差下的传热速率，它是表示换热设备性能优劣的重要参数，是对换热设备进行计算和评价的依据。

在换热器的工艺计算中，总传热系数可以根据现场测定数据求得，也可由公式求得，还可根据经验值选取。表 3-15 列出了列管式换热器对于不同流体在不同的情况下传热系数的大致范围。

表 3-15　列管式换热器 K 值的大致范围

热流体	冷流体	传热系数 K /[W/(m² · K)]	热流体	冷流体	传热系数 K /[W/(m² · K)]
水	水	850～1700	低沸点烃类蒸汽冷凝(常压)	水	455～1140
轻油	水	340～910	高沸点烃类蒸汽冷凝(常压)	水	60～170
气体	水	60～280	水蒸气冷凝	水沸腾	2000～4250
水蒸气冷凝	水	1420～4250	水蒸气冷凝	轻油沸腾	455～1020
水蒸气冷凝	气体	30～300	水蒸气冷凝	重油沸腾	140～425

5. 传热面积的计算

换热器传热面积可以通过传热速率式得出：

$$A = \frac{Q}{K \Delta t_m} \tag{3-21}$$

为了安全可靠以及在生产发展时留有余地，实际生产中还往往考虑 10%～25% 的安全系数，即实际采用的传热面积要比计算得到的传热面积大 10%～25%。

在化工生产中使用广泛的套管式和列管式换热器，其面积可按下式计算：

$$A = n \pi d L \tag{3-22}$$

式中　n——管子的根数；

　　　d——管子的直径，m；

　　　L——管子的长度，m。

6. 强化传热的途径

由总传热速率方程式 $Q = KA\Delta t_m$ 可知，Δt_m、K、A 增大，均可提高传热速率 Q，因此强化传热可以采取以下途径。

(1) 当两侧流体为变温传热时，采用逆流操作；提高加热剂的温度，降低冷却剂的进口温度，可提高传热平均温差，从而提高传热速率。

(2) 增大总传热面积，可提高换热器传热速率。但换热器结构确定后，传热面积无法再改变。

(3) 增大传热系数，可提高换热器传热速率。具体措施如下：增加流速，改变流向，增大流体的湍动程度，以减少污垢的沉积；及时清洗设备，以除去污垢。

三、换热器的分类与结构

1. 换热器的分类

用于交换热量的设备统称为热交换器或称换热器。由于物料的性质和传热的要求各不相同，换热器种类繁多，结构形式多样，可按多种方式进行分类。按换热器的用途分类，见表 3-16。

表 3-16　按换热器的用途分类

名　称	应　用
加热器	用于把流体加热到所需的温度,被加热流体在加热过程中不发生相变
预热器	用于流体的预热,以提高整套工艺装置的效率
过热器	用于加热饱和蒸汽,使其达到过热状态
蒸发器	用于加热溶液,使之蒸发汽化
再沸器	是蒸馏过程的专用设备,用于加热塔底液体,使之受热汽化
冷却器	用于冷却流体,使之达到所需的温度
冷凝器	用于冷凝饱和蒸汽,使之放出潜热而凝结液化

按换热器的作用原理分类，见表 3-17。

表 3-17　按换热器的作用原理分类

名称	特　点	应　用
间壁式换热器	两流体被固体壁面分开,互不接触,热量由热流体通过壁面传给冷流体	适用于两流体在换热过程中不允许混合的场合。形式多样,应用最广
混合式换热器	两流体直接接触,相互混合进行换热。结构简单,设备及操作费用均较低,传热效率高	适用于两流体允许混合的场合,常见的有凉水塔、洗涤塔、喷射冷凝器
蓄热式换热器	借助蓄热体将热量由热流体传给冷流体。结构简单,可耐高温,缺点是设备体积庞大,传热效率低且不能完全避免两流体的混合	煤制气过程的汽化炉、回转式空气预热器
中间载热体式换热器	将两个间壁式换热器,由在其中循环的载热体(又称热媒)连接起来,载热体在高温流体换热器中从热流体吸收热量后,带至低温流体换热器传给冷流体	多用于核能工业、冷冻技术及余热利用中。热管式换热器即属此类

按换热器传热面的形状和结构可分为管式换热器（如列管式、套管式、蛇管式和翅片管式）、板式换热器（如平板式、螺旋板式、板翅式）和特殊形式换热器（如回转式换热器、热管式换热器等）。

2. 列管式换热器

列管式换热器又称为管壳式换热器，主要由壳体、管板、管束、管箱等部件组成，把管子与管板连接，再用壳体固定。如图 3-29 所示。

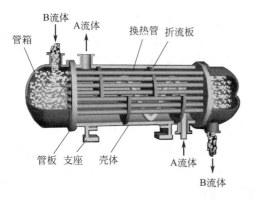

(a) 结构示意图

(b) 管束结构图

图 3-29　列管式换热器结构

列管式换热器为间壁换热，在换热器中，换热管内流动的流体称管程流体，管外流动的流体称壳程流体，管壁为传热面。列管式换热器的优点是单位体积设备所提供的传热面积大，传热效果好，结构简单，操作弹性大，可用多种材料制造，适用性较强，在大型装置中普遍采用。

换热管所用材料可以是碳钢、不锈钢、铜以及石墨、聚四氟乙烯等，根据工艺条件和介质腐蚀性来选择。管子的数量、长度和直径根据换热器的传热面积而定。

管板用来安装换热管，同时将管程和壳程分隔，避免管程和壳程冷热流体相混合。换热管与管板的连接方式有胀接、焊接两种方式，也可以采用胀焊结合。管箱位于管壳式换热器两端，是换热管内流体进出的空间。壳体内安装一定数目与管束相垂直的折流挡板，以提高壳程流体的流速，迫使流体按规定路径多次错流，防止流体短路，增加壳程流体的湍流程度，同时还有支撑管束的作用。

当冷热流体的温度差大于50℃时，列管式换热器常设置膨胀节进行热补偿，当管子和壳体壁温不同产生膨胀差时，可以通过膨胀节变形来协调。

根据管板的连接方式，列管式换热器可分为固定管板式、U形管式和浮头式。固定管板式换热器的两端管板和壳体制成一体，采用膨胀节来补偿因温差应力引起的热膨胀。特点是结构简单，造价低，但壳程清洗和检修困难，壳程必须是洁净不易结垢的物料。

U形管式换热器每根管子均弯成U形，流体进、出口分别安装在同一端的两侧，封头内用隔板分成两室，每根管子可自由伸缩，解决热补偿问题。特点是结构简单，适用于高温和高压的场合，但管程流体也必须是洁净和不易结垢的物料。

浮头式换热器的一块管板与壳体刚性固定，另一块可在壳体内自由移动（该端称浮头）。管子受热时，管束连同浮头可以沿轴向自由伸缩。特点是便于清洗和检修，完全消除温差应力，但结构复杂、造价高。

列管式换热器有系列标准，工程上一般只需选型即可。一般列管式换热器的型号由五部分组成，如型号为G600Ⅱ-1.6-55的换热器，各部分含义如下：G——固定管板式换热器；600——公称直径，mm；Ⅱ——管程数为2；1.6——公称压力，MPa；55——换热器面积，m²。

3. 套管式换热器

套管式换热器是两根直径不同的管子组装成同心套管，用弯管把内直管连接起来而构成。参与换热的两种流体分别引入内管及内、外管之间的环隙中，按逆流方式进行换热。如图3-30所示。

优点是结构简单，应用方便，能耐高压，传热面积可根据需要增减。缺点是结构不紧凑，金属消耗量大，管间接头较多，易泄漏，占地面积较多。适用于流量不大、所需传热面积不多而要求压强较高的场合。

图3-30 套管式换热器

4. 蛇管式换热器

以金属管弯制而成的蛇管，制成适应容器要求的形状，冷热两流体分别在蛇管内、外流动进行热交换。

这种换热器结构简单，能承受高压，按蛇管的安装位置，可分为沉浸式和喷淋式两种。

5. 螺旋板式换热器

螺旋板式换热器是由两块间距一定且平行的薄金属板卷制而成，构成一对互相隔开的螺旋形通道，冷热两流体以螺旋板为传热面相间流动，在顶部、底部分别焊有盖板或封头和两流体的出入接管。如图 3-31 所示。

优点是结构紧凑，传热效果好，不易结垢和堵塞，能利用温度较低的热源。缺点是操作压力和温度不能太高，螺旋板维修困难，流体阻力较大。

图 3-31　螺旋板式换热器　　　　　　图 3-32　板翅式换热器

6. 板翅式换热器

板翅式换热器的基本结构是由两块平行的薄金属板间夹入波纹状或其他形状的金属翅片，两边以侧条密封，组成一个换热单元。然后将各基本单元进行不同的叠积和适当地排列，制成并流、逆流或错流的板束，然后将带有流体进、出口的集流箱焊接到板束上制成，如图 3-32 所示。

优点是传热效率好，结构紧凑、牢固，适应性强，操作范围广。缺点是制造工艺复杂，检修清洗困难。要求介质对铝无腐蚀性。

四、换热器的操作

1. 列管式换热器的操作要点

（1）开车前，应检查压力表、温度计、安全阀、液位计以及有关阀门是否完好。

（2）在通入流热流体之前，应先打开冷凝水排放阀门，排除积水和污垢；打开放空阀，排除空气和其他不凝性气体。

（3）开车时要先通入冷流体，待换热器中液位达到规定位置时，缓慢或分次通入热流体，先预热后加热，切忌骤冷骤热。

（4）进入换热器的冷热流体如果含有大颗粒固体杂质和纤维质，一定要提前过滤和清除，防止堵塞通道。

（5）根据工艺要求，调节冷、热流体的流量，使其达到所需要的温度。

（6）经常检查冷热流体的进出口温度和压力变化情况，发现温度、压力有异常，应立即查明原因，及时消除故障。

（7）定期分析流体的成分，根据成分变化确定有无内漏，以便及时进行堵管或换管处理。

（8）定期检查换热器有无渗漏，外壳有无变形以及有无振动，若有应及时处理。

（9）定期排放不凝性气体和冷凝液，以免影响传热效果；根据换热器传热效率下降情况，应及时对换热器进行清洗，以消除污垢。

（10）停车时，应先关闭热流体的进口阀门，然后关闭冷流体进口阀门；并将管程及壳程流体排净，以防冻裂和产生腐蚀。

列管式换热器常见故障及处理方法见表3-18。

表 3-18　列管式换热器常见故障及处理方法

故障现象	产生原因	处理方法
传热效率下降	①列管结垢或堵塞； ②管道或阀门堵塞； ③不凝气或冷凝液增多	①清理列管或除垢； ②清理疏通； ③排放不凝气或冷凝液
列管和胀接口渗漏	①列管腐蚀或胀接质量差； ②壳体与管束温差太大； ③列管被折流板磨破	①更换新管或补胀； ②补胀； ③换管
振动	①管路振动； ②壳程流体流速太快； ③支座刚度较小	①加固管路； ②调节流体流量； ③加固支座
管板与壳体连接处有裂纹	①腐蚀严重； ②焊接质量不好； ③壳体歪斜	①鉴定后修补； ②修理补焊； ③调整找正

2. 板式换热器的操作要点

（1）开车前应确认设备管道是否完好连接，仪表是否安装到位。

（2）开车时先打开高温介质进口阀，引高温介质，待升到一定压力后，引低温介质。操作时，应防止换热器骤冷骤热，严格控制开启速度，防止水击。

（3）引工艺介质时，如出现微漏现象，可观察运行1～2h，如仍有微漏，则用扳手均匀再紧固一遍。

（4）进入换热器的冷、热流体如果含有大颗粒泥砂（1～2mm）和纤维质，一定要提前过滤，防止堵塞狭小的间隙。

（5）运行中，温差突变或阻力降增大，一般是入口处有杂物或换热板流体通道堵塞。应首先清理过滤器，如效果不明显，则应安排计划检修清洗换热板。

（6）经常察看压力表和温度计数值，及时掌握运行情况。

（7）当传热效率下降20％～30％时，要清理结疤和堵塞物，清理方法用竹板铲刮或用高压水冲洗，冲洗时波纹板片应垫平，以防变形。严禁使用钢刷刷洗。

（8）使用中发现垫口渗漏时，应及时冲洗结疤，拧紧螺栓，如无效，应解体组装。

（9）根据需要对换热器保温，防止雨淋和节约能源，导轨和滑轮定期防腐。

（10）停车时，缓慢关闭低温介质入口阀门，待压力降至一定值后，关高温介质进口阀门。保持冷、热流体压差不大。待流体压力降至常压、温度降至常温后，交付检修。

板式换热器常见故障及处理方法见表3-19。

表 3-19　板式换热器常见故障及处理方法

故障现象	产生原因	处理方法
密封垫处渗漏	①胶垫未放正或扭曲歪斜； ②螺栓紧固力不均匀或紧固力小； ③胶垫老化或有损伤	①重新组装； ②紧固螺栓； ③更换新垫
内部介质渗漏	①波纹板有裂纹； ②进出口胶垫不严密； ③侧面压板腐蚀	①检查更新； ②检查修理； ③补焊、加工
传热效率下降	①波纹板结垢严重； ②过滤器或管路堵塞	①解体清理； ②清理

五、蒸发操作

1. 蒸发基本知识

蒸发是浓缩溶液的单元操作。它是将含有不挥发溶质的溶液加热至沸腾状态，使其中的挥发性溶剂部分汽化并除去，以提高溶质浓度。根据操作压力蒸发可分为常压蒸发、加压蒸发和真空蒸发。

蒸发器都包括加热室和分离室（蒸发室）两个基本部分，还包括使液沫进一步分离的除沫器、除去二次蒸汽的冷凝器以及真空蒸发采用的真空泵等辅助设备。

根据料液在蒸发器内的流动情况不同，可分为内循环式和外循环式；根据料液循环方式不同，可分为自然循环式和强制循环式；根据加热管管束的位置不同，又可分为内加热式和外加热式。若采取措施使料液压在加热管内呈膜状分布，则称为膜式蒸发器（升膜式、降膜式、升-降膜式、刮板薄膜式）。中央循环管式蒸发器和外加热式蒸发器结构分别如图3-33、图3-34所示。

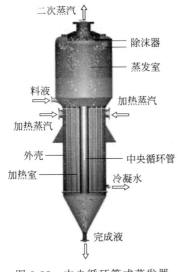

图 3-33　中央循环管式蒸发器

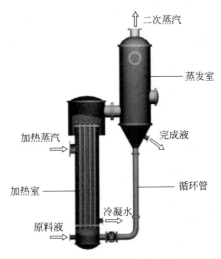

图 3-34　外加热式蒸发器

2. 蒸发流程

根据二次蒸汽的是否利用可分为单效蒸发和多效蒸发。单效蒸发汽化出来的二次蒸汽直接冷凝排放，不再利用。而多效蒸发则把汽化出来的二次蒸汽引到下一个蒸发器作为加热蒸汽使用。多效蒸发中的每一个蒸发器称为一效，通入热源蒸汽（或称生蒸汽）的蒸发器称为第一效，用第一效的二次蒸汽作为加热剂的蒸发器称为第二效，依此类推。如图3-35所示。

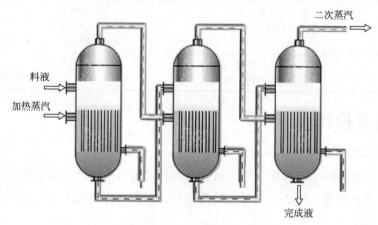

图 3-35 多效蒸发流程

多效蒸发使用一次热源蒸汽可多次汽化出二次蒸汽，即用 1kg 加热蒸汽可汽化出 1kg 以上的水，因而能节约大量能源，大型工业生产过程都采用多效蒸发。常用的多效蒸发流程有双效、三效或四效，有的多达六效。在多效蒸发中，从前效至后效的操作压力依次降低，相应地，各效的沸点和二次蒸汽压力也依次降低。

按物料与蒸汽相对流向的不同，多效蒸发有三种常见的加料流程：并流加料、逆流加料和平流加料。

并流加料又称顺流加料，即溶液与蒸汽的流向相同，都是由第一效顺序流至末效。原料液借助压差自动从前效流入后效，无需用泵输送，操作简便，容易控制。但随着效数的增加，溶液浓度逐步增大，温度逐步降低，黏度增加较大，传热系数下降，在处理黏度随浓度增加而变化很大的物料时不宜采用。

逆流加料流程是蒸汽自第一效顺序流至末效，而原料液则由末效加入，然后用泵依次输送至前效，完成液最后从第一效底部排出。优点是各效溶液的黏度较为接近，传热系数基本保持不变。缺点是效间溶液需用泵来输送，增加了动力消耗。

平流加料流程是各效都加入原料液和放出浓缩液，蒸汽则仍然从第一效顺序流至末效。这种流程适合于蒸发过程中不断有结晶析出，不便于效间的输送的溶液。

【练习与拓展】

1. 化工生产中常用的换热器有哪些类型？试比较其特点和应用场合。

2. 换热器传热效率下降的原因有哪些？应该如何处理？

3. 在列管式换热器中，欲加大管程和壳程流速，可采取什么措施？

4. 换热器操作时为什么要排出不凝气和冷凝液？如何操作才能排净不凝气？

5. 提高蒸发器生产强度的途径有哪些？

6. 蒸发操作需要消耗大量的热能，可采取哪些措施以降低能量消耗？

项目3.4
管式加热炉仿真操作

一、操作目标

1. 能正确标识阀门、仪表、设备的位号及作用，能识读带控制点工艺流程图。

2. 学会管式加热炉正确的开车、停车操作方法，了解相应的操作原理。

3. 熟悉管式加热炉正常运行的操作参数及相互影响关系。

4. 能正确分析管式加热炉操作常见事故产生的原因，学会常见事故的判断及处理方法。

二、工艺流程及设备

1. 工艺流程

带控制点的工艺流程图如图 3-36 所示，仿 DCS 流程如图 3-37 所示，仿现场流程如图 3-38 所示。

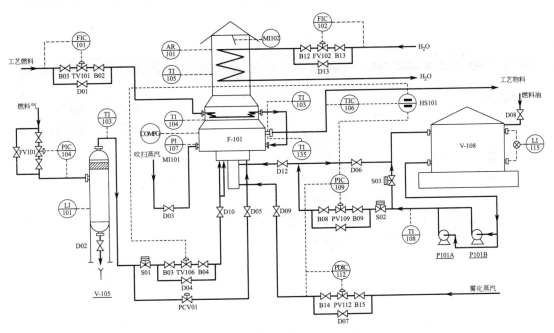

图 3-36　管式加热炉带控制点工艺流程

某烃类化工原料在流量调节器 FIC101 的控制下先进入加热炉 F-101 的对流段，经对流的加热升温后，再进入 F-101 的辐射段，被加热至 420℃后，送至下一工序，其炉出口温度由调节器 TIC106 通过调节燃料气流量或燃料油压力来控制。

采暖水在调节器 FIC102 控制下，经与 F-101 的烟气换热，回收余热后，返回采暖水

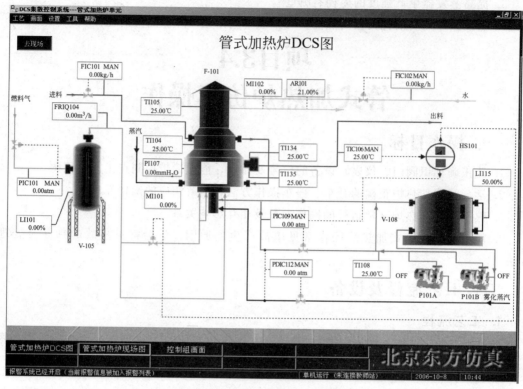

图 3-37　管式加热炉 DCS 界面

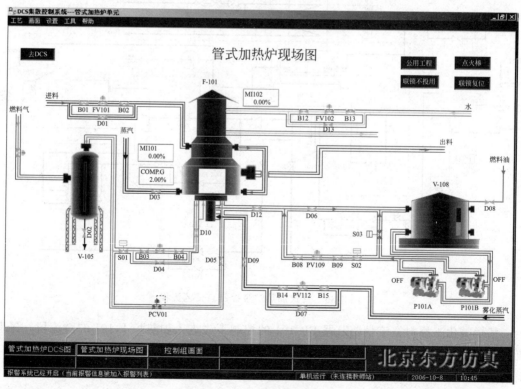

图 3-38　管式加热炉现场界面

系统。

燃料气管网的燃料气在调节器 PIC101 的控制下进入燃料气罐 V-105，燃料气在 V-105 中脱油脱水后，分两路送入加热炉，一路在 PCV01 控制下送入常明线；一路在 TV106 调节阀控制下送入油-气联合燃烧器。

来自燃料油罐 V-108 的燃料油经 P101A/B 升压后，在 PIC109 控制下送至燃烧器火嘴前，用于维持火嘴前的油压，多余燃料油返回 V-108。来自管网的雾化蒸汽在 PDIC112 的控制下与燃料油保持一定压差情况下送入燃料器。来自管网的吹热蒸汽直接进入炉膛底部。

2. 设备一览

V-105：燃料气分液罐；V-108：燃料油贮罐；F-101：管式加热炉；P-101A：燃料油 A 泵；P-101B：燃料油 B 泵

三、控制方案

1. 炉出口温度控制

TIC106 控制工艺物料炉出口温度，TIC106 通过一个切换开关 HS101 实现两种控制方案：其一是直接控制燃料气流量，其二是与燃料压力调节器 PIC109 构成串级控制。当采用第一种方案时，燃料油的流量固定，不作调节，通过 TIC106 自动调节燃料气流量控制工艺物料炉出口温度；当采用第二种方案时，燃料气流量固定，TIC106 和燃料压力调节器 PIC109 构成串级控制回路，控制工艺物料炉的出口温度。

2. 炉出口温度联锁

（1）联锁源　工艺物料进料量过低（FIC101＜正常值的 50%）；雾化蒸汽压力过低（低于 7atm）。

（2）联锁动作　关闭燃料气入炉电磁阀 S01；关闭燃料油入炉电磁阀 S02；打开燃料油返回电磁阀 S03。

四、操作规程

1. 正常工况操作参数

（1）炉出口温度 TIC106：420℃；炉膛温度 TI104：640℃；烟道气温度 TI105：210℃。

（2）烟道氧含量 AR101：4%。

（3）炉膛负压 PI107：−2.0mmH$_2$O。

（4）工艺物料量 FIC101：3072.5kg/h；采暖水流量 FIC102：9584kg/h。

（5）V-105 压力 PIC101：2atm；燃料油压力 PIC109：6atm；雾化蒸汽压差 PDIC112：4atm。

2. 冷态开车

（1）开车前准备　在现场图中单击"公用工程"按钮，启用公用工程；单击"联锁不投用"按钮，解除联锁；单击"联锁复位"按钮，联锁复位。

（2）点火准备　全开加热炉的烟道挡板 MI102；打开吹扫蒸汽阀 D03，吹扫炉膛内的可燃气体（实际约需 10min）；待可燃气体的含量低于 0.5% 后，关闭吹扫蒸汽阀 D03。将 MI101 调节至 30%，调节 MI102 在一定的开度（30% 左右）。

（3）燃料气准备　手动打开 PIC101 的调节阀，向 V-105 充燃料气；控制 V-105 的压力不超过 2atm，在 2atm 处将 PIC101 投自动。

（4）点火操作　当 V-105 压力大于 0.5atm 后，在现场图中单击"点火棒"按钮，开常明线上的根部阀门 D05，确认点火成功（火焰显示）。若点火不成功，需重新进行吹扫后再点火。

（5）升温操作　确认点火成功后，先将燃料气线上调节阀的前后阀 B03、B04 打开，再稍开调节阀 TV106（<10%），再全开根部阀 D10，引燃料气入加热炉火嘴。用调节阀 TV106 控制燃料气量，来控制升温速度；当炉膛温度升至 180℃ 时恒温 30s（实际生产恒温 1h）暖炉。

（6）引工艺物料　当炉膛温度升至 180℃ 后，引工艺物料。

① 先开进料调节阀的前后阀 B01、B02，再稍开调节阀 FV101（<10%），引工艺物料进加热炉。

② 先开采暖水线上调节阀的前后阀 B13、B12，再稍开调节阀 FV102（<10%），引采暖水进加热炉。

③ 在升温过程中，逐步调节工艺物料流量 FIC101 和采暖水流量 FIC102，使它们接近并稳定到正常值，投自动，设定值分别为 3072.5kg/h 和 9584kg/h。

（7）启动燃料油系统　待炉膛温度升至 200℃ 左右时，开启燃料油系统。

① 开雾化蒸汽调节阀 PV112 的前后阀 B15、B14，再微开调节阀 PV112（<10%）。全开雾化蒸汽的根部阀 D09。

② 开燃料油压力调节阀 PV109 的前后阀 B09、B08，开燃料油返回 V-108 管线阀 D06，启动燃料油泵 P101A，微开燃料油调节阀 PV109（<10%），建立燃料油循环。

③ 全开燃料油根部阀 D12，引燃料油入火嘴；打开 V-108 进料阀 D08，保持贮罐液位为 50%；按升温需要逐步开大燃料油调节阀，通过控制燃料油升压（最后到 6atm 左右）来控制进入火嘴的燃料油量，同时控制 PDIC112 在 4atm 左右。

（8）调整操作参数　逐步升温使炉出口温度至正常（420℃），在升温过程中，逐步开大工艺物料线的调节阀，使流量调整至正常；逐步调整采暖水流量至正常；逐步调整风门使烟气氧含量正常；逐步调节挡板开度使炉膛负压正常；逐步调整其他参数至正常。将联锁系统投用（在现场图中单击"联锁投用"按钮，使其灯亮）。

3. 正常停车

（1）停车准备　在现场图上按下"联锁不投用"，摘除联锁系统。

（2）降量　通过 FIC101 逐步降低工艺物料进料量至正常的 70%。在 FIC101 降量过程中，逐步通过减少燃料油压力或燃料气流量，来维持炉出口温度 TIC106 稳定在 420℃

左右；逐步降低采暖水 FIC102 的流量；适当调节风门和挡板，维持烟气氧含量和炉膛负压。

（3）停燃料油系统

① 当 FIC101 降至正常量的 70% 后，逐步开大燃料油 V-108 的返回阀 D06 来降低燃料油压力，降温；待返回阀 D06 全开后，可逐步关闭燃料油调节阀 PV109，再停燃料油泵 P101A/B。

② 在降低燃料油压力的同时，降低雾化蒸汽流量，最终关闭雾化蒸汽调节阀 PV112。在以上降温过程中，可适当降低工艺物料进料量，但不可使炉出口温度高于 420℃。

（4）停燃料气及工艺物料

① 待燃料油系统停完后，关闭 V-105 燃料气入口调节阀 PIC101，停止向 V-105 供燃料气；待 V-105 压力下降至 0.2atm 时，关闭燃料气调节阀 TV106，关闭燃料气进炉根部阀 D10；待 V-105 压力降至 0.1atm 时，关闭燃料长明线根部阀 D05，灭火。

② 待炉膛温度低于 150℃ 时，关 FIC101 调节阀停工艺进料，关 FIC102 调节阀，停采暖水。

（5）炉膛吹扫　灭火后，打开 D03 开吹扫蒸汽，吹扫炉膛 5s（实际 10min）；吹扫完成后，关闭 D03，全开风门及烟道挡板使炉膛正常通风。

4. 事故处理

管式加热炉仿真操作常见事故及处理方法见表 3-20。

表 3-20　管式加热炉仿真操作常见事故及处理方法

事故名称	事故现象	处理方法
燃料油火嘴堵	燃料油泵出口压控阀压力忽大忽小或燃料气流量急骤增大	按操作规程紧急停车
燃料气压力低	①炉膛温度下降； ②炉出口温度下降； ③燃料气分液罐压力降低	①改为烧燃料油控制； ②开大燃料油调节阀 PIC109
炉管破裂	①炉膛温度急骤升高； ②炉出口温度升高； ③燃料气控制阀关阀	紧急停车
燃料气调节阀卡	①调节器信号变化时燃料气流量不发生变化； ②炉出口温度下降	①改现场旁路手动控制； ②联系仪表人员进行修理
燃料气带液	①炉膛和炉出口温度先下降； ②燃料气流量增加； ③燃料气分液罐液位升高	①打开泄液阀 D02，使 V-105 罐泄液； ②增大燃料气入炉量
燃料油带水	燃料气流量增加	①关闭燃料油入炉根部阀； ②开大燃料气入炉调节阀，使炉出口温度稳定
雾化蒸汽压力低	①产生联锁； ②PIC109 控制失灵； ③炉膛温度下降	①关闭雾化蒸汽入炉根部阀； ②关闭燃料油入炉根部阀； ③调节燃料气调节阀 TIC106，使炉膛温度正常
燃料油泵 A 停	①炉膛温度急剧下降； ②燃料气控制阀开度增加	①现场启动备用泵； ②调节燃料气控制阀的开度

【相关知识】

一、管式加热炉的结构和类型

在工业生产中，一般把用来完成各种物料的加热、熔炼等加工工艺的加热设备称为炉。石油化工生产中最常用的是管式加热炉，主要用于加热液体或气体化工原料，通过管子（炉管）将油品或其他介质进行加热，所用燃料通常有燃料油和燃料气。

1. 管式加热炉的结构

管式加热炉通常由辐射室（又叫炉膛）、对流室、燃烧器和通风系统等构成。其中，辐射室是通过火焰或高温烟气进行辐射传热的部分，也是热交换的主要场所（约占热负荷的 $70\%\sim80\%$）；对流室是靠辐射室出来的烟气进行以对流传热为主的换热部分；燃烧器是使燃料雾化并混合空气使之燃烧的产热设备；通风系统的作用是将燃烧用空气引入燃烧器，并将烟气引出管式加热炉。其外形和结构如图 3-39 所示。

(a) 外形图

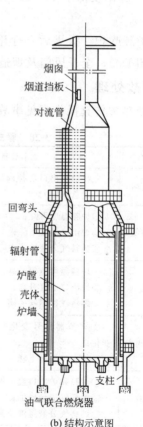

烟囱
烟道挡板
对流管

回弯头

辐射管
炉膛
壳体
炉墙

支柱

油气联合燃烧器

(b) 结构示意图

图 3-39　圆筒型管式加热炉

管式加热炉的主要零配件有以下几种。

（1）炉管系统　包括炉管、管架和弯头。炉管担负着加热炉的传热作用，管架和弯头是支撑和连接炉管的部件。

（2）火嘴　即液体燃料和气体燃料燃烧器，是燃烧系统中的重要部件。按照其燃烧的

化工总控工应会技能基础（中级工/高级工版）

特点可分为火炬燃烧与无焰燃烧。

（3）炉墙系统　由外部的保护层、中间的保温层和内部的耐火层三部分所组成。

（4）排烟系统　箱式炉的烟气在对流室是自上而下流动的，需有烟道和另立烟囱。立式炉、圆筒炉和无焰炉的烟气在对流室是自下而上流动的，烟气受阻力小，烟囱较小，可设于对流室上部。

（5）各种门　包括看火门、人孔、防爆门等，一般加热炉采用的是负压自重式防爆门，平时靠自重关闭，当炉内压力增高，防爆门即被打开。

（6）吹灰器　采用钉头管或翅片管的加热炉或烧重油、污油，与瓦斯混烧的加热炉，必须放置吹灰器装置及清扫孔，用蒸汽吹掉管表面的灰垢，使烟灰不沉积结块，保持炉管有较高的传热效率。

（7）烟气余热回收装置　常用的有空气预热器、余热锅炉等。

2. 管式加热炉的工作原理

管式加热炉结构示意图如图3-39(b)。炉底的油气联合燃烧器（火嘴）喷出高达几米的火焰，温度达1000～1500℃，将大部分热量以辐射方式传给辐射室炉管（辐射管）内流动的油品。烟气沿着辐射室上升到对流室，温度降到700～900℃，以对流传热的方式继续将部分热量传给对流室炉管（对流管）内流动着的油品，最后温度降至200～450℃的烟气从烟囱排入大气。油品则是先进入对流管，再进入辐射管，不断吸收高温烟气传给的热量，逐步升高到所需要的温度。

3. 管式加热炉类型

炼油厂加热炉类型很多，按照管式加热炉的用途可分为纯加热炉和加热-反应炉，前者如常压炉、减压炉，原料在炉内只起到被加热的作用；后者如裂解炉、焦化炉，原料在炉内不仅被加热，同时还有足够的时间进行裂解和焦化反应。

按照管式炉的结构又可分为立式炉、圆筒炉和无焰炉。立式炉一般在热负荷较大时使用，圆筒炉结构紧凑，造价较低，通常用作中、小型加热炉。无焰炉由于燃烧完全，过剩空气系数小，炉子热效率较高，但目前只能烧气体燃料，炉墙结构也比较复杂、造价高，国内主要用作焦化炉、高温制氢的转化炉及裂解炉等。

二、管式加热炉的操作

加热炉操作水平的高低，对燃料消耗量、炉子热效率、设备使用寿命、烟气对空气的污染程度等，都有很大的影响。因此，加热炉操作时必须细心观察，认真分析，准确调节，确保加热炉高效、平稳、长期安全运行。

1. 加热炉开工操作要点

（1）烘炉　烘炉的目的是为了缓慢地除去炉墙在砌筑过程中所积存的水分，并使耐火胶泥充分烧结。否则会由于开工时炉温急剧上升，水分急剧蒸发，使炉砖产生裂缝。烘烤过程是按制订的烘炉曲线缓慢加热各部分砌筑衬体，使其所含水分逐渐析出。烘炉操作步骤如下：

① 开始烘炉时，关闭各种节门。烟囱挡板开启1/6～1/3左右，待炉膛内温度升高时，再稍开大。

② 在炉管内通入蒸汽暖炉，当炉温达到 130℃时，便可点燃火嘴（对角点火）烘炉。如点火不成功，应即向炉内通入蒸汽以排除炉内积存的可燃气体后才能再次点火。

③ 在烘炉过程中，温度应均匀上升，升温和降温速度以及恒温时间应按烘炉曲线进行，并经常观察炉墙情况。严格保证炉管内介质的流量在最低控制值以上，以防止炉管干烧。

④ 烘炉过程中做好记录，同时绘出实际烘炉曲线。

⑤ 炉膛以 20℃/h 的速度降温，当炉膛温度降到 250℃时，熄火焖炉；炉温降到 100℃时，打开各种炉门进行自然通风。烘炉完毕后，对炉内进行全面检查。

（2）试压　加热炉炉管安装后，应按设计规定进行系统试压，目的是检查炉管及所属设备安装施工质量。试压的压力为操作压力的 1.5～2 倍，试压过程分 3～4 次逐步提高到要求的压力，每次提压后应稳定 5min。

开炉前的试压多用水蒸气进行，达到要求压力后稳定 10～15min 即为合格。合格后按规定对炉管进行吹扫。

（3）开炉前检查　开炉前应对炉子的炉管、零部件、附属设备、工艺管线、仪表等进行全面检查，确认完好齐全，用蒸汽贯通炉子系统所属的工艺管线及设备，确保工艺流程畅通，然后才将原料油、燃料油和燃料气及雾化蒸汽分别引入炉内。

（4）点火　点火前必须向炉膛内吹扫蒸汽约 10～15min，将残留在炉内的可燃气体清除干净，直至烟囱冒出水蒸气后再停止吹汽。检查烟道挡板、阀门、炉膛灭火蒸汽管线及其他消防设施完备后，即可点火。

如烧油时将燃烧器的风门调至 1/3 的开度，将已点燃的点火棒放在燃烧器的喷嘴前，把雾化蒸汽阀门稍开一点，然后将油阀打开，点燃后慢慢调整油、汽比例，使燃料油充分雾化，完全燃烧，根据燃烧情况将燃烧器风门、油阀、汽阀调节合适。

如烧气时直接用电点火器或点燃的浸透柴油的点火棒放在燃烧器的喷嘴前然后将燃料气阀打开，点燃后慢慢调整燃烧器。

2. 加热炉正常操作要点

（1）进料量和进料温度应稳定　如其他条件不变，进料量增大，则会使炉膛温度和炉口温度降低，原料的质量流速和炉管的压降增大。多路进料时，若各路流量分配不均匀，也会使炉膛温度发生波动。

当操作条件不变，进料温度升高，则炉出口温度也随之升高。适当降低原料的入炉温度，可使排烟温度降低，对提高炉子的热效率有利。

（2）控制好炉膛温度保持炉出口温度不变　生产中要求原料的炉出口温度保持恒定。炉膛温度增高，炉出口温度就会升高。加热炉正常操作时，应保持炉膛内各处温度均匀，防止局部过热。炉膛温度过高，会使炉管壁温度升高，易产生局部过热和结焦，影响炉管使用寿命。对碳钢炉管，炉膛温度控制在 800～820℃；对合金钢炉管，炉膛温度控制在 820～850℃。

（3）过剩空气系数要适宜　过剩空气系数（α）是指实际供给燃料燃烧的空气与理论空气量的比值。正常操作时，在自然通风条件下，烧油时辐射室 $\alpha=1.25$，对流室出口 $\alpha=1.3$；烧气时辐射室 $\alpha=1.15$，对流室出口 $\alpha=1.2$。在强制通风条件下，烧油时辐射室 $\alpha=$

1.15，对流室出口 $\alpha=1.2$；烧气时辐射室 $\alpha=1.1$，对流室出口 $\alpha=1.15$。

若 α 过大，入炉的过剩空气量增多，烟气量增大，烟气带走的热量就越多，则使炉子的热效率降低；α 过大炉膛中过剩氧含量增大，还会使烟气中的 SO_2 转化成 SO_3 的数量增多，使烟气的露点温度升高，烟气中的水蒸气更易凝结成水，与 SO_3 结合生成硫酸溶液，使烟气的露点腐蚀更严重。

若 α 过小，入炉空气量少，易造成燃料因缺氧而燃烧不完全，增大燃料的消耗量，也会使炉子热效率降低。

操作时严格控制好烟囱挡板的开度，使炉膛在微负压下操作。一般在辐射室燃烧器处的真空度约为 98Pa 左右，在对流室入口处的真空度约为 19.6～39Pa。

（4）注意观察炉膛火焰状况 操作中若燃料量、空气量及雾化蒸汽量等调节不当，都会使火焰颜色发黑变暗，火焰不稳定甚至熄火。若燃烧器性能良好，操作合理，燃料与空气能充分混合和完全燃烧，则炉膛明亮，火焰强劲有力。烧油时火焰为黄白色，烧气时火焰为蓝白色。

（5）控制好排烟温度 排烟温度应根据原料入炉的温度来确定。

（6）注意炉管压降的变化 炉管压降的变化可用来判断炉管是否结焦。若原料在炉管内的质量流速基本无变化，而炉管压降却急剧增大，则有可能是炉管结焦。结焦严重时，必须停炉清焦。

3. 加热炉停工操作要点

加热炉停工有正常停工和紧急停工两种情况。

（1）正常停工 根据装置降量降温的要求，逐步关闭燃烧器火嘴，到剩下 1～2 个燃烧器时，打开燃料油循环阀，此时燃烧器前的燃料油压力不能过低。全部熄火后，燃烧器通入蒸汽清扫火嘴，炉膛内也通入蒸汽，使炉膛温度尽快降低。烟囱挡板也应全开。

当装置进行循环时，过热蒸汽可排空。当使用的燃烧器是油-气联合燃烧器时，应先停燃料气，并对燃料管线进行蒸汽吹扫处理，然后再停燃料油。若炉管不结焦，可将燃料油全部送入油罐，停止燃料油循环，然后对燃料油管线用蒸汽吹扫处理。当炉膛温度降至 150℃ 左右时，将人孔和看火门全部打开，使炉子逐渐冷却。

（2）紧急停工 加热炉在操作中出现严重故障，如进料突然中断，炉管严重结焦，炉管烧穿等，则应紧急停工。此时应立即关闭燃烧器，使炉子熄火，并停止炉子的进料，向炉膛内和炉管内吹入大量水蒸气。关小风门，开大烟囱挡板，将炉膛和炉管内的水蒸气放空，并应及时和消防队联系，以确保安全。

【练习与拓展】

1. 加热炉点火前为什么要对炉膛进行蒸汽吹扫？点火失败后，应怎样处理？

2. 加热炉在升温过程中为什么要烘炉？升温速度应如何控制？

3. 加热炉在升温过程中，什么时候引入工艺物料，为什么？

4. 烟道气出口氧含量为什么要保持在一定范围？过高或过低会有什么影响？

5. 加热过程中风门和烟道挡板的开度大小对炉膛负压和烟气氧含量有什么影响？

项目3.5
精馏塔操作

任务1 精馏塔实训操作

一、考核要求

1. 能够按操作要求进行精馏系统的开车、正常运行和停车操作。
2. 能够进行精馏生产操作，并达到规定的工艺要求和质量指标。
3. 能够及时发现并处理精馏塔操作过程中的常见故障，能进行紧急停车。

二、实训装置

精馏实训装置，如图3-40所示；20%（体积分数）的酒精水溶液。

图 3-40　精馏实训装置

三、实训操作

1. 检查准备

（1）清洁装置现场环境，检查管路系统各阀门启闭情况是否合适，检查总电源、仪表盘电源、实时监控仪是否正常，检查塔板上每个温度探测点显示有无异常，塔顶、塔底压力是否显示正常。

（2）检查管路、容器中是否有残液，如有则清空。

（3）配制一定量适当浓度的原料液倒入原料罐内。

（4）打开原料泵，将原料罐中的原料通过指定管线加入到再沸器中，加至一定量后停泵。

2. 开车

（1）选择相应的实训项目（常压、减压精馏），根据操作要求，由操作人员在现场开启相关阀门并打通流程。

（2）接通电源，启动再沸器加热升温。当升温到一定程度时将连通冷却水的进水阀打开，并打开塔顶冷凝器冷却水，并调节冷却水流量。

（3）当冷凝液进入回流液罐达到一定液位后，通过泵经流量计计量后打回精馏塔中，进行全回流操作。

（4）全回流一定时间后，取样分析，产品合格后，转入部分回流。

（5）选择合适的进料位置，启动进料泵，以指定流量经过进料管线进料，并注意控制进料温度。

3. 正常运行

（1）观察精馏塔各部位温度变化情况，当塔顶馏出液出现积累时，开始调节回流比。塔顶馏出液经产品冷凝器被冷却后收集到产品罐内，再沸器内的残液经釜残液冷凝器被冷却后收集到残液罐内。

（2）精馏塔操作运转正常后，取塔顶、塔底样品，冷却至20℃，用酒精计测其相对密度，读数为容量百分数。对不合格的物料可进行少量的采出或全回流操作，待分析合格后，采出产品。

（3）调节不同的回流比，测定其相应的塔顶产品组成变化。

4. 停车

（1）停止进料泵，关闭相应管线上的阀门，停预热器及再沸器电加热。

（2）停回流泵；当塔内温度低于某一值时，停产品冷凝器冷却水，停产品泵。

（3）关闭仪表及电源开关，关闭上水总阀，将所有阀门恢复至初始状态。

（4）将再沸器及预热器中的残液冷却后暂存于塔釜残液罐中，打开系统排污阀，将管线和容器中的残液收集至指定的回收桶中。

（5）将现场清扫干净，工具、器具摆放整齐。

四、考核标准

精馏塔操作项目考核标准见表3-21。

表3-21　精馏塔操作项目考核表

考核内容	考核要点	配分	扣分	扣分原因	得分
检查准备	清洁现场,检查阀门启闭情况,检查总电源、仪表盘、监控仪、测温点,塔顶、塔底压力	5			
	检查原料罐液位、管路及容器残液并清空	5			
	配制适当浓度的原料液加入原料罐中	5			
	通过指定管线将原料打入再沸器	5			

考核内容	考核要点	配分	扣分	扣分原因	得分
开车	开启相关阀门，打通流程	5			
	接通电源，再沸器加热升温，开冷凝器冷却水，调节流量	5			
	全回流操作	5			
	全回流一定时间后转入部分回流	5			
	启动进料泵，以指定流量进料	5			
正常运行	收集塔顶馏出液、釜残液	5			
	塔顶、塔底样品分析	5			
	调节回流比，测定塔顶产品组成变化	5			
停车	停止进料泵，关闭阀门，停预热器及再沸器电加热	5			
	停回流泵、冷凝器冷却水、产品泵，停水，停电，阀门恢复初始状态	5			
	开系统排污阀，排尽残液	5			
职业素质	操作安全规范	5			
	团队配合合理有序	5			
	现场管理文明安全	5			
实训报告	书写认真规范	5			
	数据真实可靠	5			
考评员签字		考核日期		合计得分	

任务 2　精馏塔仿真操作

一、操作目标

1. 能正确标识阀门、仪表、设备的位号及作用，能识读带控制点工艺流程图。

2. 学会精馏塔正确的开车、停车的操作方法，了解相应的操作原理。

3. 熟悉精馏塔正常运行的操作参数及相互影响关系。

4. 能正确分析精馏操作常见事故产生的原因，学会常见事故的判断及处理方法。

5. 认知串级控制系统与分程控制系统的构成，学会其操作方法。

二、工艺流程与设备

1. 工艺流程

通过精馏，在脱丁烷塔中将丁烷从原料为 67.8℃ 脱丙烷塔的釜液（主要有 C_4、C_5、C_6、C_7 等）中分离出来。带控制点工艺流程如图 3-41 所示，仿 DCS 流程如图 3-42 所示，仿现场流程如图 3-43 所示。

2. 设备一览

DA-405：脱丁烷塔；EA-419：塔顶冷凝器；FA-408：塔顶回流罐；GA-412A、B：

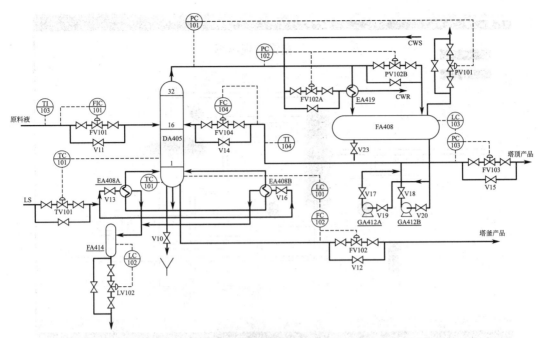

图 3-41　精馏塔带控制点工艺流程

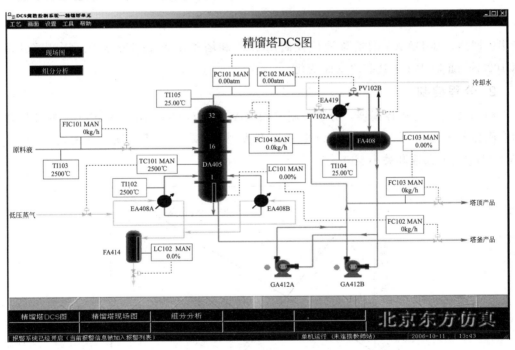

图 3-42　精馏塔 DCS 界面

回流泵；EA-418A、B：塔釜再沸器；FA-414：塔釜蒸汽缓冲罐。

三、控制方案

1. 串级回路

本单元复杂控制回路主要是串级回路的使用，在精馏塔和产品罐中都使用了液位与流

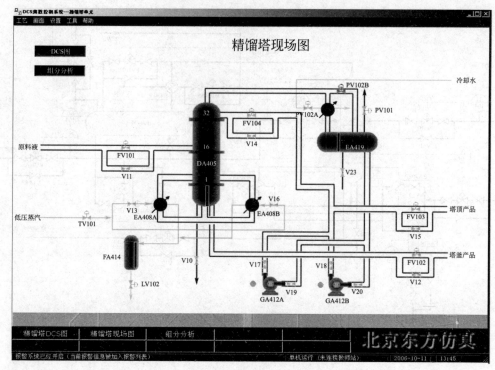

图 3-43　精馏塔现场界面

量串级回路。如 DA405 的塔釜液位控制 LC101 和塔釜出料 FC102 构成一个串级回路。FC102.SP 随 LC101.OP 的改变而变化。

2. 分程控制

PIC102 为一分程控制器，分别控制 PV102A 和 PV102B，调节阀 PV102 的分程动作示意图如图 3-44 所示。当 PC102.OP 逐渐开大时，PV102A 从 0 逐渐开大到 100％；而 PV102B 从 100％逐渐关小至 0。

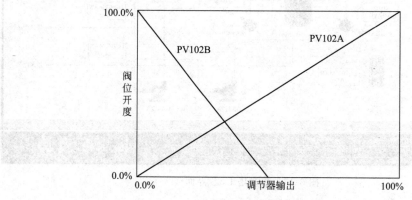

图 3-44　调节器 PIC102 分程动作示意图

四、操作规程

1. 正常工况操作参数

（1）进料流量 FIC101 设为自动，设定值为 14056kg/h。

（2）塔釜采出量 FC102 设为串级，设定值为 7349kg/h；LC101 设自动，设定值为 50%。

（3）塔顶采出量 FC103 设为串级，设定值为 6707kg/h；塔顶回流量 FC104 设为自动，设定值为 9664kg/h；塔顶压力 PC102 设为自动，设定值为 4.25atm；PC101 设自动，设定值为 5.0atm。

（4）灵敏板温度 TC101 设为自动，设定值为 89.3℃。

（5）FA414 液位 LC102 设为自动，设定值为 50%；回流罐液位 LC103 设为自动，设定值为 50%。

2. 冷态开车

装置冷态开工状态为精馏塔单元处于常温、常压氮吹扫完毕后的氮封状态，所有阀门、机泵处于关停状态。所有调节器为手动，调节阀和现场阀处于关闭状态。

（1）进料及排放不凝气

① 打开精馏塔 DA405 塔顶压力控制器 PV102B 的前、后阀 V51、V52；打开回流罐 FA408 顶放空阀 PV101 的前、后阀 V45、V46，微开 PV101（开度<5%）排放塔内不凝气。

② 打开调节阀 FV101 的前、后阀 V31、V32，缓慢打开 FV101，直到开度>40%，向精馏塔进料。当压力 PC101 升至 0.5atm 时，按正确步骤关闭 PV101，并手动控制塔顶压力在 1.0~4.25atm 之间。

（2）上冷凝水，开再沸器

① 打开冷凝水调节阀 PV102A 的前手、后手阀 V48、V49，当塔顶压力 PC101 升至 0.5atm 时，逐渐打开 PV102A 至开度为 50%；逐步手动调整塔压基本稳定在 4.25atm 后，可加大塔进料阀 FV101 开至 50%左右。

② 待塔釜液位 LC101 升至 20%以上时，全开加热蒸汽入口阀 V13；稍开 TC101 调节阀，给再沸器缓慢加热，并调节 TC101 阀开度，使塔釜液位 LC101 维持在 40%~60%。

③ 打开蒸汽缓冲罐 FA414 的液位调节阀 LV102，待 FA414 液位 LC102 升至 50%时，投自动，设定值为 50%。

④ 逐渐开大 TV101 至 50%，使塔釜温度逐渐上升至 100℃，灵敏板温度升至 75℃；同时，通过调节器 PC101 和 PC102 手动稳定塔压 PC101 在 4.25atm 左右。

（3）启动回流泵建立回流　随着塔进料增加和再沸器、冷凝器投用，塔压会有所升高，回流罐逐渐积液。

① 塔压升高时，通过开大 PC102 的输出，改变塔顶冷凝器冷却水量和旁路量来控制塔压稳定。

② 当回流罐液位 LC103 升至 20%以上时，启动回流泵；通过 FC104 控制回流量，维持回流罐液位不超高，同时逐渐关闭进料，全回流操作。

（4）调节稳定工艺参数至正常

① 待塔压稳定后，分别将 PC101、PC102 投自动，设定值均为 4.25atm，塔压完全稳定后，将 PC101 设定值为 5.0atm。

② 逐步调整进料量 FIC101 稳定在 14056kg/h 后，将 FIC101 投自动，设定值为 14056kg/h。

③ 继续调整调节阀 TV101 使灵敏板温度 TC101 稳定在 89.3℃，塔釜温度 TI102 稳定在 109.3℃后，将 TC101 投自动，设定值为 89.3℃。

④ 在保证回流罐 FA408 液位 LC103 和塔顶温度 TI105 的前提下，逐步开大回流量调节阀 FV104 至 50%，并使回流量稳定在正常值时，将调节器 FC104 投自动，设定值为 9664kg/h。

⑤ 当塔釜液位 LC101＞35% 时，逐渐打开调节阀 FV102，调整塔釜采出量 FC102 稳定在正常值时，将 FC102 投自动，设定值为 7349kg/h；同时，将 LC101 投自动，设定值为 50%；再将 FC102 投串级，使其与 LC101 构成串级回路调节塔釜液位。

⑥ 当回流罐 FA408 液位 LC103 接近 50% 时，逐渐打开调节阀 FV103，调整产品流量 FC103 稳定在正常值时，将 FC103 投自动，设定值为 6707kg/h；同时，将 LC103 投自动，设定值为 50%；再将 FC103 投串级，使其与 LC103 构成串级回路调节塔釜液位。

3. 正常停车

（1）降负荷

① 手动关调节阀 FV101 至开度＜35%，降低进料至正常进料量的 70%。保持灵敏板温度 TC101 和塔压 PC102 的稳定性。

② 手动开大 FV103（开度＞90%），排出回流罐中的液体产品，至回流罐液位 LC104 到 20% 左右。

③ 手动开大 FV102（开度＞90%），排出塔釜产品，使 LC101 降至 30% 左右。

（2）停进料和再沸器　当负荷降至正常的 70%，且产品已大部分采出后，才能进行停进料和停再沸器的操作。

① 按正常操作关调节阀 FV101，停精馏塔进料；关调节阀 TV101 和 V13（或 V16）阀，停再沸器加热蒸汽；关调节阀 FV102 和 FV103，停产品采出。

② 打开塔釜泄液阀 V10，排放不合格产品，同时要控制好塔釜液位的下降速度；打开调节阀 LV102，对蒸汽缓冲罐 FA414 进行泄液。

（3）停回流　停进料和再沸器后，手动开大 FV104，将回流罐 FA408 中的液体通过回流泵全部打入精馏塔 DA405，以降低塔内温度。当回流罐液位 LC103 接近 0 时，关 FV104，并按正常操作停泵 GA412A/B，停回流。完成对系统内各塔、罐、泵的排液操作。

（4）降压、降温

① 灵敏板温度 TC101＜50℃时，按正常操作关闭调节阀 PV102A，停冷凝水。

② 当精馏塔釜液位 LC101 降至 0 时，关闭泄液阀 V10；同时，应按要求完成对系统内相应各罐、泵的排凝操作。当完成精馏塔 DA405 排凝后，手动打开 PV101，使塔内压力降至常压后，关闭调节阀 PV101。

根据工程需要可安排氮气吹扫、蒸汽吹扫，最后完成停车操作。

4. 事故处理

精馏塔仿真操作常见事故及处理方法见表 3-22。

表 3-22　精馏塔仿真操作常见事故及处理方法

事故名称	事故现象	处理方法
加热蒸汽压力过高	加热蒸汽的流量增大，塔釜温度持续上升	TC101 改手动调节，减小 TV101 的开度，待温度稳定后，将 TC101 改为自动调节，设定为 89.3℃
加热蒸汽压力过低	加热蒸汽的流量减小，塔釜温度持续下降	适当增大 TC101 的开度（操作同加热蒸汽压力过高）
冷凝水中断	塔顶温度上升，塔顶压力升高	①PC101 改手动，开回流罐放空阀 PV101，保压； ②FIC101 改手动，关 FIC101，关 FV101 后、前阀 V32、V31，停进料； ③TC101 改手动，关 TC101，关 TV101 后、前阀 V34、V33，停加热蒸气； ④FC102、FC103 改手动，关 FV102、FV103，关 FV102 后、前阀 V40、V39 及 FV103 后、前阀 V42、V41，停产品采出； ⑤开塔釜泄液阀 V10，开回流罐泄液阀 V23，排不合格产品； ⑥LC102 改手动，开 LC102，对 FA414 泄液； ⑦回流罐液位为 0 时，关 FC104； ⑧按正常操作停回流泵 GA412A； ⑨塔釜液位为 0 时，关 V10； ⑩塔顶压力降至常压，关冷凝器，关 PV102A 后、前阀 V49、V48
回流泵 GA412A 故障	回流中断，塔顶温度、压力上升	按正常操作启动切换备用泵 GA412B
回流量调节阀 FV104 卡	回流量无法调节	打开旁通阀 V14，并调整其开度保持回流量的稳定
停电	回流泵 GA412A/B 停，回流中断	参照冷凝水中断事故停车
停蒸汽（低压蒸汽停）	塔釜温度降低；塔顶温度和压力降低；塔釜液位升高，回流	参照冷凝水中断事故停车
塔釜出料调节阀 FV102 卡	塔釜采出流量不可调	将 FC102 设为手动模式；关闭 FV102 后、前截止阀 V40、V39；打开 FV102 旁通阀 V12，维持塔釜液位
再沸器严重结垢	塔釜温度降低；塔顶温度和压力降低；塔釜液位升高，回流罐液位降低	参照冷凝水中断事故停车
仪表风停	各调节阀不可调	打开各调节阀旁通阀，并调整开度继续维持系统的工艺指标
进料压力突然增大	原料流量突然加大	将 FIC101 投手动，调节 FV101，使原料液进料达到正常值。当原料液进料流量稳定在 14056kg/h 后，将 FIC101 投自动，其设定值为 14056kg/h
再沸器积水	塔釜和蒸汽缓冲罐液位超标，塔釜温度降低	加大调节阀 LV102 开度，降低 FA414 液位。当罐 FA414 液位维持在 50% 时，将 LC102 投自动。LC102 的设定值设定为 50%

事故名称	事故现象	处理方法
回流罐液位超高	回流罐液位超标	①将 FC103 设为手动模式，开大阀 FV102； ②打开泵 GA412B 前阀 V20，开度 50%，启动泵 GA412B；打开泵 GA412B 后阀 V18，开度为 50%； ③将 FC104 设为手动模式，及时调整阀 FV104，使 FC104 流量稳定在 9664kg/h 左右； ④当 FA408 液位接近正常液位时，关闭泵 GA412B 后阀 V18，关闭泵 GA412B，关闭泵 GA412B 前阀 V20； ⑤及时调整阀 FV103，使回流罐 LC103 的液位维持在 50%； ⑥LC103 稳定在 50% 后，将 FC103 设为串级； ⑦FC104 最后稳定在 9664kg/h 后，将 FC104 设为自动； ⑧将 FC104 的设定值设为 9664kg/h
塔釜轻组分含量偏高	塔釜采出液轻组分含量偏高	手动降低调节回流阀 FV104 的开度，当回流流量稳定在 9664kg/h 时，将 FC104 投自动，设定值为 9664kg/h
原料液进料调节阀卡	进料流量不可调	打开调节阀 FV101 旁通阀 V11，并调整其开度维持进料

【相关知识】

一、精馏基本知识

1. 蒸馏

蒸馏是利用混合物中各组分挥发度的不同（即沸点的不同），将混合液加热沸腾汽化，分别收集挥发出的气相和残留的液相，从而将液体混合物中各组分分离的操作。

蒸馏分离的依据是混合物中各组分的挥发性差异，分离的条件是必须造成气液两相系统。挥发能力高的组分称为易挥发组分或轻组分，挥发能力低的组分称为难挥发组分或重组分。显然，液体混合物中各组分的挥发能力相差越大，就越容易分离。

按蒸馏方式可分为简单蒸馏、平衡蒸馏、精馏及特殊精馏；按操作方式可分为间歇蒸馏和连续蒸馏；按物系中组分的数目可分为双组分蒸馏和多组分蒸馏；按操作压力可分为常压蒸馏、减压蒸馏和加压蒸馏。

2. 精馏原理

精馏是多次而且同时运用部分汽化和部分冷凝的方法，使混合液得到较完全分离，以获得接近纯组分的操作。

以苯-甲苯混合液为例，用如图 3-45 所示的温度-组成图（t-x-y 图）来分析精馏原理。

图 3-45 中以温度 t 为纵坐标，以气液相平衡组成 x 或 y 为横坐标。图中有两条曲线，下方曲线为 t-x 线，称为饱和液体线或泡点线；上方曲线为 t-y 线，称为饱和蒸气线或露点线。两条曲线将 t-x-y 图分成三个区域：

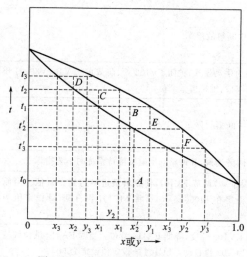

图 3-45 苯-甲苯混合液的 t-x-y 图

饱和液体线以下区域为液相区或过冷区，饱和蒸气线以上区域为气相区或过热蒸气区，两条曲线之间的区域为气液共存区，在该区气液两相共存。

将温度为 t_0，组成为 x_f 的苯-甲苯溶液，加热到 B 点，使其在温度 t_1 下部分汽化。混合液将分成互成平衡的气液两相。气相组成为 y_1（$y_1 > x_F$），液相组成为 x_1（$x_1 < x_f$）。

将上述气相进行部分冷凝，先冷到 E 点，获得新的气液平衡的两相（$y_2' \sim x_2'$），从图可见 $y_2' > y_1$，若将 y_2' 的气相又部分冷凝到 F 点，则又获得新平衡条件下的气液相，其组成为 y_3'，且 $y_3' > y_2' > y_1 > x_F$。这样依次将获得的气相进行足够多次的部分冷凝后，气相中易挥发组分含量越来越高，最后可得到易挥发组分含量很高的馏出液——纯苯。

另一方面如果将组成为 x_1 的液相加热到 C 点，使其部分汽化。这时又出现新的气液相平衡，获得组成为 x_2 的液相。由于易挥发组分进一步转入气相，故使液相易挥发组分含量降低，即 $x_2 < x_1 < x_f$。如果再将组成为 x_2 的液相加热到 D 点，使之部分汽化，又得到解决组成为 x_3 的液相。同理 $x_3 < x_2 < x_1 < x_f$。依此类推，将获得的液相进行足够多次的部分汽化，则液相中易挥发组分含量越来越低，即难挥发组分含量越来越高，最后可得到难挥发组分含量很高的残留液——甲苯。

为实现精馏操作，除了需要有足够塔板层数的精馏塔之外，还必须从塔底引入上升蒸气（气相回流）和从塔顶引入下降的液流（液相回流），以建立气液两相体系。塔底上升蒸气和塔顶液相回流是保证精馏操作过程连续稳定进行的必要条件。

3. 精馏操作流程

典型的精馏设备是连续精馏装置，包括精馏塔、冷凝器、再沸器等相关设备，还有原料预热器、产品冷却器、回流用泵等附属设备，如图 3-46 所示。

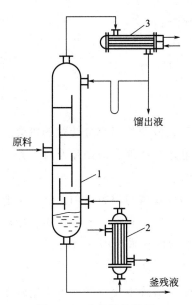

图 3-46　连续精馏装置

1—精馏塔；2—再沸器；3—冷凝器

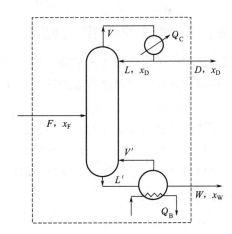

图 3-47　精馏塔的物料衡算

连续精馏操作中，原料液连续送入精馏塔内，同时从塔顶和塔底连续得到产品（馏出液、釜残液）。

塔板是供气液两相进行传质和传热的场所。每一块塔板上气液两相进行双向传质，只要有足够的塔板数，就可以将混合液分离成两个较纯净的组分。精馏塔以加料板为界分为两段，加料板以上的塔段为精馏段，其作用是逐板增加上升气相中易挥发组分的浓度。包括加料板在内的以下塔板为提馏段，其作用是逐板提取下降的液相中易挥发组分。

再沸器的作用是提供一定流量的上升蒸气流。冷凝器的作用是提供塔顶液相产品并保证有适当的液相回流。

4. 精馏塔的物料衡算

如图 3-47，对连续精馏装置的精馏塔做物料衡算，以单位时间为基准，则

总物料衡算：
$$F = D + W \tag{3-23}$$

易挥发组分：
$$F x_F = D x_D + W x_W \tag{3-24}$$

式中　F，D，W——分别表示原料、塔顶产品（馏出液）、塔底产品（釜残液）流量，kmol/h 或 kg/h；

x_F，x_D，x_W——分别表示原料液、塔顶产品、塔底产品中易挥发组分的摩尔分数或质量分数。

在精馏计算中，分离要求可以用不同形式表示。

馏出液的采出率：
$$\frac{D}{F} = \frac{x_F - x_W}{x_D - x_W} \tag{3-25}$$

釜残液的采出率：
$$\frac{W}{F} = \frac{x_D - x_F}{x_D - x_W} \tag{3-26}$$

塔顶易挥发组分的回收率：
$$\eta_D = \frac{D x_D}{F x_F} \times 100\% \tag{3-27}$$

塔釜难挥发组分的回收率：
$$\eta_W = \frac{W(1 - x_W)}{F(1 - x_F)} \times 100\% \tag{3-28}$$

二、精馏塔的类型与结构

完成精馏的塔设备称为精馏塔。精馏塔要求提供气、液两相以充分接触的机会，使传质和传热两种过程能够迅速有效地进行；还要能使接触之后的气、液两相及时分开，互不夹带。

根据塔内气液接触部件的结构形式，塔设备可分为板式塔与填料塔两大类。工业生产中，当处理量大时多采用板式塔，而当处理量较小时多采用填料塔。蒸馏操作的规模往往较大，所需塔径常达 1m 以上，故多采用板式塔；吸收操作则采用填料塔较多。

1. 精馏塔结构

板式塔空塔气速高，生产能力大，操作稳定，检修、清理方便，工业中应用较多。

板式塔为逐级接触式气液传质设备。在一个圆筒形的壳体内，沿着塔的整个高度装有若干层按一定间距放置的水平塔板（或称塔盘），塔板上开有很多筛孔，每层塔板靠塔壁处设有降液管。液体靠重力作用由顶部逐板流向塔底，并在各块板面上形成流动的液层；气体则靠压强差推动，由塔底向上依次穿过各塔板上的液层而流向塔顶。气液两相在塔板

内进行逐级接触，两相的组成沿塔高呈阶梯
式变化。如图 3-48 所示。

2. 塔板

板式塔的塔板有筛板、浮阀塔板、喷射
塔板等几种。

（1）筛板　筛板是在带有降液管的塔板
上开有 $\phi 3 \sim 8mm$ 的均布圆孔，如图 3-49 所
示。蒸气通过筛孔将板上液体吹成泡沫。液
体由上层塔板降液管流到下层塔板的一侧，
横向流过塔板，越过溢流堰进入另一侧降
液管。

（2）浮阀塔板　浮阀塔板是在带有降液
管的塔板上开有若干直径较大（标准孔径为
$\phi 39mm$）的均布圆孔，孔上覆以可在一定范

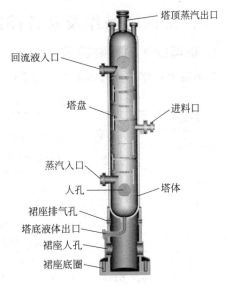

图 3-48　板式塔

围内自由活动的浮阀，如图 3-50 所示。操作时，液相流程与筛板塔相同，气相经阀孔上
升顶开阀片、穿过环形缝隙，再以水平方向吹入液层形成泡沫。

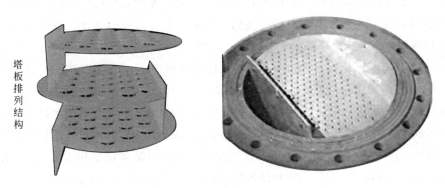

图 3-49　筛板

图 3-50　浮阀塔板

（3）喷射型塔板　喷射型塔板包括舌形塔、浮动舌形塔、浮动喷射塔等几种类型。较
大气速的蒸汽以喷射状斜向通过液层，使气液两相接触加强。

三、精馏塔操作及条件控制

1. 精馏操作的影响因素

影响精馏操作的主要因素见表 3-23。

表 3-23　影响精馏操作的主要因素

影响因素	对精馏操作影响情况
回流比 R	当 R 增大时,塔内气、液传质推动力增加,使 x_D 变大,而 x_W 变小,反之若 R 减小,则分离效果变差。生产中常用回流比来调控产品的量
回流液温度	回流液温度的变化会引起塔内蒸气量的变化。降低回流液温度,内回流增加,塔内气液两相流量增加,分离效果提高,但同时能耗加大
进料组成 x_F	对特定的精馏塔,若 x_F 减小,将使 x_D 和 x_W 都减小,要保持 x_D 不变,则应增大 R
进料热状况 q 值	当进料热状况发生变化时,应适当改变进料位置,否则将引起馏出液组成 x_D 和釜残液组成 x_W 的变化,故一般精馏塔常设几个进料口
塔釜温度	提高塔釜温度,塔内液相中易挥发组分减少,上升蒸气的速度增大,有利于提高传质效率。如果由塔顶得到产品,则产量提高;如果由塔釜得到产品,则可提高产品质量,但损失增大
操作压力	提高操作压力,可以相应地提高塔的生产能力,操作稳定,塔顶产品质量提高,产量减小。在精馏操作中,常常规定操作压力的调节范围

2. 回流比控制

回流是保证精馏塔连续稳定操作的必要条件,回流液的多少对整个精馏塔的操作有很大影响。塔顶回流液的摩尔流量与馏出液的摩尔流量之比称为回流比,以 R 表示。

若塔顶蒸气经冷凝后,全部回流至塔内,这种方式称为"全回流"。此时,塔顶产物为0。通常这种情况下,既不向塔内进料,也不从塔内取出产品,此时回流比 $R=L/D\to\infty$。

适宜回流比的确定,一般通过经济核算来确定。回流比增加,相同的产量及质量要求所需的理论塔板数减少,可以减少设备费用;但同时回流量及上升蒸气量随之增大,塔顶冷凝器和再沸器的负荷随之增大,操作费用增加。回流比减小,相同的产量及质量要求所需的理论塔板数增加,而冷凝器、再沸器、冷却水用量和加热蒸汽消耗量都相应减少,操作费用减少,但是增加了设备成本。操作费用和设备折旧费用总和为最小时的回流比为适宜的回流比。

3. 压力控制

精馏塔的操作压力是由设计者根据工艺要求、经济效益等综合论证后确定的,生产运行中不能随意变动。

操作压力波动,将使每块塔板上气液相平衡关系发生变化。压力升高,组分间的相对挥发度降低,塔板提浓能力下降,分离效率下降。同时,压力升高后汽化困难,液相量增加,气相量减少,塔内气、液相负荷发生了变化,使得塔顶馏出液中易挥发组分浓度增加,但产量减少;釜液中易挥发组分浓度增加,釜液量也增加。严重时会造成塔内的物料平衡被破坏,影响精馏的正常进行。因此,生产运行中应尽量通过控制系统维持操作压力基本恒定。

大多数精馏塔的控制系统都是以恒定的塔操作压力为前提的,因此有时需要压力补偿。压力控制设计的基础是:以进、出塔的质量流量或热流量为操纵变量,即通过调节物料或能量平衡,可以实现对塔的压力控制。质量流量法是控制塔顶气体的蓄积量;而热流量法则是调节塔顶冷凝器的热通量。作为常压塔,对稳定性无严格要求和空气对分离物料无影响时,则不需对其进行压力控制,只需在回流罐上设置一通大气的放气口即可。另外，对于存在不凝气的微正压塔来说，也可只设置回流罐气相出口调节阀。

4. 温度控制

精馏塔的质量指标有直接指标和间接指标两种。直接质量指标控制就是对产品成分的分析控制，间接质量指标控制则是对温度的控制。温度控制具有成本低、动态响应灵敏和可靠性高等优点，从而使其在工业中得到了广泛应用。

当精馏过程受到外界干扰时，塔内不同塔板处的物料组成将发生变化，其相应的温度亦将改变。其中，塔内某些塔板处的温度对外界干扰的反应特别明显，即当操作条件发生变化时，这些塔板上的温度将发生显著变化，这种塔板称为灵敏板。采用灵敏板温度控制可以较好地控制产品的质量指标，精馏塔通过灵敏板进行温度控制的方法大致有以下几种。

(1) 精馏段温控　灵敏板取在精馏段的某层塔板处，称为精馏段温控。适用于对塔顶产品质量要求高或是气相进料的场合。调节手段是根据灵敏板温度，适当调节回流比。例如，灵敏板温度升高时，则反映塔顶产品组成下降，故此时发出信号适当增大回流比，使 x_D 上升至合格值时，灵敏板温度降至规定值。

(2) 提馏段温控　灵敏板取在提馏段的某层塔板处，称为提馏段温控。适用于对塔底产品要求高的场合或是液相进料时，其采用的调节手段是根据灵敏板温度，适当调节再沸器加热量。例如，当灵敏板温度下降时，则反映釜底液相组成 x_w 变大，釜底产品不合格，故发出信号适当增大再沸器的加热量，使釜温上升，以便保持 x_w 的规定值。

(3) 温差控制　当原料液中各组成的沸点相近，而对产品的纯度要求又较高时，不宜采用一般的温控方法，而应采用温差控制方法。温差控制是根据两板的温度变化总是比单一板上的温度变化范围要相对大得多的原理来设计的，采用此法易于保证产品纯度，又利于仪表的选择和使用。

5. 精馏过程的热平衡控制

精馏装置的能耗主要由塔底再沸器中的加热剂和塔顶冷凝器中冷却介质的消耗量所决定，两者用量可以通过对精馏塔进行热量衡算得出。

若原料液经过预热后使其带入的热量增加，则再沸器内加热剂的消耗量将减少。精馏过程中，除再沸器和冷凝器应严格符合热量平衡外，还必须注意整个精馏系统的热量平衡，即由精馏塔与这些换热器等组成的精馏系统是一个有机结合的整体，塔内某个参数的变化必然会反映到再沸器和冷凝器中。

四、精馏塔的事故判断和故障处理

1. 板式塔操作的不正常情况

精馏塔操作时，应有正常的气液负荷量，避免发生以下不正常的操作情况。

(1) 雾沫夹带　雾沫夹带是指板上液体被上升气体带入上一层塔板的现象。过多的雾沫夹带将导致塔板效率严重下降。为了保证板式塔能维持正常的操作，应控制雾沫夹带不超过 0.1kg（液体）/kg（气体）。影响雾沫夹带量的因素很多，最主要与气速和板间距有关，其程度随气速的增大和板间距的减小而增加。

(2) 气泡夹带　由于液体在降液管中停留时间过短，气泡来不及解脱，被液体带入下一层塔板的现象称为气泡夹带。气泡夹带使传质推动力减小，塔板效率降低。为避免严重的气泡夹带，工程上规定液体在降液管内应有足够的停留时间，一般不低于 5s。

（3）气体沿塔板的不均匀分布　从降液管流出的液体横跨塔板流动必须克服阻力，板上液面将出现位差，称为液面落差。液体流量越大，行程越大，液面落差越大。由于液面落差的存在，将导致气流的不均匀分布，液层阻力大处气量小，而液层阻力小处则气量大。气体不均匀分布对传质是不利因素。

（4）液体沿塔板的不均匀流动　液体从塔板一端流向另一端时，在塔板中央流体行程较短而直，阻力小流速大。在塔边缘部分，行程长而弯曲，又受到塔壁的牵制，阻力大流速小。因此，液流量在塔板上的分布是不均匀的。液流不均匀性所造成的总结果使塔板的物质传递量减少。为避免液体沿塔板流动严重不均，操作时一般要保证出口堰上液层高度不低于 6mm，否则宜采用上缘有锯齿型缺口的堰板。

2. 精馏塔的常见操作故障与处理方法

板式塔的常见操作故障与处理方法见表 3-24。

表 3-24　板式塔的常见操作故障与处理方法

故障现象	原　因	处理方法
漏液（板上液体经升气孔道流下）	①气速太小； ②板面上液面落差引起气流分布不均匀	①控制气体速度在漏液速度以上（漏液量达 10% 的气速）； ②在液层较厚，易出现漏液的塔板液体入口处，留出一条不开孔的区域（安定区）
液泛（整个塔内都充满液体）	①对一定的液体流量，气速过大； ②对一定的气体流量，液量过大； ③加热过于猛烈，气相负荷过高； ④降液管局部被垢物堵塞，液体下流不畅	①气速应控制在泛点气速之下； ②减小液相负荷； ③调整加热强度，加大采出量； ④减负荷运行或停车检修
加热强度不够	①蒸汽加热时压力低，冷凝水及不凝气排出不畅； ②液体介质加热时管路堵塞，温差不够	①提高蒸汽压力，及时排除冷凝水和不凝气； ②检修管路，提高液体介质温度
泵不上量	①过滤器堵塞； ②液面太低； ③出口阀开得过小； ④轻组分浓度过高	①检修过滤器； ②累积液相至合适液位； ③增大阀门开度； ④调整气液相负荷
塔压力超高	①加热过猛； ②冷却剂中断； ③压力表失灵； ④调节阀堵塞或调节阀开度漂移； ⑤排气管冻堵	①加大排气量，减少加热剂量； ②加大排气量，加大冷却剂量； ③更换压力表； ④加大排气量，调整阀门； ⑤检查疏通管路
塔压差升高	①负荷升高； ②液泛引起； ③堵塞造成气、液流动不畅	①减小进料量，降低负荷； ②按液泛处理方法处理； ③检查疏通

【练习与拓展】

1. 精馏操作的依据是什么？精馏与蒸馏有什么区别？

2. 连续精馏为什么必须回流？回流比的改变对精馏操作有何影响？

3. 精馏塔加料过高或偏低对精馏操作有什么影响？

4. 精馏塔塔釜液位过高可通过哪几种方法调至正常？

5. 精馏塔压力过高的原因是什么？可以通过哪些手段调节至正常？

项目3.6
填料吸收塔操作

任务1　填料吸收塔实训操作

一、考核要求

1. 能够按要求操作吸收塔，熟悉吸收塔各部件的结构和作用。
2. 能进行吸收生产操作，并达到规定的工艺要求和质量指标。
2. 能够及时发现和处理吸收操作过程中的常见故障。

二、实训装置

吸收解吸实训装置如图 3-51 所示。

图 3-51　吸收解吸实训装置

三、实训操作

1. 检查准备

（1）检查装置设备、管道、电气、仪表是否正常。

（2）检查各阀门开启位置是否合适，检查孔板流量计正压阀和负压阀是否均处于开启状态。打开贫液槽、富液槽、吸收塔、解吸塔的放空阀，关闭各设备排污阀。

（3）分别打开贫液槽和富液槽进水阀，往贫液槽与富液槽内加入清水，至液位到 1/2～2/3 处，关闭进水阀。

2. 开车

（1）打开电源总开关，相关仪表开关及监控界面。

（2）根据操作要求，由操作人员在现场开启相关阀门并打通流程。

（3）开启贫液泵进水阀，启动贫液泵，开启贫液泵出口阀，往吸收塔内送入吸收液；调节一定流量（如 $1m^3/h$），开启吸收塔排液阀，控制吸收塔（扩大段）液位在 1/3～2/3 处。

（4）开启富液泵进水阀，启动富液泵，开启富液泵出口阀，调节一定流量（如 $0.5m^3/h$），送入解吸塔内。

3. 正常操作

（1）调节富液泵、贫液泵出口流量趋于相等，调节整个系统液位、流量稳定。

（2）开启风机，打开风机出口阀、稳压罐出口阀，向吸收塔供气；逐渐调整至合适的出口风量（如 $2m^3/h$），通入 CO_2，并调节 CO_2 减压阀（压力$<0.1MPa$，流量 100L/h），配制成一定浓度的混合气体通往吸收塔内。

（3）调节吸收塔顶放空阀，控制塔内压力在 0～7kPa；通过吸收塔出口阀组调节吸收塔内液位处于某一稳定值。

（4）启动解吸风机，打开解吸塔气体调节阀，调节气体至合适流量（如 $4m^3/h$），缓慢开启风机出口阀，调节塔釜压力在 -7～0kPa，控制液位稳定。

（5）系统稳定运行 0.5h 后，对吸收塔进口、出口和解吸塔出口气相组分进行取样分析，视分析结果调整系统，控制吸收塔出口气相产品质量。

（6）分别对吸收塔和解吸塔进行液泛试验。当系统液相运行稳定后，加大气相流量，直至液泛现象发生，观察液泛点时的气液流动状态，并记录液泛点时的空气流量及塔顶、塔底压力。

4. 停车

（1）关闭 CO_2 气体钢瓶。

（2）关闭贫液泵出口阀，停贫液泵；关闭富液泵出口阀，停富液泵。

（3）停吸收风机与解吸风机。

（4）打开系统排污阀，把系统内的水排尽。

（5）切断电源，把相关阀门及仪表恢复到初始状态。

四、考核标准

填料吸收塔操作项目考核标准见表 3-25。

表 3-25　填料吸收塔操作项目考核表

考核内容	考核要点	配分	扣分	扣分原因	得分
检查准备	检查设备、管道、电气、仪表	5			
	检查各阀门开启位置合适	5			
	往贫液槽与富液槽内加水至合适液位	5			
开车	开电源、仪表开关及监控界面，开启相关阀门并打通流程	5			
	开贫液泵往吸收塔内送液，调节流量，控制液位	5			
	开启富液泵往解吸塔内送液，调节流量合适	5			

考核内容	考核要点	配分	扣分	扣分原因	得分
正常运行	调节富液泵、贫液泵出口流量趋于相等，整个系统液位、流量稳定	5			
	开启风机向吸收塔供气，调整至合适的出口风量、风压	5			
	调节塔顶放空阀，控制塔内压力在 0～7kPa，通过出口阀组调节塔内液位处于稳定值	5			
	启动解吸风机，调节合适流量，调节塔釜压力在－7～0kPa，控制液位稳定	5			
	取样分析，并根据分析结果调整系统，控制吸收塔出口产品质量	5			
	液泛试验，观察液泛点时的气液流动状态，并记录数据	5			
停车	关闭 CO_2 气体钢瓶，停贫液泵，停富液泵	5			
	停吸收风机与解吸风机	5			
	打开系统排污阀排液，把阀门及仪表恢复到初始状态	5			
职业素质	操作安全规范	5			
	团队配合合理有序	5			
	现场管理文明安全	5			
实训报告	书写认真规范	5			
	数据真实可靠	5			
考评员签字		考核日期		合计得分	

任务 2 吸收解吸仿真操作

一、操作目标

1. 能正确标识阀门、仪表、各种设备的位号及作用，能识读带控制点的工艺流程图。

2. 学会吸收解吸系统正确的开车、停车的操作方法，了解相应的操作原理。

3. 熟悉吸收解吸系统正常运行的操作参数及相互影响关系，了解吸收过程的动态特性。

4. 能正确分析吸收解吸系统操作常见事故产生的原因，学会常见事故的判断及处理方法。

二、工艺流程及设备

1. 工艺流程

带控制点的工艺流程如图 3-52 所示，仿 DCS 流程如图 3-53、图 3-55 所示，仿现场流程如图 3-54、图 3-56 所示。

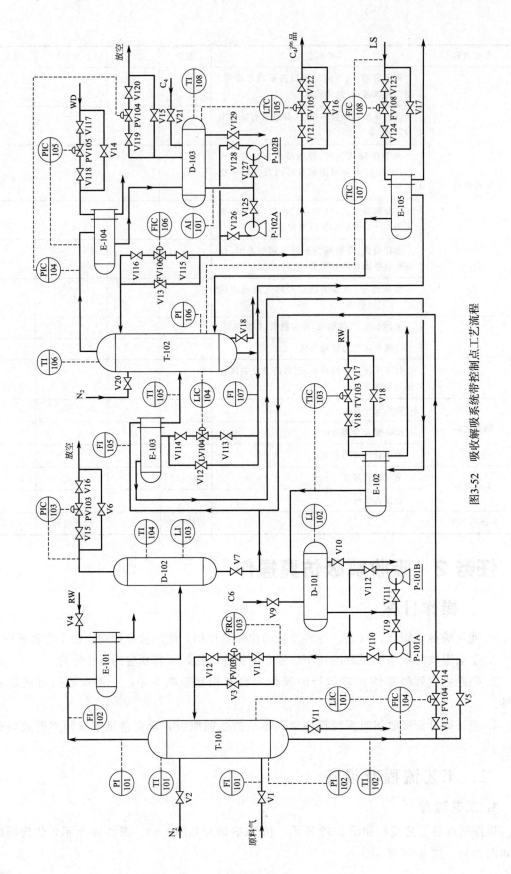

图3-52 吸收解吸系统带控制点工艺流程

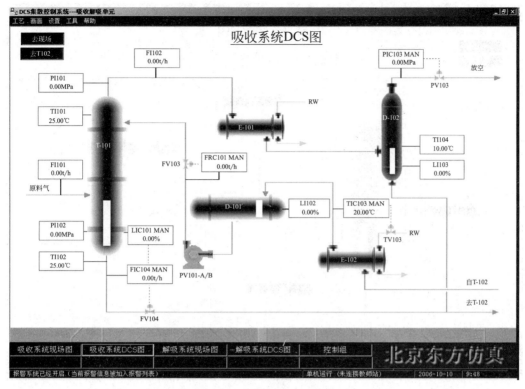

图 3-53 吸收系统 DCS 界面

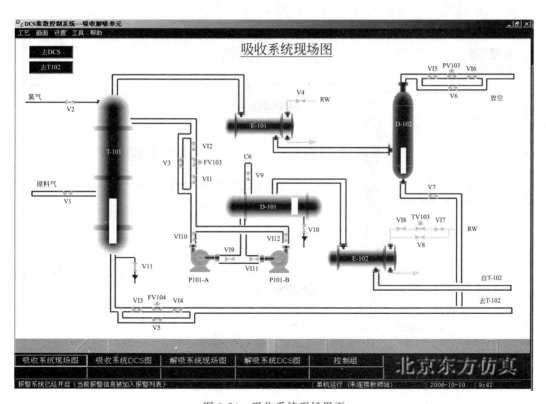

图 3-54 吸收系统现场界面

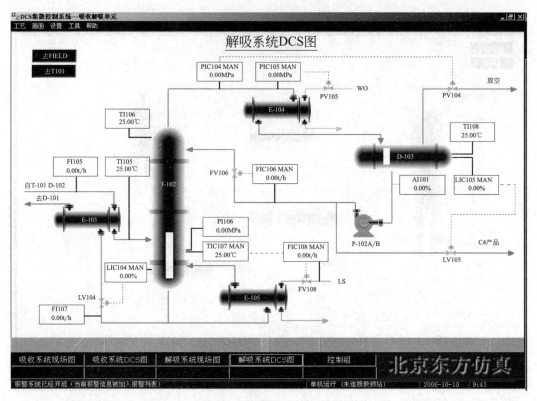

图 3-55　解吸系统 DCS 界面

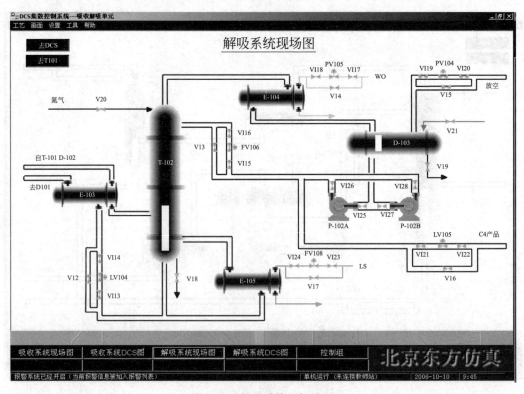

图 3-56　解吸系统现场界面

吸收系统：来自系统外的原料气（富气，其中 C_4 25.13%，CO 和 CO_2 6.26%，N_2 64.58%，H_2 3.5%，O_2 0.53%）由进料阀 V1 控制流量从吸收塔 T-101 底部进入，与自上而下的贫油（C_6 油）逆向接触，将原料气中的 C_4 组分吸收下来，富油（C_4 占 8.2%，C_6 占 91.8%）从塔釜排出，经贫富油换热器 E-103 预热至 80℃，进入解吸塔。调节器 LIC101 和 FIC104 构成串级控制回路，通过调节塔釜富油采出量来实现对吸收塔塔釜液位的控制。未被吸收的气体由 T-101 塔顶排出，经吸收塔塔顶盐水冷凝器 E-101 被 -4℃ 的盐水冷却至 2℃ 后进入尾气分离罐 D-102 回收冷凝液，被冷凝下来的 C_6 油和 C_4 组分经出口阀 V7 与吸收塔塔釜的富油一起进入解吸塔，不凝气在 PIC102 控制下排入放空总管，D-102 压力控制在 1.2MPa。

贫油由 C_6 油贮罐 D-101 经泵 P-101A/B 打入吸收塔 T-101，贫油流量由调节器 FRC103 控制（13.5t/h）。C_6 油贮罐中的贫油在吸收解吸系统中循环（大多数是在开车时由系统外一次供给的，正常运行时只补充少量）。

解吸系统：经预热到 80℃ 的富油进入解吸塔 T-102 进行解吸分离。解吸分离出的气体（C_4 组分占 95%）出塔顶，经全冷器 E-104 换热降温至 40℃，全部冷凝进入回流罐 D-103，经回流泵 P-102A/B 抽出，一部分打回流至解吸塔顶部，由 FIC106 控制回流量为 8.0t/h；另一部分作为 C_4 产品，在液位控制器 LIC105 控制流量后出系统。解吸塔釜的 C_6 油（C_6 占 98.8%）在液位控制器 LIC104 控制下，经贫富油换热器 E-103、盐水冷却器 E-102 降温至 5℃ 返回至 C_6 油贮罐 D-101 循环使用。返回 D-101 的 C_6 油温度由温度控制器 TIC103 通过调节 E-102 循环冷冻盐水流量来控制。T-102 塔釜温度由 TIC107 和 FIC108 构成串级控制回路，通过调节塔釜再沸器 E-105 的蒸汽流量（3.0t/h）来实现，控制温度为 102℃。塔顶压力由调节器 PIC104 和 PIC105 共同控制在 0.5MPa，PIC104 起到一个压力保护控制器的作用，当 T-102 塔顶压力超高时，它可打开回流罐 D-103 顶的调节阀 PV104 放空降压，而 PIC105 则主要通过调节塔顶冷凝器 E-104 的冷却水流量来调整塔 T-102 塔顶压力。

由于塔顶 C_4 产品中会含有部分 C_6 油，及因其他原因会造成 C_6 油损失，所以随着生产的进行，要定期向罐 D-101 补充新鲜 C_6 油。

2. 设备一览

T-101：吸收塔；D-101：C_6 油贮罐；D-102：气液分离罐；E-101：吸收塔顶冷凝器；E-102：循环油冷却器；P-101A/B：C_6 油供给泵；T-102：解吸塔；D-103：解吸塔顶回流罐；E-103：贫富油换热器；E-104：解吸塔顶冷凝器；E-105：解吸塔釜再沸器；P-102A/B：解吸塔顶回流、塔顶产品采出泵。

三、控制方案

吸收解吸单元复杂控制回路主要是串级回路的使用，在吸收塔、解吸塔和产品罐中都使用了液位与流量串级回路。

串级回路：是在简单调节系统基础上发展起来的。在结构上，串级回路调节系统有两个闭合回路。主、副调节器串联，主调节器的输出为副调节器的给定值，系统通过副调节器的输出操纵调节阀动作，实现对主参数的定值调节。所以在串级回路调节系统中，主回路是定值调节系统，副回路是随动系统。例如：在吸收塔 T101 中，为了保证液位的稳定，有一塔釜液位与塔釜出料组成的串级回路。液位调节器的输出同时是流量调节器的给定值，即流量调节器 FIC104 的 SP 值由液位调节器 LIC101 的输出 OP 值控制，LIC101.OP 的变化使 FIC104.SP 产生相应的变化。

四、操作规程

1. 正常工况操作参数

（1）吸收塔顶压力控制 PIC103：1.20MPa（表压）；解吸塔顶压力控制 PIC105：0.50MPa（表压）。

（2）吸收油温度控制 TIC103：5.0℃；解吸塔顶温度：51.0℃；解吸塔釜温度控制 TIC107：102.0℃。

2. 冷态开车

开车准备 → 充压 → 进吸收油 → C_6油冷循环 → 进C_4油 → C_6油热循环 → 进富气调工艺参数

（1）进料及排放不凝气　确认本装置处于常温、常压氮吹扫完毕后的氮封状态，所有阀门、机泵处于关停状态，所有调节器置为手动，调节阀和现场阀处于关闭状态（软件中已省略，但实际工作中应完成相关准备）。

（2）充压　打开吸收塔 T-101 的 N_2 充压阀 V2，给吸收系统充压至塔顶压力 PI101 为 1.0MPa 左右时，关闭 V2；打开解吸塔 T-102 的 N_2 充压阀 V20，给解吸系统充压至塔顶压力 PI104 为 0.5MPa 左右时，关闭 V20。

（3）进吸收油

① 打开 C_6 贮罐 D-101 的进料阀 V9 至开度 50% 左右，向 D-101 充 C_6 油至液位 LI102 大于 50% 时，关闭 V9；按正确操作步骤依次启动 C_6 油泵 P-101A、打开调节阀 FV103（开度 30% 左右），向吸收塔 T-101 充 C_6 油，D-101 液位保持在 60% 左右，必要时补充新 C_6 油。

② T-101 液位 LIC101 升至 50% 以上，按正确操作打开调节阀 FIC104（开度 50% 左右），给解吸塔 T-102 进吸收油；调节 FV103 和 FV104 的开度，使 T-101 液位在 50% 左右。

（4）C_6 油冷循环

① 贮罐、吸收塔、解吸塔液位 50% 左右，吸收塔系统与解吸塔系统保持合适压差；手动逐渐打开调节阀 LV104，向 D-101 倒油；同时逐渐调整 FV104，以保持 T-102 液位在 50% 左右，将 LIC104 设定在 50% 投自动。

② 由 T-101 至 T-102 油循环时，手动调节 FV103 以保持 T-101 液位在 50% 左右，将 LIC101 设定在 50% 投自动；LIC101 稳定在 50% 后，将 FIC104 投串级；手动调节 FV103，使 FRC103 保持在 13.50t/h，投自动，冷循环 10min。

（5）T-102 回流罐 D-103 灌 C_4　打开 V21 向 D-103 灌 C_4 至液位为 20%。

（6）C_6 油热循环

① 确认冷循环过程已经结束，D-103 液位 > 40% 后，打开调节阀 TV103；设定

TIC103 于 5℃，投自动。

② 手动打开 PV105 至 70%，控制塔压；手动打开 FV108 至 50%，开始给 T-102 加热；手动打开 PV104，控制塔压在 0.5MPa；随着 T-102 塔釜温度 TIC107 逐渐升高，C_6 油开始汽化，并在 E-104 中冷凝至回流罐 D-103。

③ 当 TI106>45℃时，按正常操作启动泵 P-102A/B，打开 FV106 的前后阀，手动打开 FV106 至合适开度，维持塔顶温度高于 51℃；当 TIC107 温度指示达到 102℃时，将 TIC107 设定在 102℃投自动，TIC107 和 FIC108 投串级；热循环 10min。

（7）进富气并调整工艺参数

① 确认 C_6 油热循环已经建立，打开 V4 阀，启用冷凝气 E-101；逐渐打开富气进料阀 V1，开始富气进料。

② 手动调节 PIC103 使压力恒定在 1.2MPa（表压），当富气进料达到正常值后，设定 PIC103 于 1.2MPa（表压），投自动；当压力稳定后，将 PIC105 投自动，设定值为 0.5MPa；PIC104 投自动，设定值为 0.55MPa；当 T-102 温度、压力控制稳定后，手动调节 FIC106 使回流量达到 8.0t/h，投自动。

③ 观察 D-103 液位，液位高于 50%时，打开 LIV105 的前后阀，手动调节 LIC105 维持液位在 50%，投自动；将所有操作指标逐渐调整到正常状态。

3. 正常停车

（1）停富气进料及 C_4 产品出料 关富气进料阀 V1，停富气进料；按正常操作关闭调节器 LIC105，手动调节 PIC103，维持 T-101 压力>1.0MPa（表压）；手动调节 PIC105 维持 T-102 塔压力在 0.20MPa（表压）左右；维持 T-101→T-102→D-101 的 C_6 油循环。

（2）停 C_6 油进料 按正常步骤停 C_6 油泵 P-101A/B，FRC103 置手动，关 FV103 阀，关 FV103 前后阀，停 T-101 油进料；维持 T-101 压力≥1.0MPa，如果压力太低，打开 V2 充压。

（3）吸收塔系统泄油

① 将 FIC104 解除串级置手动状态，FV104 开度保持 50%，向 T-102 泄油；当 LIC101 液位降至 0%时，按正常操作关闭调节器 FIC104。

② 打开 V7 阀，将 D-102 中的凝液排至 T-102 中；当 D-102 液位指示降至 0%时，关 V7 阀；关 V4 阀，中断盐水，停 E-101。

③ 手动打开 PV103（开度>10%），吸收塔系统泄压；当 PI101 为 0 时，按正常操作关闭调节器 PIC103。

（4）解吸塔降温 TIC107 和 FIC108 置手动，按正常操作关闭 E-105 调节器 FIC108、再沸器 E-105；手动调节 PIC105 和 PIC104，保持解吸系统的压力（0.2MPa）。

（5）解吸塔停回流 当 D-103 液位 LIC105 小于 10%时，按正常步骤停回流泵 P-102A/B；手动关闭 FV106 及其前后阀，停 T-102 回流；打开 D-103 泄液阀 V19（开度>10%）；当 D-103 液位指示下降至 0%时，关 V19 阀。

（6）解吸塔泄油泄压

① 手动置 LV104 于 50%，将 T-102 中的油倒入 D-101，当 T-102 液位 LIC104 下降至 10% 时，按正常操作关闭 LIC104；按正常操作关闭 TIC103，停 E-102。

② 打开 T-102 泄油阀 V18（开度>10%），T-102 液位 LIC104 下降至 0 时，关 V18；手动打开 PV104 至开度 50%，开始 T-102 系统泄压；当 T-102 系统压力降至常压时，关闭 PV104。

（7）吸收油贮罐 D-101 排油　当停 T-101 吸收油进料后，D-101 液位必然上升，此时打开 D-101 排油阀 V10 排污油，直至 T-102 中油倒空，D-101 液位下降至 0，关 V10。

4. 事故处理

吸收解吸仿真操作常见事故及处理方法见表 3-26。

表 3-26　吸收解吸仿真操作常见事故及处理方法

事故名称	事故现象	处理方法
冷却水中断	冷却水流量为 0,解吸塔顶温度和压力持续升高	①手动打开调节阀 PV104,保压; ②手动关调节阀 FV108,停用再沸器 E-105; ③手动关富气进料阀 V1,停止进料; ④手动关闭调节阀 PV105 和调节阀 PV103,保压; ⑤手动关闭调节阀 FV104,停 T-102 进富油; ⑥手动关闭调节阀 LV105,停 C₄ 出产品; ⑦手动关闭调节阀 FV106,停 T-101 贫油进料; ⑧手动关闭调节阀 FV106,并停泵 P-102A/B,停 T-10回流; ⑨手动关闭调节阀 LV104 前后阀,保持液位; ⑩故障解除后,按热态开车操作
加热蒸汽中断	加热蒸汽入口流量为 0,塔釜温度急剧下降,在自动控制状态下加热蒸汽流量调节阀 FV108 持续开大	①关 V1 阀,停止进料; ②手动关闭调节阀 FV106,并停回流泵 P-102A/B,停 T-102 回流; ③手动关闭调节阀 LV105,停 D-103 产品出料; ④手动关闭调节阀 FV104,停 T-102 进料; ⑤手动关闭调节阀 FV103,并停泵 P-101A/B,保持 T-101液位; ⑥手动关闭调节阀 PV103,保压; ⑦手动关闭调节阀 LIC104,保持 'I'-102 液位; ⑧手动关闭调节阀 FV108,停用再沸器 E-105; ⑨手动关闭 V4 阀和调节阀 TV103、PV105,关冷却冷凝系统; ⑩故障解除后,按热态开车操作
仪表风中断	各调节阀全开或全关,不可调	依次打开旁路阀 V3、V5、V6、V8、V12、V13、V14、V15、V16、V17
停电	泵 P-101A/B、P-102A/B 停,FIC103 和 FIC106 的流量均为 0	①停 P-101A,先关泵后阀,再关泵前阀; ②开启 P-101B,先开泵前阀,再开泵后阀; ③由 FRC-103 调至正常值,并投自动
P-101A 泵坏	FRC103 流量降为 0,塔顶温度、压力上升,釜液位下降	①停 P-101A,先关泵后阀,再关泵前阀; ②开启 P-101B,先开泵前阀,再开泵后阀; ③由 FRC-103 调至正常值,并投自动
LIC104 调节阀卡	FI107 降至 0,塔釜液位上升,并可能报警	关 LIC104 前后阀 VI13、VI14;开 LIC104 旁路阀 V12 至 60% 左右;调整旁路阀 V12 开度,使液位保持 50%

事故名称	事故现象	处理方法
再沸器 E-105 结垢严重	调节阀 FIC108 开度增大；加热蒸汽入口流量增大；塔釜温度下降，塔顶温度也下降，塔釜 C_4 组成上升	关闭富气进料阀 V1；手动关闭产品出料阀 LIC102；手动关闭再沸器后，清洗换热器 E-105
解吸塔釜加热蒸汽压力高	解吸塔釜、塔顶温度升高，压力增大	将 FIC108 设为手动模式，开小 FV108，当 TIC107 稳定在 102℃ 左右时，将 FIC108 设为串级模式
解吸塔釜加热蒸汽压力低	解吸塔釜、塔顶温度降低，压力减小	将 FIC108 设为手动模式，开大 FV108，当 TIC107 稳定在 102℃ 左右时，将 FIC108 设为串级模式
解吸塔超压	解吸塔塔顶压力升高	开大 PV105；将 PIC104 设为手动模式，调节使塔顶压力稳定在 0.5MPa；再将 PIC105 设为自动模式，设定值为 0.5MPa；将 PIC104 设为自动模式，设定值为 0.55MPa
吸收塔超压	吸收塔塔顶压力升高	①关小原料气进料阀 V1，使吸收塔塔顶压力 PI101 稳定在 1.22MPa 左右；②将 PIC103 设定为手动模式；③调节 PV103 以使吸收塔塔顶压力 PI101 稳定在 1.22MPa；④将原料气进料阀 V1 置为 50％；⑤当 PI101 稳定在 1.22MPa 后，将 PIC103 设为自动模式；⑥将 PIC103 设为 1.2MPa
解吸塔塔釜温度指示不变	塔釜温度指示值不变	①将 FIC108 设为手动模式，手动调整 FV108；②将 LIC104 设为手动模式，手动调整 LV104；③待 LIC104 稳定在 50％ 左右后，将 LIC104 投自动

【相关知识】

一、吸收与解吸基本知识

1. 吸收的概念

吸收是分离气体混合物的单元操作，它是利用混合气中各组分的溶解度不同而将气体混合物分离的操作。工业上利用吸收操作可以制取溶液，分离气体混合物，除去气体中有害的杂质，或回收气体混合物中有用组分等。

工业上的吸收过程一般包括吸收和解吸两个部分。吸收是利用适当的溶剂将气体混合物中的某组分吸收；解吸是吸收的逆过程，是将溶质从吸收后的溶液中分离出来。

吸收过程所用的溶剂称为吸收剂，混合气中能被溶剂吸收的组分称为吸收质或溶质，混合气中不能被溶剂吸收的组分称为惰性气。

2. 吸收原理

吸收是气、液两相之间的传质过程，该过程进行的方向是趋于相平衡，过程的极限是气、液两相达到平衡。简单来讲，气、液两相达到平衡就是指气相在液相中溶解达到饱和。

气相或液相的实际组成与相应条件下的平衡组成的差值称为吸收过程的传质推动力。

吸收推动力越大，吸收越容易进行，越有利于吸收操作。

吸收推动力的表示式为

$$\Delta Y = Y_A - Y_A^* \qquad\qquad (3-29)$$

$$\Delta X = X_A^* - X_A \qquad\qquad (3-30)$$

式中　Y_A，X_A——气相、液相的实际组成；

　　　Y_A^*，X_A^*——气相、液相的平衡组成。

吸收是气相中的吸收质经过吸收操作转入到液相中去的一个传质过程，这个过程可以用双膜理论来解释。双膜理论的模型示意图如图 3-57 所示。

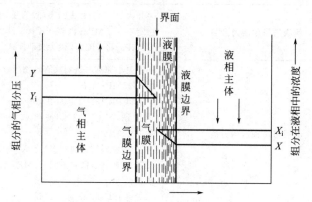

图 3-57　气体吸收双膜理论模型

双膜理论的基本要点如下：

（1）直接接触的气液两相接触处，存在一个稳定的分界面，界面两侧分别存在两个很薄的流体膜——气膜和液膜。流体在膜内作层流流动，吸收质以分子扩散方式通过此两层膜。

（2）界面上吸收质从气相转入到液相，不存在传质阻力，即在界面处气相浓度 Y_i 和液相浓度 X_i 互成平衡。

（3）在气液两相主体中，由于流体充分湍动混合，吸收质浓度均匀，没有浓度差，也没有传质阻力和扩散阻力，浓度差全部集中在两个膜层中，即阻力集中在两膜层中。

根据双膜理论，吸收过程简化成为经过气液两膜的分子扩散过程，吸收过程的主要阻力集中于这两层膜中，膜层之外的阻力忽略不计，吸收过程的推动力主要来源于气相的分压差和液相的浓度差。

3. 吸收速率

单位时间内通过单位传质面积的吸收质的量称为吸收速率。吸收速率与传质推动力成正比，与传质阻力成反比。

对易溶气体，阻力主要集中在气膜内，气膜阻力控制着整个过程的吸收速率，称"气膜控制"。对难溶气体，阻力主要集中在液膜内，液膜阻力控制着整个过程的吸收速率，称"液膜控制"。

提高吸收速率的措施主要有以下几种：

（1）减小双膜厚度　对气膜控制的吸收过程，要增大气速，增加气体总压；对液膜控制的吸收过程，要增大液体的流速，使液体强烈地搅动。

（2）增大吸收推动力　采用溶解度大的吸收剂、降低吸收温度、增加压力。

（3）增大气液接触面积　增大气、液体的分散度，选用高效填料。

4. 全塔物料衡算

图 3-58 所示为一个稳定操作下的逆流接触吸收塔。塔底截面用 1-1 表示，塔顶截面用 2-2 表示，塔中任一截面用 $m\text{-}m$ 表示。

图中各符号意义如下：

V——惰性气的摩尔流量，kmol/h；

L——吸收剂的摩尔流量，kmol/h；

Y_1，Y_2——分别为进塔、出塔气相中吸收质的物质的量比；

X_1，X_2——分别为出塔和进塔液相中吸收质的物质的量比。

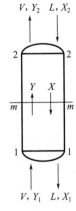

图 3-58　逆流吸收塔示意图

在稳定操作条件下，V 和 L 的量没有变化；气相从进塔到出塔，吸收质的浓度逐渐减小；而液相从进塔到出塔，吸收质的浓度是逐渐增大的。在无物料损失时，单位时间内进塔物料中溶质 A 的量等于出塔物料中溶质 A 的量，或气相中溶质 A 减少的量等于液相中溶质 A 增加的量，即

$$VY_1 + LX_2 = VY_2 + LX_1 \tag{3-31}$$

或
$$V(Y_1 - Y_2) = L(X_1 - X_2) \tag{3-31a}$$

一般吸收操作中，进塔混合气的组成 Y_1 和惰性气体流量 V 是由吸收任务给定的，吸收剂初始浓度 X_2 和流量 L 则根据生产工艺确定。如果吸收率（溶质回收率）η 也确定，则气体离开塔的组成 Y_2 也是定值：

$$Y_2 = Y_1(1 - \eta) \tag{3-32}$$

式中　η——吸收率，即混合气体中溶质 A 被吸收的百分数。

$$\eta = \frac{V(Y_1 - Y_2)}{VY_1} = 1 - \frac{Y_2}{Y_1} \tag{3-33}$$

这样，通过全塔物料衡算式(3-31a)，便可求得塔底排出吸收液的组成 X_1。

二、吸收操作流程

1. 吸收

以煤气脱苯为例，说明吸收操作的流程，如图 3-59 所示。

在炼焦及制取城市煤气的过程中，焦炉煤气内含有少量苯及甲苯等蒸气（约 35g/m³）应予回收利用。所用的吸收剂为煤焦油的精制品称为洗油。含苯煤气由吸收塔底部进入，洗油从塔顶淋入，气液逆流接触传质，煤气中的苯蒸气溶解入洗油，使塔顶尾气的苯含量降至允许值（2g/m³），而溶有较多苯的洗油（富油）从塔底排出。

为取出富油中的苯，并使洗油再生，在另一解吸塔中进行解吸。先将富油预热至 170℃ 左右，再由解吸塔顶淋下，塔底通入过热水蒸气，洗油中的苯高温下逸出被水蒸气带走，经冷凝后分出水得到粗苯。而再生后的洗油（贫油）经降温后可回吸收塔循环使用。

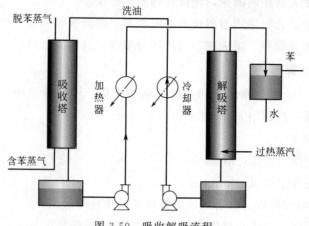

图 3-59　吸收解吸流程

2. 解吸

解吸与吸收相反，是将已被吸收的吸收质气体从液相脱吸，重新返回至气相的过程。解吸的目的有两个：一是获得所需较纯的气体溶质；二是使溶剂得以再生，返回吸收塔循环使用，节省操作费用。

在吸收塔中吸收剂从塔顶送入，随着操作的进行，溶液的浓度逐渐增加，最后从塔底排出。在解吸操作中，溶液从塔顶进入，随着操作的进行，溶液的浓度不断减小。

由于解吸是吸收的反过程，因此不利于吸收的因素均有利于解吸。提高温度、降低操作压力均有利于解吸。因此解吸过程中常将溶液加热，并常在减压下进行。

常用的解吸方法较多，最常用的是惰性气体解吸和水蒸气解吸法。

惰性气体解吸法是使惰性气体与含吸收质的溶液在解吸塔中作逆流接触，溶液中的吸收质脱吸进入惰性气体中，并从塔顶排出，解吸后的吸收剂从塔底引出。应用惰性气体解吸法主要是为了吸收剂的回收利用，并不能获得纯净的吸收质气体。

若用水蒸气解吸法解吸不溶于水的吸收质，则从塔顶引出的混合气经冷凝后便可把水除去而获得纯净的吸收质。如汽油从焦炉气中吸收苯、甲苯后形成溶液，经过水蒸气解吸，便可把苯、甲苯从冷凝器中分离出来。

三、吸收塔的类型与结构

化工生产中最常用的吸收设备是吸收塔，目前最常用的吸收塔是填料塔。填料塔具有生产能力大、分离效率高、压降小、持液量小、操作弹性大等优点。

1. 填料塔的结构

填料塔是以塔内的填料作为气液两相间接触构件的传质设备，如图 3-60 所示。

填料塔的塔身是一直立式圆筒，底部装有填料支承板，填料以乱堆或整砌的方式放置在支承板上。填料的上方安装填料压板，以防被上升气流吹动。液体从塔顶经液体分布器喷淋到填料上，并沿填料表面流下。气体从塔底送入，经气体分布装置分布后，与液体呈逆流连续通过填料层的空隙，在填料表面上，气液两相密切接触进行传质。当填料层较高时，需要进行分段，中间还设置液体再分布装置，以改善壁流现象。

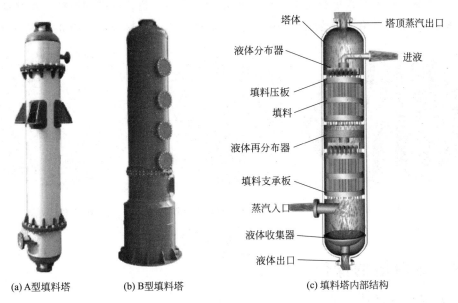

(a) A型填料塔　　　　(b) B型填料塔　　　　(c) 填料塔内部结构

图 3-60　填料塔的外形与内部结构

　　填料塔属于连续接触式气液传质设备,两相组成沿塔高连续变化,在正常操作状态下,气相为连续相,液相为分散相。

2. 填料的类型

　　填料的种类很多,根据装填方式的不同,可分为散装填料和规整填料。

　　(1) 散装填料　散装填料是一个个具有一定几何形状和尺寸的颗粒体,一般以随机的方式堆积在塔内,又称为乱堆填料或颗粒填料。散装填料根据结构特点不同,又可分为环形填料、鞍形填料、环鞍形填料及球形填料等,如图 3-61 所示。

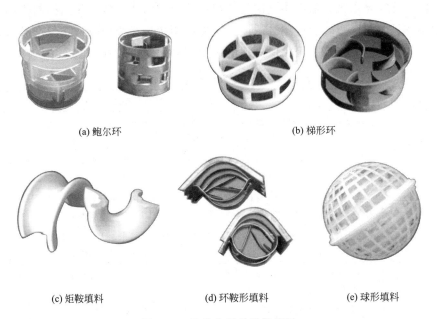

(a) 鲍尔环　　　　　　　　　　　　(b) 梯形环

(c) 矩鞍填料　　　　(d) 环鞍形填料　　　　(e) 球形填料

图 3-61　几种典型的散装填料

（2）规整填料　规整填料是按一定的几何构型排列，整齐堆砌的填料。规整填料种类很多，根据其几何结构可分为格栅填料、波纹填料、脉冲填料等，如图3-62所示。

(a) 格栅填料　　　　　　　(b) 金属丝网波纹填料　　　　　　(c) 陶瓷波纹填料

图3-62　几种规整填料

四、吸收塔的操作

1. 吸收剂的选择

在选择吸收剂时主要考虑以下几点：

（1）溶解能力大，单位体积的吸收剂可溶解的吸收质多；

（2）具有良好的选择性；

（3）不具挥发性；

（4）容易再生；

（5）吸收剂黏度要低，不易发泡；

（6）既经济又安全，价廉、易得、无毒、不易燃烧、化学性能稳定。

2. 吸收塔操作的主要控制因素

吸收操作往往是以吸收后的尾气浓度或出塔溶液中溶质的浓度作为控制指标。当以净化气体为操作目的时，吸收后的尾气浓度为主要控制指标；当吸收液作为产品时，出塔溶液的浓度作为主要控制指标。吸收塔操作的主要控制因素见表3-27。

表3-27　吸收塔操作的主要控制因素

控制因素	对吸收操作的影响情况
操作温度	温度越低,气体溶解度越大,吸收率越高;但温度升高,吸收率下降,尾气中溶质浓度升高,气体出口处液体夹带量增加,出口气体分离负荷增加
操作压力	提高操作压力有利于吸收操作,实际操作压力主要由原料气组成、工艺要求的气体净化程度和前后工序的操作压力来决定
吸收剂用量	吸收剂用量过小,填料表面润湿不充分,气、液两相接触不充分,吸收效率下降。吸收剂用量越大,气、液接触面积越大,吸收率提高,但吸收剂用量加大,会加大溶剂再生的负荷
吸收剂中吸收质浓度	对于吸收剂循环使用的过程,吸收剂中溶质浓度会越来越大,吸收推动力会越来越小,尾气中溶质浓度相应增大,影响分离效果。故当入塔吸收剂达到一定浓度时,需对系统做一定调整
气流速度	气速大使气、液膜变薄,减少了气体向液体扩散的阻力,有利于吸收。但气速过大会造成液泛、雾沫夹带或气液接触不良等现象,影响生产
液位	液位过低,会造成气体串到后面低压设备引起超压,或发生溶液泵抽空现象;液位过高,则会造成出口气体带液,影响后工序安全运行

3. 吸收操作中常见的故障与处理

吸收操作中常见的事故现象与处理措施见表 3-28。

表 3-28　吸收塔操作常见故障与处理措施

故障现象	故障原因	处理措施
液泛（淹塔）	当操作负荷大幅波动，填料层中累积液体量太多时，液相由分散相变为连续相，而气相则由连续相变为分散相，此时气体呈气泡形式通过液层，气体夹带雾沫过多，液体被大量带出塔顶，塔的操作极不稳定	严格控制工艺参数，保持系统操作平稳，尽量减轻负荷波动，使工艺变化在装置许可的范围内
溶液起泡	吸收溶液随运转时间的增加，由于一些表面活性剂的作用会形成泡沫，泡沫的积累使气体带液量增大，甚至发生液泛使系统不能正常工作	可采用高效机械过滤辅以活性炭过滤，或向溶液中加消泡剂解决
塔阻力升高	吸收塔阻力通常在正常操作条件下基本稳定，并在很小的范围内波动，当溶液起泡或填料层破碎、腐蚀的填料或其他杂质堵塞等，会影响溶液流通，引起阻力升高	溶液起泡的处理按前面所述；对于填料破碎或机械杂质等引起的堵塞，可以降低负荷，调整参数，必要时停车清理或更换填料

【练习与拓展】

1. 吸收操作与蒸馏操作有什么异同点？

2. 温度和压力变化对吸收塔操作有什么影响？

3. 什么样的操作条件对吸收过程更有利？怎样根据双膜理论来控制吸收操作条件？

4. 操作时若发现富油无法进入吸收塔，可能是由哪些原因导致的？应如何调整？

5. 填料塔的液泛与哪些因素有关，发生液泛后应如何处理？

*项目3.7
流化床干燥器操作

任务　流化床干燥器实训操作

一、考核要求

1. 能够熟练进行流化床干燥器的开车、正常运行及停车操作。

2. 熟悉干燥设备的类型及选用。

3. 能够熟练判断流化床干燥器的常见故障，并能正确排除。

二、实训装置

流化床干燥实训装置如图 3-63 所示。

三、实训操作

1. 检查准备

（1）检查装置设备、管道、仪表是否正常。

图 3-63　流化床干燥实训装置

（2）检查各阀门开启位置是否合适，确认放空系统正常。

（3）打开电源总开关，相关仪表开关及监控界面。

（4）取一定量相对密度为 1.0～1.2 料径为 1～2mm 的固体物料（如小米，5～8kg），加水配制成湿含量为 20％～30％的湿物料。

2. 开车

（1）根据操作要求，由操作人员在现场开启相关阀门并打通流程。

（2）将适当湿度的湿物料加入加料器内。

（3）启动鼓风机，通过手动或自动方式调节一定空气流量（如 80～120m³/h）。

（4）打开电加热器，调节加热功率使空气温度缓慢上升至 70～80℃，并趋于稳定。

（5）微开放空阀，打开循环风机进气阀、出口阀、循环调节阀，打通循环回路。启动循环风机，通过风机出口压力调节阀控制风机出口压力为 4～5kPa。

3. 正常运行

（1）当系统条件达到实验要求，热风温度稳定，循环气体流量稳定后，打开加料机，调节一定开度向流化床加料。

（2）调节各床层进气阀开度和循环风机压力，使床层温度稳定在 55℃。

（3）观察流化床床层物料状态和厚度，根据物料干燥状况适时出料。

（4）经常检查卸出的物料有无结块，观察干燥器内物料面的沸腾情况，调节进风量和风压大小。

（5）对出口物料进行取样分析，检验产品干湿度是否合格。根据分析结果调整风量和加热器温度。

4. 停车

（1）停止投料，确认无出料后再关闭加热器。

（2）打开放空阀，关闭循环风机进、出口阀，停循环风机。

（3）当加热器出口温度降至 50℃ 以下时，关闭各床层进气阀，停鼓风机，切断总电源。

（4）清理流化床、粉尘接收器内残留物料；把相关阀门及仪表恢复到初始状态。

四、考核标准

流化床干燥器操作项目考核标准见表 3-29。

表 3-29　流化床干燥器操作项目考核表

考核内容	考核要点	配分	扣分	扣分原因	得分
检查准备	检查装置设备、管道、仪表，检查阀门开启，检查放空系统	5			
	开电源开关、仪表开关及监控界面	5			
	配制适当湿度的干燥物料	5			
开车	开启相关阀门，打通流程，湿物料加入加料器	5			
	开启鼓风机，调节适当空气流量	5			
	开电加热器，调节适当温度	5			
	打通循环回路，开循环风机，控制一定回流量	5			
正常运行	系统稳定后，开加料机，向流化床加料	5			
	调节各床层进气阀和循环风机压力，使床层温度稳定在 55℃	5			
	观察流化效果，适时出料	5			
	根据物料沸腾情况调节风量、风压	5			
	取样分析，并根据分析结果调整参数	5			
停车	停止投料，关闭加热器、循环风机	5			
	加热器出口温度降至 50℃ 以下时，关进气阀，停鼓风机，断电	5			
	清理流化床内残留物料，阀门及仪表恢复到初始状态	5			
职业素质	操作安全规范	5			
	团队配合合理有序	5			
	现场管理文明安全	5			
实训报告	书写认真规范	5			
	数据真实可靠	5			
考评员签字		考核日期		合计得分	

【相关知识】

一、干燥基本知识

在化工生产中，将物料中的水分（或其他溶剂）除去的操作称为去湿，去湿方法有化学去湿法、机械除湿法和干燥三类。

干燥是用加热的方法，使固体湿物料中的水分（或其他溶剂）汽化并除去。干燥可分为传导干燥、对流干燥、辐射干燥（红外线加热）和介电加热（高频加热）干燥几种。常见的主要是除去水分的操作，对流干燥应用最普遍。

1. 对流干燥原理

对流干燥使用的干燥介质为空气，加热后的空气与湿物料直接接触，使物料中的水分汽化，并将汽化的水分带走。

用空气干燥固体物料时，空气中含水量的多少对干燥操作有一定影响。含水量越少，物料水分汽化越快，干燥过程中，空气中的含水量不断增加，一旦达到饱和，干燥操作就无法再进行。

2. 空气的几个基本参数

（1）湿度（H）　又称湿含量，是湿空气中所含水蒸气的质量与绝干空气质量之比，单位为 kg 水/kg 干空气。

$$H = \frac{M_w n_w}{M_g n_g} = \frac{18 n_w}{29 n_g} = 0.622 \frac{n_w}{n_g} \tag{3-34}$$

式中　M_g——干空气的摩尔质量，kg/kmol；

　　　M_w——水蒸气的摩尔质量，kg/kmol；

　　　n_g——湿空气中干空气的物质的量，kmol；

　　　n_w——湿空气中水蒸气的物质的量，kmol。

若以分压比表示，则

$$H = 0.622 \frac{p_w}{p - p_w} \tag{3-35}$$

式中　p_w——水蒸气分压，Pa；

　　　p——湿空气总压，Pa。

若湿空气中水蒸气分压恰好等于该温度下水的饱和蒸气压 p_s，此时的湿度为在该温度下空气的最大湿度，称为饱和湿度，以 H_s 表示。

$$H_s = 0.622 \frac{p_s}{p - p_s} \tag{3-36}$$

式中　p_s——同温度下水的饱和蒸气压，Pa。

由于水的饱和蒸气压只与温度有关，故饱和湿度是湿空气总压和温度的函数。

（2）相对湿度 φ　相对湿度又称相对湿度百分数，即湿空气中水蒸气分压 p_w 与同温度下的饱和蒸气压之比 p_s 的百分数。

$$\varphi = \frac{p_w}{p_s} \times 100\% \tag{3-37}$$

相对湿度表明了湿空气的不饱和程度，反映湿空气吸收水气的能力。$\varphi = 1$（或 100%），表示空气已被水蒸气饱和，不能再吸收水汽，已无干燥能力。φ 越小，即 p_v 与 p_s 差距越大，表示湿空气偏离饱和程度越远，干燥能力越大。

湿度 H、相对湿度 φ 和温度 t 之间的函数关系可用下式表示

$$H = 0.622 \frac{\varphi p_s}{p - \varphi p_s} \tag{3-38}$$

由上式可见，对水蒸气分压相同（湿度相同），而温度不同的湿空气，温度越高，则 p_s 值越大，φ 值越小，干燥能力越大。因此，加热空气可以提高干燥效果。

（3）湿空气比体积 v_H　每单位质量绝干空气中所具有的空气和水蒸气的总体积，单位为 m^3 湿空气/kg 干空气。

$$v_H = v_g + v_w H = (0.773 + 1.244H) \times \frac{273 + t}{273} \times \frac{101.3 \times 10^3}{p} \tag{3-39}$$

由上式可见，湿空气比体积随其温度和湿度的提高而增大。

3. 表示空气性质的几个温度

（1）干球温度 t　在空气流中放置一支普通温度计，所测得空气的温度即为空气的干球温度，是空气的实际温度。

（2）湿球温度 t_w　用水润湿纱布包裹温度计的感温球，即成为一支湿球温度计，如图 3-64 所示。将它置于一定温度和湿度的流动空气中，达到稳态时所测得的温度称为空气的湿球温度，以 t_w 表示，$t_w \leqslant t$。

空气的相对湿度可以通过干湿球温度计来测定，干湿球温度差越大，表明空气的相对湿度越小。湿度越大，湿球温度 t_w 越高，越接近空气温度 t。当空气达到饱和湿度时，$t_w = t$。

图 3-64　湿球温度计

（3）露点 t_d　一定压力下，将不饱和空气等湿降温至饱和，出现第一滴露珠时的温度为露点 t_d，相应的湿度称为露点下的饱和湿度 H_d。

由露点 t_d 时的饱和蒸气压 p_d（即该空气在初始状态下的水蒸气分压 p_w），查其相对应的饱和温度，即为该湿含量 H 和总压 p 时的露点 t_d。同理，由露点 t_d 和总压 p，可确定湿度 H。

比较干球温度 t、湿球温度 t_w 及露点温度 t_d，可以得出：

不饱和湿空气　　$t > t_w > t_d$；

饱和湿空气　　$t = t_w = t_d$。

4. 干燥速率及其影响因素

（1）干燥速率　干燥速率是指在单位时间内，单位干燥面积上所汽化的水分量，用符号 U 表示，单位为 $kg/(m^2 \cdot s)$。由于物料干燥过程很复杂，干燥速率的数据多取自实验测定值。

（2）干燥过程　干燥过程可分成两个阶段：恒速干燥阶段和降速干燥阶段。恒速干燥阶段除去的水分主要为非结合水（易除去），干燥速率的大小取决于物料表面水分的汽化

速率，称为表面汽化控制阶段。降速干燥阶段除去的水分主要是物料的结合水（难除去），干燥速率受水分内部扩散速率的控制，称为内部扩散控制阶段。

（3）干燥速率的影响因素　影响干燥速率的因素主要有三个方面：湿物料、干燥介质和干燥设备，这三者互相关联。

① 物料的性质和形状。物料的性质和形状影响物料的临界含水量，在降速干燥阶段起决定性作用。

② 物料的温度。物料的温度越高，则干燥速率越大。但物料的温度与干燥介质的温度和湿度有关。

③ 物料的含水量。物料的最初、最终以及临界含水量决定干燥各阶段所需时间和长短。

④ 干燥介质的温度和湿度。干燥介质（空气）的温度越高，湿度越小，则恒速干燥阶段的干燥速率越大。但应注意温度过高可能会损害物料。

⑤ 干燥介质的流速和流向。在恒速干燥阶段，提高气速可以提高干燥速率；介质的流动方向垂直于物料表面时，干燥速率比平行时要大。在降速干燥阶段，气速和流向对干燥速率影响很小。

⑥ 干燥器的构造。上述各因素都和干燥器的构造有关，高效的干燥器就是针对以上某些因素设计的。

二、干燥过程的物料衡算

1. 湿物料中含水量的表示方法

（1）湿基含水量 w　水分在湿物料中的质量分数，即

$$w = \frac{湿物料中水分的质量}{湿物料总质量} \times 100\%$$

（2）干基含水量 X　湿物料中的水分与绝对干料的质量比，即

$$X = \frac{湿物料中水分的质量}{湿物料中绝对干料的质量} \, \mathrm{kg} \, 水/\mathrm{kg} \, 绝对干料$$

两种表示方法的关系

$$X = \frac{w}{1-w} \tag{3-40}$$

干燥过程中，湿物料的质量是变化的，而绝对干料的质量是不变的。因此，用干基含水量进行计算较为方便。

2. 水分蒸发量 W

单位时间内从湿物料中除去水分的质量称为水分蒸发量，以 W 表示，单位为 kg/h。

干燥过程的物料衡算示意图如图 3-65 所示。

在干燥过程中，湿物料的含水量不断减少。如干燥过程中无物料损失，则在干燥前后，物料中绝对干料量是不会改变的。

以 1h 为基准，对进出干燥器的水分进行衡算得

$$G_1 w_1 = G_2 w_2 + W \tag{3-41}$$

对总物料进行衡算得

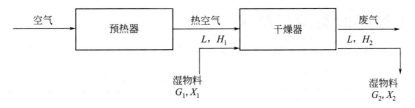

图 3-65　干燥过程的物料衡算示意图

$$G_1 = G_2 + W \tag{3-42}$$

对绝对干料进行衡算得

$$G = G_1(1-w_1) = G_2(1-w_2) \tag{3-43}$$

所以，水分蒸发量

$$W = G_1 - G_2 = G_1 \frac{w_1 - w_2}{1 - w_2} = G_2 \frac{w_1 - w_2}{1 - w_1} \tag{3-44}$$

若已知物料最初和最终的干基含水量为 X_1 和 X_2，则水分蒸发量可用下式计算

$$W = G(X_1 - X_2) \tag{3-45}$$

式中　W——单位时间水分蒸发量，kg/h；

G_1，G_2——进、出干燥器的湿物料量，kg/h；

G——湿物料中绝对干料量，kg/h；

w_1，w_2——进、出干燥器的湿物料的湿基含水量。

3. 干空气消耗量 L（kg 干气/h）

干燥前后空气中水蒸气的物料衡算式为

$$LH_1 + W = LH_2 \tag{3-46}$$

$$W = L(H_2 - H_1) \tag{3-46a}$$

故干空气消耗量为

$$L = \frac{W}{H_2 - H_1} \tag{3-47}$$

式中　L——绝对干空气消耗量，kg/h；

H_1，H_2——空气在干燥器进、出口处的湿度，kg 水/kg 干气。

蒸发 1kg 水所需干空气的量称为单位空气消耗量 l，单位为 kg 干气/kg 水

$$l = \frac{L}{W} = \frac{1}{H_2 - H_1} \tag{3-48}$$

湿空气消耗量

$$L_W = L(1 + H_1) \tag{3-49}$$

干燥器鼓风机所需风量根据湿空气的体积流量 V 而定。湿空气体积流量为

$$V = L v_H = L(0.773 + 1.244 H) \frac{t + 273}{273} \tag{3-50}$$

4. 干燥产品的流量

进、出干燥器的绝对干料质量守恒，由式(3-45) 得

$$G_2 = \frac{G_1(1-w_1)}{1-w_2} \tag{3-51}$$

三、干燥器的类型与结构

常见干燥器的构造、工作原理、特点及应用场合见表3-30。

表3-30 常见干燥器的构造、性能特点及应用场合

干燥器	构造及工作原理	特点及应用场合
流化床(沸腾床)干燥器	如图3-66所示,颗粒状物料由床侧加料器加入,热气流由底部进入,通过多孔分布板与物料接触,将物料颗粒吹起,使颗粒在气流中作不规则运动,互相混合和碰撞,发生传热和传质的过程,从而得到干燥。干燥物料由另一侧导出,尾气由顶部导出	物料在干燥器中停留时间较长,干燥程度较高,热效率较高;气流速度较低,压降小,物料磨损较小,设备紧凑,结构简单。适用于处理粉粒状物料,且粒径最好在30~60μm之间
喷雾干燥器	如图3-67所示,液状的稀物料从喷嘴呈雾状喷出,细雾滴均匀地分布在干燥室中;热空气从干燥室的上端或下端进入,把汽化的水分带走,并经过过滤器回收所夹带的粉状物料后从废气排出口排出;干燥的物料下落后,螺旋输送器送出	干燥时间极短,且可以从料液直接获取粉末状产品,易于连续化、自动化操作。但热效率低。适用于浆状物料或乳浊液干燥,特别适用于牛奶、蛋粉、医药品等热敏性物料的干燥
气流干燥器	如图3-68所示,操作时,需干燥的湿物料随热气流通过细长的气流管,同时被干燥。在气流管顶部,干燥物料从物料下降管落下,利用旋风分离器收集固体粉末物料	物料总处于气流中,接触面积大,停留时间短,热效率高,需风机功率大。适用于干燥热敏性物料或临界含水量低的细粒或粉末物料
箱式干燥器	如图3-69所示,需干燥的湿物料装在托盘内,排放在小车上,推入干燥箱,热气流经空气分布装置通过整个干燥器空间,在此过程中,湿物料将水分传给空气,物料被干燥,物料干燥到一定程度后,将小车推出卸料	适用性强,物料损失少。但劳动强度高,热利用率低,干燥不均匀。适用于小规模、干燥条件变动大、干燥时间长的场合,尤其适于颗粒易破碎的物料
通道式干燥器	如图3-70所示,干燥器为一较长的通道,湿物料在传送带上经过干燥室,物料从一端被输送到另一端便完成干燥	劳动强度低,可连续生产,但生产能力和热效率不高,物料不能分散。适用于颗粒易破碎的块状和粉状和纤维状物料
转筒式干燥器	如图3-71所示,湿物料从干燥器一端投入后,在筒内抄板器的翻动下,物料在干燥器内均匀分布与分散,并与热空气充分接触。物料在带有倾斜度的抄板和热气流的作用下,可调控地运动至干燥器另一端,由卸料阀排出	生产能力大,操作稳定可靠,对不同物料的适应性强,机械化程度较高。但设备笨重,结构复杂。主要用于处理散粒状物料

图3-66 流化床干燥器

图3-67 喷雾干燥器

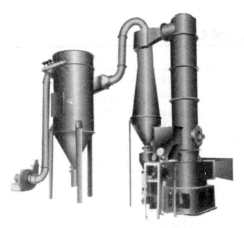

图 3-68　气流干燥器

图 3-69　箱式干燥器

图 3-70　通道式干燥器

图 3-71　转筒式干燥器

四、干燥设备的操作及条件控制

1. 流化床干燥器的操作

（1）开炉前首先检查送风机和引风机，检查有无摩擦和撞击声，轴承的润滑油是否充足，风压是否正常。

（2）投料前应先打开加热器疏水阀、风箱室的排水阀和炉底的放空阀，然后逐渐开大蒸汽阀门进行烤炉，除去炉内湿气，直到炉内达到规定的温度。

（3）停下送风机和引风机，敞开人孔，向炉内铺撒物料，料层高度约 250mm，此时已完成开炉的准备工作。

（4）关闭有关阀门、人孔，向炉内送热风，并开动给料机抛撒潮湿物料，要求物料由少渐多，物料分布均匀。

（5）根据进料量，调节风量和热风温度，保证成品干湿度合格。

（6）经常检查卸出的物料有无结块，观察炉内物料面的沸腾情况，调节各风箱的进风量和风压大小。

（7）经常检查风机的轴承温度、机身有无振动、风道有无漏风，有问题及时解决。

（8）经常检查风机出口带料情况和尾气管线腐蚀程度，问题严重应及时解决。

流化床干燥器的常见故障及处理方法见表 3-31。

表 3-31　流化床干燥器的常见故障及处理方法

故障现象	原　因	处理方法
发生死床	①入炉物料太湿或块多； ②热风量少或温度低； ③床面干料层高度不够； ④热风量分配不均匀	①降低物料水分； ②增加风量,提高温度； ③缓慢出料,增加干料层厚度； ④调整进风阀的开度
尾气含尘量大	①分离器破损,效率下降； ②用量大或炉内温度高； ③物料颗粒变细小	①检查修理； ②调整风量和温度； ③检查操作指标变化
流化床流动不好	①风压低或物料多； ②热风温度低； ③风量分布不合理	①调节风量和物料； ②加大加热器蒸汽量； ③调节进风板阀开度

2. 喷雾干燥器的操作

（1）准备工作　检查供料泵、雾化器、送风机是否运转正常；检查蒸汽、溶液阀门是否灵活,管路是否畅通；清理设备内积料、杂物,铲除壁挂疤；排除加热器和管路中积水,然后向设备内送热风预热；清理雾化器达到流道畅通。

（2）启动供料泵向雾化器输送溶液时,观察压力大小和输送量,以保证雾化器的需要。

（3）经常检查调节雾化器喷嘴的位置和转速,确保雾化颗粒大小合格。

（4）经常检查和调节干燥器负压数值,一般控制在 $100 \sim 300$ Pa。

（5）定时检查各转动设备轴承温度和润滑情况,运转是否平稳,有无摩擦和撞击声。

（6）检查管路和阀门是否泄漏,各转动设备的密封装置是否泄漏,做到及时调整。

喷雾干燥器的常见故障及处理方法见表 3-32。

表 3-32　喷雾干燥器的常见故障及处理方法

故障现象	原　因	处理方法
产品水分含量高	①溶液雾化不均匀,喷出的颗粒大； ②热风的相对湿度大； ③溶液供液量大,雾化效果差	①提高溶液压力和雾化器转速； ②提高送风温度； ③调节雾化器进料量或更换雾化器
塔壁沾有积粉	①进料太多,蒸发不充分； ②气流分布不均匀； ③个别喷嘴堵塞； ④塔壁预热温度不够	①减小进料量； ②调节热风分布器； ③洗涤或更换喷嘴； ④提高热风温度
产品颗粒太细	①溶液的浓度低； ②喷嘴孔径太小； ③溶液压力太高； ④离心盘转速太快	①提高溶液浓度； ②换大孔喷嘴； ③适当降低压力； ④降低转速
尾气含粉尘太多	①分离器堵塞或积料多； ②过滤袋破裂； ③风速大,细粉含量大	①清理物料； ②修补破口； ③降低风速

3. 干燥操作条件的确定

干燥操作条件通常需由实验测定或可按下述一般原则考虑。

(1) 干燥介质的选择　取决于干燥过程的工艺及可利用的热源。当干燥操作温度不太高，且氧气的存在不影响干燥物料的性能时，可采用热空气作为干燥介质。对某些易氧化的物料，或从物料中蒸发出易爆的气体时，则宜采用惰性气体作为干燥介质。烟道气适用于高温干燥，但要求被干燥的物料不怕污染，而且不与烟气中的 SO_2 和 CO_2 等气体发生作用。由于烟道气温度高，故可强化干燥过程，缩短干燥时间。此外，还应考虑介质的经济性及来源。

(2) 流动方式的选择　在逆流操作中，物料移动方向和介质的流动方向相反，整个干燥过程中的干燥推动力较均匀。适用于物料含水量高，且不允许采用快速干燥的场合，耐高温的物料，及要求干燥产品的含水量很低的情况。

在错流操作中，干燥介质与物料间运动方向互相垂直。各个位置上的物料都与高温、低湿的介质相接触，因此干燥推动力比较大，又可采用较高的气体速度，所以干燥速率很高。适用于无论在高低含水量时，均可以进行快速干燥的场合，耐高温的物料，及因阻力大而不适宜采用并流或逆流的场合。

(3) 干燥介质进入干燥器时的温度　为了强化干燥过程和提高经济效益，干燥介质的进口温度宜保持在物料允许的最高温度范围内。对于同一种物料，允许的进口温度随干燥器的形式不同而异。如在箱式干燥器中，由于物料是静止的，因此应选用较低的介质进口温度；在转筒式、流化床、气流式等干燥器中，由于物料不断地翻动，致使干燥温度较高、较均匀、速度快、时间短，因此介质进口温度可以高些。

(4) 干燥介质离开干燥器时的相对湿度和温度　提高干燥介质离开干燥器的相对湿度，可以减少空气消耗量及传热量，降低操作费用；但介质中水分的分压增高，使干燥过程的平均推动力下降，降低了干燥器的干燥能力。对于同一物料，若干燥器类型不同，适宜的值也不同。如气流干燥器，由于物料在器内的停留时间很短，要求有较大的推动力以提高干燥速率，因此一般离开干燥器的气体中水蒸气的分压需低于出口物料表面水蒸气分压的 $50\%\sim80\%$。

对气流干燥器，一般要求干燥介质离开干燥器的温度比物料出口温度高 $10\sim30℃$，或比入口气体温度高 $20\sim50℃$。

(5) 物料出口温度　主要取决于物料的临界含水量 X_c 及干燥第二阶段的传质系数。X_c 值越低，传质系数越高，物料出口温度也越低。

【练习与拓展】

1. 仔细观察流化床结构，分析其结构的合理性。

2. 化工生产中有哪些类型的干燥设备？试比较其结构特点与应用场合。

3. 干燥操作时，为什么先开风机，后开加热器？

4. 若出口物料湿度过大，是由什么原因引起的？应如何解决？

5. 影响干燥操作的主要因素有哪些？生产中如何进行干燥的控制？

*项目3.8
萃取操作

任务1 萃取实训操作

一、考核要求

1. 能够熟练操作连续式液-液萃取装置，完成液-液萃取。
2. 熟悉各种类型萃取设备的结构及操作特点，能够正确维护萃取设备。
3. 能够正确判断萃取操作中出现的故障，并正确排除。

二、实训装置

萃取操作实训装置如图 3-72 所示。

图 3-72　萃取操作实训装置

三、实训操作

1. 检查准备

（1）检查装置设备、管道、电气、仪表是否正常。
（2）清洁装置现场环境，检查管路系统各阀门启闭情况是否合适。
（3）溶剂和原料分别加入溶剂罐和原料罐待用。

2. 开车

（1）打开溶剂输送阀，将溶剂从溶剂罐中送入萃取塔。

（2）打开进料阀，将原料液体混合物送入萃取塔。

（3）当萃取塔塔顶萃余液逐渐积累满塔后，将萃余液返回到原料罐。

3. 正常运行

（1）将进料量、溶剂比、回流量逐渐调整到设定值。

（2）采集萃取液、萃余液样品进行测定，产品合格后，打开相应阀门分别送入萃取液罐和萃余液罐。

（3）调节不同的溶剂比，测定萃取液、萃余液组成的变化。

4. 停车

（1）关闭物料去萃取液罐和萃余液罐的阀门，使萃取液和萃余液均循环到原料罐。

（2）关闭进料阀和溶剂进口阀，将萃取塔中物料全部放至备用罐。

（3）全部停车后，通入氮气，吹扫管线。

四、考核标准

萃取操作项目考核标准见表 3-33。

表 3-33　萃取操作项目考核表

考核内容	考核要点	配分	扣分	扣分原因	得分
检查准备	检查设备、管道、电气、仪表	5			
	检查各阀门开启位置合适	5			
	溶剂和原料分别加入溶剂罐和原料罐	5			
开车	开溶剂输送阀，将溶剂送入萃取塔	5			
	开进料阀，将原料液体混合物送入萃取塔	5			
	当塔顶萃余液逐渐积累满塔后，将萃余液返回到原料罐	5			
正常运行	将进料量、溶剂比、回流量逐渐调整到设定值	10			
	采集萃取液、萃余液样品分析，产品合格后，分别送入萃取液罐和萃余液罐	10			
	调节不同的溶剂比，测定萃取液、萃余液组成的变化	10			
停车	关闭送料阀门，使萃取液和萃余液均循环到原料罐	5			
	将塔中物料放至备用罐	5			
	停车，通氮气吹扫管线	5			
职业素质	操作安全规范	5			
	团队配合合理有序	5			
	现场管理文明安全	5			
实训报告	书写认真规范	5			
	数据真实可靠	5			
考评员签字		考核日期		合计得分	

任务 2　萃取塔的仿真操作

一、操作目标

1. 能正确标识设备、阀门、各类测量仪表的位号及作用。
2. 学会萃取塔正确的开车、停车操作方法。
3. 能正确分析常见事故产生的原因，学会常见事故的判断及处理方法。

二、工艺流程及设备

1. 工艺流程

带控制点的工艺流程如图 3-73 所示，仿 DCS 流程如图 3-74 所示，仿现场流程如图 3-75 所示。

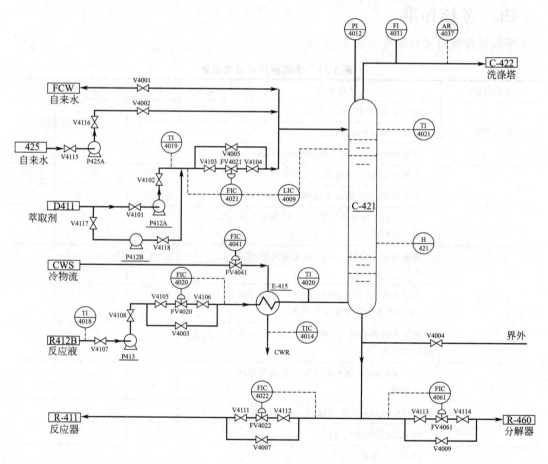

图 3-73　萃取塔单元带控制点工艺流程

本装置是通过萃取剂（水）来萃取丙烯酸丁酯生产过程中的催化剂（对甲苯磺酸），具体工艺如下。将自来水（FCW）通过阀 V4001 或者通过泵 P425 及阀 V4002 送进催化剂萃取塔 C421，当液位调节器 LIC4009 为 50% 时，关闭阀 V4001 或者泵 P425 及阀 V4002；开启泵 P413 将含有产品和催化剂的 R412B 的流出物在被 E415 冷却后进入催化

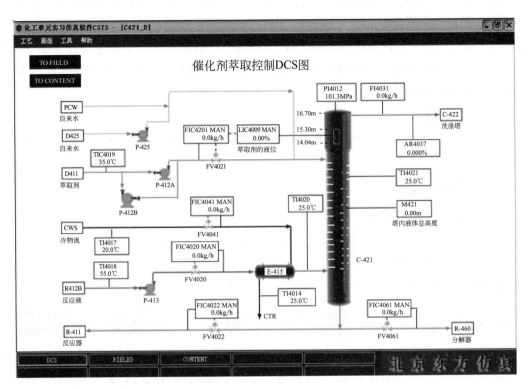

图 3-74　催化剂萃取控制 DCS 界面

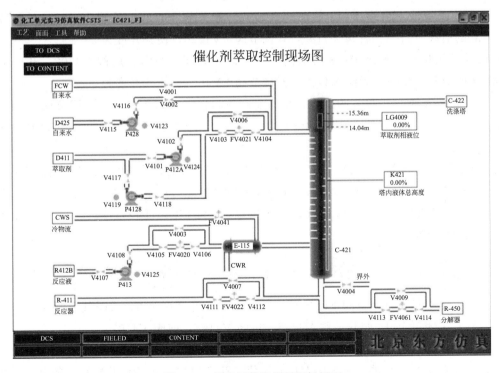

图 3-75　催化剂萃取控制现场界面

剂萃取塔 C421 的塔底；开启泵 P412A，将来自 D411 作为溶剂的水从顶部加入。泵 P413 的流量由 FIC4020 控制在 21126.6kg/h；P412 的流量由 FIC4021 控制在 2112.7kg/h；萃取后的丙烯酸丁酯主物流从塔顶排出，进入塔 C422；塔底排出的水相中含有大部分的催化剂及未反应的丙烯酸，一路返回反应器 R411A 循环使用，一路去重组分分解器 R460 作为分解用的催化剂。

2. 设备一览

P425：进水泵；P412A/B：溶剂进料泵；P413：主物流进料泵；E-415：冷却器；C-421：萃取塔。

三、操作规程

1. 正常工况操作参数

(1) C421 塔顶温度 TI4021：35℃；塔顶压力 PI4012：101.3kPa。

(2) 主物料出口温度 TI4020：35℃；出口流量：21293.8kg/h。

2. 冷态开车

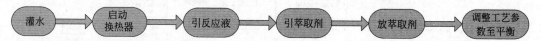

(1) 灌水　开泵 P425 的前阀 V4115、开关阀 V4123、后阀 V4116，开阀 V4002，使其开度大于 50%；当界面液位 LI4009 接近 50% 时，关闭阀 V4002，关闭泵 P425 的后阀 V4116、开关阀 V4123、前阀 V4115。

(2) 启动换热器　开启阀 FV4041，使其开度为 50%。

(3) 引反应液　开泵 P413 的前阀 V4107、开关阀 V4125、后阀 V4108；开调节阀 FV4020 的前阀 V4105、后阀 V4106，开调节阀 FV4020，使其开度为 50%。

(4) 引萃取剂　开泵 P412 的前阀 V4101、开关阀 V4124、后阀 V4102，开调节阀 FV4021 的前阀 V4103、后阀 V4104，开调节阀 FV4021，使其开度为 50%。

(5) 放萃取剂　开调节阀 FV4022 的前阀 V4111、后阀 V4112，开调节阀 FV4022，使其开度为 50%；打开调节阀 FV4061 的前阀 V4113、后阀 V4114，开调节阀 FV4061，使其开度为 50%。

(6) 调整工艺参数至平衡　FIC4021 接近 2112.7kg/h 时，将 FIC4021 投自动；FIC4020 接近 21126.6kg/h 时，将 FIC4020 投自动；FIC4022 接近 1868.4kg/h 时，将 FIC4022 投自动；FIC4061 接近 77.1kg/h 时，将 FIC4061 投自动；将 FIC4041 投自动，设为 20000kg/h。

3. 正常停车

(1) 关闭进料　将调节阀 FIC4020 改为手动，其开度调为 0，关闭其后阀 V4106、前阀 V4105；关闭泵 P413 的开关阀 V4125、后阀 V4108、前阀 V4107。

(2) 停换热器　将 FIC4041 改为手动，并将其关闭。

(3) 灌自来水　开进自来水阀 V4001，使其开度为 50%；罐内物料相中的 BA 的含量小于 0.9% 时，关闭进水阀 V4001。

（4）停萃取剂　将 LIC4009 改为手动，关闭；将 FIC4021 改为手动，关闭；关闭调节阀 FV4021 的后阀 V4104、前阀 V4103 及调节阀 FV4021；关闭泵 P412A 的开关阀 V4124、后阀 V4102、前阀 V4101。

（5）放塔内水相　将 FIC4022 改为手动，将其开度调为 100%，打开调节阀 FV4022 的旁通阀 V4007；将 FIC4061 改为手动，将其开度调为 100%，打开调节阀 FV4061 的旁通阀 V4009；打开阀 V4004。

泄液结束，关闭调节阀 FV4022，其后阀 V4112、前阀 V4111、旁通阀 V4007；关闭调节阀 FV4061，其后阀 V4114、前阀 V4113、旁通阀 V4009；关闭阀 V4004。

4. 事故处理

萃取仿真操作常见事故及处理方法见表 3-34。

表 3-34　萃取仿真操作事故及处理方法

事故名称	事故现象	处理方法
P412A 泵坏	①P412A 泵的出口压力急剧下降； ②FIC4021 的流量急剧减小	①停泵 P12A； ②换用泵 P412B
调节阀 FV4020 阀卡	FIC4020 的流量不可调节	①打开旁通阀 V4003； ②关闭 FV4020 的前后阀 V4105、V4106

【相关知识】

一、萃取基本知识

萃取操作属于传质过程，在萃取过程中，易溶组分从混合物进入溶剂，发生了传质现象。按混合物状态不同，可分为液-液萃取和液-固萃取。

液-液萃取操作是选择一种合适的溶剂（萃取剂），加到要处理的液体混合物中，液体混合物中各组分在萃取剂中具有不同的溶解度，使混合液中要分离的组分（溶质）能溶解到萃取剂中，其余组分不溶或微溶，从而使混合液得到分离。

如图 3-76 所示，原料液在混合器中与萃取剂充分搅拌混合后，进入分层器，静置后自然分层，上层为密度较小的轻液，下层为密度较大的重液。工业上常将含有萃取剂较多

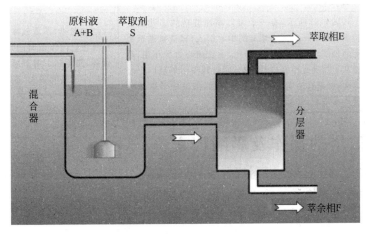

图 3-76　萃取原理示意图

的液体叫做萃取相，含萃取剂较少的液体叫萃余相。两层分别设法除去萃取剂，就可以得到两个组成不同的产品。

萃取和蒸馏都是分离液体混合物的方法，但萃取过程要复杂得多，操作费用也大，只有当混合液中各组分的沸点相差不大，或混合液是恒沸物，用蒸馏方法难分离时，才采用萃取方法。

二、萃取设备类型及结构

萃取是利用某种溶剂对混合物各组分有不同的溶解度而将液体或固体混合物分离的一种操作。为了达到良好的萃取效果，要求设备既能使萃取剂与原料液充分接触，又能使萃取相与萃余相很好地分离。常见萃取设备的结构及特点见表 3-35。

表 3-35　常见萃取设备的结构及特点

萃取设备	结构及工作原理	特点
混合-沉降器	如图 3-77 所示，是一种分级接触萃取设备，包括混合器和沉降器两部分。操作时萃取剂和料液在混合器中经搅拌充分接触混合，待充分传质后流入沉降器进行沉降分离，然后将萃取相和萃余相两个液层分别引出	操作可靠，萃取效率较高，两相流量可在大范围内变动，适用范围较广，且操作方便。但所需搅拌功率较大，设备占地面积较大
筛板萃取塔	如图 3-78 所示，结构与筛板蒸馏塔相似。操作时重液从塔顶进入，自上而下流动；轻液在塔底进入，向上流动，两液体在塔内逆向流动接触进行传质。常把重液作为连续相充满塔截面，轻液作为分散相以液滴状分散于连续相中	结构简单，生产能力大，萃取效率高，可连续生产
填料萃取塔	如图 3-79 所示，塔内放置填料，分成若干层，每层均装有液体分布器。原料液与萃取剂的流向与筛板塔相同，重液从塔顶进，向下流至塔底；轻液从塔底进，自下向上流，两液在填料表面不断进行接触传质	结构简单，操作维护方便。但萃取效率不太高，塔内自由截面小，生产能力不大；不宜处理含固体的物料
转盘萃取塔	如图 3-80 所示，其内壁从上到下装设一组等距离的固定环，中心转轴上固定着一组水平圆形转盘，每个转盘都位于两相邻固定环的中间。操作时，转轴连带转盘一起旋转，使两液相也随着转动，连续相产生旋涡运动，分散相的液滴则变形、破裂及合并，以提高传质效率	由转盘分散液体，塔内无需另设喷洒器。塔的顶层和底层各装有一层栅板，以使塔顶与塔底的澄清区避免转轴的影响
离心萃取机	如图 3-81 所示，有一个可以高速旋转的多孔螺旋转子，操作时，重液由螺旋的中心引入，轻液被送至螺旋的外圈，当转子高速旋转时，由于离心力的作用，重液从里层通过小孔向外流动，同时轻液由外层向里层运动，两液在逆向流动中充分接触，溶液中萃取组分进入萃取相，并能有效地分层	结构紧凑，萃取效率高，两相分离很快，料液在机内停留时间短。但结构复杂，造价高，能耗高。用于原料与萃取剂密度差别较小或黏度很大，靠重力沉降难以分离的场合

三、萃取塔的操作及影响因素

萃取操作过程经历三步：原料混合液与萃取剂充分接触混合；将萃取相和萃余相两液层分开；从萃取相或萃余相中除去萃取剂，得到萃取产品。

前两个步骤均在萃取设备中进行，萃取剂需循环使用，回收萃取剂一般采用蒸馏的方法。

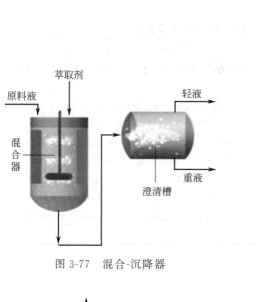

图 3-77 混合-沉降器

图 3-78 筛板萃取塔

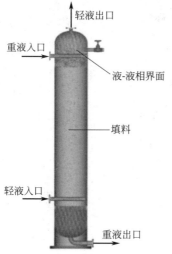

图 3-79 填料萃取塔

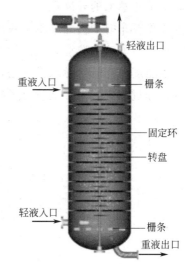

图 3-80 转盘萃取塔

(a) 外形

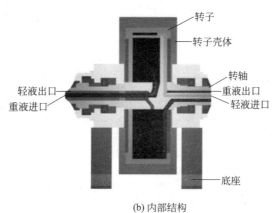

(b) 内部结构

图 3-81 离心萃取机

影响萃取操作的主要因素见表 3-36。

表 3-36　影响萃取操作的主要因素

影响因素	对萃取操作的影响情况
萃取剂	萃取剂要求选择性好,与原料液有较大的密度差,化学性质稳定,回收方便,才能保证良好的萃取效果
萃取温度	温度升高,混合液黏度降低,溶解度增大,利于混合液与萃取剂的混合,产品收率提高。但温度升高也使得各组分之间的互溶性增加,使萃取剂的选择性变差,产品的纯度和收率降低
溶剂比	溶剂比是指萃取剂用量与被处理的原料液用量的比值。萃取剂用量过多时,萃取剂回收费用增加,用量太少对萃取操作不利,需通过实验来确定,且只能在一定范围内变化
萃取方式	间歇萃取时萃取剂与被萃取液接触不充分,分离不完全,萃取剂用量大,适于小批量生产。连续逆流萃取是在萃取塔中进行,过程连续,萃取剂用量较少,适用于大规模生产
回流	将部分萃取产品进行回流,可提高萃取产品的纯度。与精馏操作相似,回流量大时,产品的纯度较高但产量较低

【练习与拓展】

1. 比较蒸馏与萃取的异同点。
2. 萃取操作开车时如何建立萃取系统的溶剂循环?
3. 要想提高萃取液的浓度,应采取哪些措施?
4. 反应液温度的高低对萃取操作是否有影响?
5. 萃取操作过程中,外加能量是否越大越有利?

模块四
化学反应过程操作

项目4.1
间歇反应釜操作

任务 1　间歇反应釜装置的实操训练

一、考核要求

1. 熟悉间歇反应釜的结构，能够熟练说出间歇反应釜的各个结构及作用，掌握其维护保养方法。

2. 能够按操作要求正确操作间歇反应釜，掌握间歇反应釜的启动、正常运行和停车操作技能。

3. 能够熟练判断及排除间歇反应釜运行中的常见故障。

二、实训装置

间歇反应釜实训装置，如图 4-1 所示。

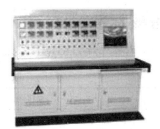

图 4-1　间歇反应釜实训装置

三、实训操作

1. 检查准备

（1）检查釜内、搅拌器、转动部分、附属设备、指示仪表、安全阀、管路及阀门是否符合安全要求。

（2）检查水、电、气是否符合安全要求。

2. 开车

（1）开启仪表电源送电。

（2）备料。

（3）进料。

（4）开车：打开釜式反应器搅拌开关，开启加热油，釜式反应器加热，接通冷却水，控制反应釜温度。

3. 正常操作

（1）设定加热油温；根据工艺要求调节冷流体的流量，读取每一流量下的入口温度 t_1 和出口温度 t_2，记录于表4-1中。

（2）经过一段时间，观察釜温情况，当到达所设定工艺温度，记录所需的时间。

4. 停车

（1）到达所设定工艺温度维持一段时间后，反应结束，停止加热油。

（2）待釜温降低后，停止搅拌。

（3）关闭冷却水。

（4）切断电源。

5. 数据记录

表4-1　釜式反应器操作记录表格

工艺参数	数据记录
加料量	
反应时间/min	
加热油温度/℃	
釜温/%	
冷却水量/(L/h)	
冷却水进口温度/℃	
冷却水出口温度/℃	

四、考核标准

间歇釜反应器操作项目的考核标准见表4-2。

表4-2　间歇釜反应器操作项目考核表

考核内容	考核要点	配分	扣分原因	扣分	得分
检查准备	检查设备各部件	5			
	检查仪表、阀门、开关	5			

考核内容	考核要点	配分	扣分原因	扣分	得分
检查准备	检查辅助设备	5			
	检查贮罐及输送管路	5			
	检查公用工程等	5			
开车	开启电源	5			
	备料进料	5			
	开搅拌，开加热	5			
	开冷却水，控制温度	10			
正常操作	设定加热油温，调节冷流体的流量，读取每一流量下的入口温度 t_1 和出口温度 t_2	10			
	观察釜温，记录到达工艺温度的时间	5			
停车	反应结束，停止加热油	5			
	待釜温降低后，停止搅拌，关闭冷却水，切断电源	5			
职业素质	操作安全规范	5			
	团队配合合理有序	5			
	现场管理文明安全	5			
实训报告	认真规范	5			
	数据可靠	5			
考评员签字		考核日期		合计得分	

任务 2　间歇反应釜的仿真操作

一、操作目标

1. 了解间歇反应釜操作工艺流程。

2. 掌握间歇反应釜的冷态开车、正常运行、正常停车的操作要点。

3. 能正确分析间歇反应釜事故产生的原因，并掌握事故处理的方法。

二、工艺流程

间歇反应釜单元带控制点的工艺流程如图 4-2 所示，仿真操作 DCS 图、现场图分别如图 4-3、图 4-4 所示。来自备料工序的二硫化碳（CS_2）、邻硝基氯苯（$C_6H_4ClNO_2$）、多硫化钠（Na_2S_n）分别注入计量罐及沉淀罐中，经计量沉淀后利用位差及离心泵压入反应釜中，釜温由夹套中的蒸汽、冷却水及蛇管中的冷却水控制，设有分程控制 TIC101（只控制冷却水），通过控制反应釜温控制反应速率及副反应速率，来获得较高的收率及确保反应过程安全。

三、操作规程

1. 开车

（1）检查：检查转动设备的润滑情况。

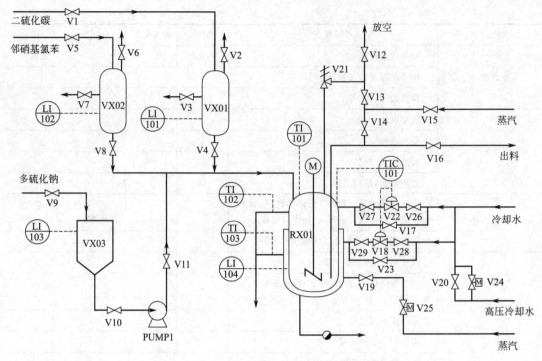

图 4-2 间歇反应釜单元带控制点的工艺流程

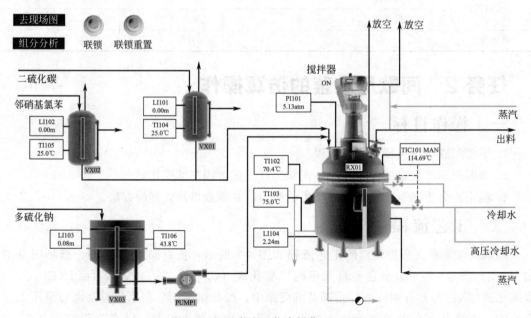

图 4-3 间歇反应釜仿真操作 DCS 图

（2）投运冷却水、蒸汽、热水、惰气、工厂风、仪表风、润滑油、密封油等系统。投运仪表、电气、安全联锁系统。

（3）备料过程，进料过程。

（4）开车阶段，启动反应釜搅拌器，加热升温使釜温达到正常值。

（5）控制反应温度直至反应结束。

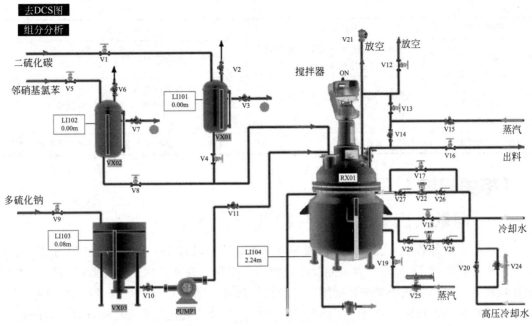

图 4-4　间歇反应釜仿真操作现场图

2. 停车

在冷却水量很小的情况下，反应釜的温度下降仍较快，原料与产品的浓度已经达到工作标准，则说明反应接近尾声，可以进行停车出料操作了。

（1）停搅拌器。

（2）打开放空阀放掉釜内残存的可燃气体，然后关闭放空阀。

（3）向釜内通增压蒸汽。

（4）打开蒸汽预热阀。

（5）打开出料阀门出料。

（6）出料完毕后保持开出料阀数秒进行吹扫。

（7）关闭出料阀。

（8）关闭蒸汽阀。

3. 典型事故及处理

间歇反应釜操作的常见事故及处理方法见表 4-3。

表 4-3　间歇反应釜操作的常见事故及处理方法

事故名称	事故现象	处理方法
超温(压)事故	温度>128℃(或压力>8atm)	①开大冷却水,打开高压冷却水阀 V20; ②关闭搅拌器 PUM1,使反应速率下降; ③如果气压超过 12atm,打开放空阀 V12
搅拌器 M1 停转	反应速率逐渐下降为低值,产物浓度变化缓慢	停车,出料后维修: ①关闭搅拌器 M1;开放空阀 V12,放可燃气,开 V12 阀 5～10s 后关放空阀 V12; ②通增压蒸汽,打开阀 V15、V13;开蒸汽出料预热阀 V14,片刻后关闭 V14; ③开出料阀 V16,出料;出料完毕,保持吹扫 10s,关闭 V16;关闭蒸汽阀 V15、V13,RX01 出料完毕

事故名称	事故现象	处理方法
蛇管冷却水阀 V22 卡	开大冷却水阀对控制反应釜温度无作用,且出口温度稳步上升	开冷却水旁路阀 V17 调节
出料管堵塞	出料时,内气压较高,但釜内液位下降很慢	开出料预热蒸汽阀 V14 吹扫 5min 以上(仿真中采用);拆下出料管用火烧化硫黄,或更换管段及阀门
测温电阻连线故障	温度显示置零	改用压力显示对反应进行调节(调节冷却水用量)

【相关知识】

一、间歇反应釜的结构与特点

釜式反应器是各类反应器中结构较为简单且又应用较广的一种。主要应用于液-液均相反应过程,在气-液、液-液非均相反应过程也有应用。在化工生产中,既可适用于间歇操作过程,又可单釜或多釜串联适用于连续操作过程,而以在间歇生产过程中应用最多。通常在操作条件比较缓和的情况下操作,如常压、温度较低且低于物料沸点时,应用此类反应器最为普遍。

1. 釜式反应器的结构

釜式反应器主要由壳体、搅拌器、换热器等部分组成,如图 4-5 所示。壳体包括筒体、底、盖(或称封头)、手孔、人孔、视镜及各种工艺接管口等。筒体都是圆筒形,釜底和釜盖常用的形状有平面形、碟形、椭圆形、球形、锥形等。

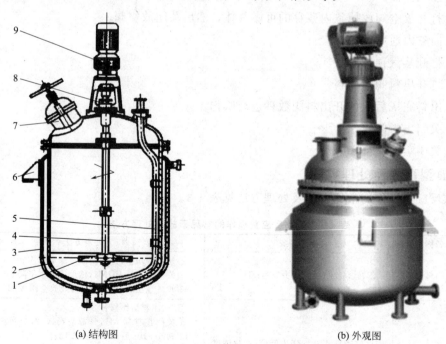

(a) 结构图　　　　(b) 外观图

图 4-5　搅拌釜式反应器

1—搅拌器;2—釜体;3—夹套;4—搅拌轴;5—压出管(上部出料管);
6—支座;7—人孔;8—轴封;9—传动装置

搅拌器的种类有桨式、框式、锚式、旋桨式、涡轮式等，如图4-6所示。作用是将反应器的物料通过机械搅拌达到充分的混合，强化传质和传热过程。

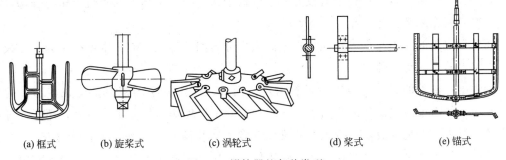

(a) 框式　　　(b) 旋桨式　　　(c) 涡轮式　　　(d) 桨式　　　(e) 锚式

图4-6　搅拌器的各种类型

换热器部分有夹套式、蛇管式、列管式等，作用是用来加热或冷却物料。当工艺要求的换热面积不大又能满足工艺要求时，可采用夹套式换热。如图4-7(a)。夹套高度一般要高于料液的高度，载热体比釜内液面高出50～100mm。当夹套中换热介质是水时，采用下进上出的方式，介质为饱和水蒸气，采用上进下出，以便排除不凝性气体。当工艺需要的传热面积大，单靠夹套传热不能满足要求时，可采用蛇管传热。如图4-7(b)。工业上常用的蛇管有水平式蛇管和直立式蛇管两种。对于大型反应釜，需高速传热时，可在釜内、外安装列管式换热器，即将反应器内的物料移出进换热器换热后再循环回反应器，如图4-7(c)、图4-7(d)。

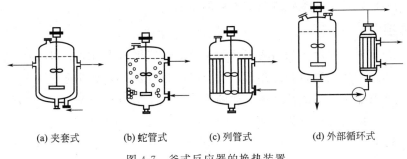

(a) 夹套式　　　(b) 蛇管式　　　(c) 列管式　　　(d) 外部循环式

图4-7　釜式反应器的换热装置

2. 釜式反应器的特点

釜式反应器在化工生产中具有较大的灵活性，易于适应不同操作条件和产品品种，适用于小批量、多品种、反应时间较长、转化率高的产品生产。既可以用于间歇反应生产，也能连续生产，既能单釜操作，也能多釜串联操作。操作弹性较大，适宜温度、压力范围宽，连续生产时温度、压力容易控制，器内物料的出口浓度均一。

釜式反应器的缺点是需要装料和卸料等辅助操作，产品质量也不易稳定。若应用在需要较高转化率的工艺要求时，需要较大的容积。但有些反应过程，如一些发酵反应和聚合反应，实现连续生产尚有困难，至今还采用间歇反应釜。

二、间歇反应釜的维护保养

间歇反应釜的维护与保养就是按照操作规程对釜体进行清洗、润滑、调整、紧固、除锈、防腐等工作，以延缓设备的磨损，延长设备的使用寿命，保证设备正常运转。

反应釜每三个月保养一次，保养时检查阀门和管道有无泄漏、搅拌轴转动是否平稳、轴承有无异常响声、减速机机油有没有变黑或低于水平线、釜体上和管道上压力表每半年检定一次，安全阀及釜体一年一次。

间歇反应釜的维护与保养按照工作量的大小分为四个等级，即日常维护保养、一级保养、二级保养、三级保养。

日常维护保养的重点是对釜体进行清洗、润滑，紧固易松的螺钉，检查零部件的情况，此项工作由反应釜操作人员负责。一级保养除了要做例行保养工作以外，还要部分进行调整。检查中发现的故障、隐患和异常情况要给予排除。此工作主要以操作工人为主，专业维修人员配合进行。二级保养由专业维修人员执行，操作人员参与。三级保养由专业维修人员执行，操作人员参与。

三、间歇反应釜控制要点

1. 反应温度控制

反应温度控制对于反应系统操作是最关键的，一般有如下三种方法。

（1）通过夹套冷却水换热。

（2）通过反应釜组成气相外循环系统，调节循环气体的温度，并使其中的易冷凝气相冷凝，冷凝液流回反应釜，从而达到控制反应温度的目的。

（3）料液循环泵，料液换热器和反应釜组成料液外循环系统，通过料液换热器能够调节循环料液的温度，从而达到控制反应温度的目的。

2. 压力控制

反应温度恒定时，在反应物料为气相时主要通过催化剂的加料量和反应物料的加料量来控制反应压力。如反应物料为液相时，反应釜压力主要决定物料的蒸气分压，也就是反应温度。反应釜气相中，不凝性惰性气体的含量过高是造成反应釜压力超高的原因之一。此时需放火炬，以降低反应釜的压力。

3. 液位控制

反应釜液位应该严格控制。一般反应釜液位控制在 70％左右，通过料液的出料速率来控制。连续反应时反应釜必须有自动料位控制系统，以确保液位准确控制。液位控制过低反应产率低；液位控制过高，甚至满釜，就会造成物料浆液进入换热器、风机等设备中造成事故。

4. 原料浓度控制

料液过浓，造成搅拌器电机电流过高，引起超负载跳闸，停转，就会造成釜内物料结块，甚至引发飞温，出现事故。停止搅拌是造成事故的主要原因之一。控制料液浓度主要通过控制溶剂的加入量和反应物产率来实现的。

有些反应过程还要考虑加料速度、催化剂用量的控制。

【练习与拓展】

1. 釜式反应器的基本结构由哪几部分组成？

2. 釜式反应器搅拌器的种类有哪些？搅拌器停转的原因有哪些？如何处理？

3. 换热器部分的作用及换热形式有哪些？反应釜的温度如何控制？

4. 间歇反应釜单元操作的典型事故有哪些？

5. 间歇反应釜操作如何有效地提高收率？

项目4.2
固定床反应器操作

任务 1　固定床反应器实训操作

一、考核要求

1. 熟悉固定床反应器的结构，能够熟练说出固定床反应器的主要结构组成。

2. 能够按操作要求正确操作固定床反应器，掌握固定床反应器的启动、正常运行和停车操作技能。

3. 能够判断及排除固定床反应器在运行中的常见故障。

二、实训装置

固定床反应器实训装置如图 4-8 所示。

图 4-8　固定床反应器实训装置

三、实训操作

1. 检查准备

检查各接口，试漏（空气或氮气）。检查电路是否妥当。

2. 反应器升温

接通电源，使预热器、反应器分别逐步升温至预定温度，预热器温度控制在 300℃，打开冷却水。

3. 加料、校正蒸馏水和乙苯流量

（1）当汽化器温度达到 300℃，反应器升温至 400℃，启动注水加料泵，同时调整流量，控制蒸馏水流量为 0.75mL/min。

（2）当反应温度升至 500℃，启动乙苯加料泵，并调整流量为 0.5mL/min，继续升温至 540℃，使之稳定 30min。

4. 取样

（1）反应开始，取一次数据，读取加入原料量和产物量。粗产品从分离器中放入量筒内，用分液漏斗分去水层，称出烃层质量，将数据记录于表 4-4 中。

表 4-4　固定床反应器操作原始记录表

时间	温度/℃		原料量				粗产品/g		尾气/g
	汽化器	反应器	乙苯/mL		水/mL		烃液层/g	水层/g	
			始	终	始	终			

（2）取少量烃层液样品，用气相色谱分析其组成，并计算出各组分的质量分数，记录于表 4-5 中。

表 4-5　乙苯粗产品分析结果

反应温度/℃	乙苯加入量/g	粗产品							
		苯		甲苯		乙苯		苯乙烯	
		含量/%	质量/g	含量/%	质量/g	含量/%	质量/g	含量/%	质量/g

（3）继续升温，在 540～620℃范围内取 3～4 个点，每一温度取一组数据。

5. 反应结束

反应结束后，停止加乙苯。反应温度维持在 500℃左右，继续通入水蒸气，进行催化剂的清焦再生，约 30min 后停止通水，降温，关闭电源。

6. 数据处理

以单位时间为基准，计算乙苯的转化率、苯乙烯的选择性和苯乙烯的收率。绘出转化率和收率随温度变化的曲线，并解释和分析实验结果。

四、考核标准

固定床反应器操作项目的考核标准见表4-6。

表 4-6　固定床反应器操作项目考核表

考核内容	考核要点	配分	扣分原因	扣分	得分
检查准备	检查设备各部件	5			
	检查药品准备、仪表、阀门、开关	5			
预热升温	预热器设定温度300℃	5			
	开冷却水	5			
加料	加水,并控制流量	10			
	加乙苯,并控制流量	10			
取样及分析样品	反应初取样	5			
	在 540~620℃ 范围内取 3~4 个温度点取样	5			
	对所取样品用气相色谱分析含量	10			
停车	停止加乙苯	5			
	继续加水并维持反应温度在 500℃ 左右 30min	5			
	最后关水,关电源	5			
职业素质	操作安全规范	5			
	团队配合合理有序	5			
	现场管理文明安全	5			
实训报告	认真规范	5			
	数据可靠	5			
考评员签字		考核日期		合计得分	

任务 2　固定床反应器仿真操作

一、操作目标

1. 了解固定床反应器操作的工艺流程及其优点。

2. 掌握固定床反应器的冷态开车、正常运行、正常停车的操作要点。

3. 能正确分析固定床反应器事故产生的原因,并掌握事故处理的方法。

二、工艺流程

本流程为利用催化加氢脱乙炔工艺。乙炔通过等温加氢反应器除掉,反应器温度由壳侧中冷却剂温度控制。

主反应为：$nC_2H_2 + 2nH_2 \rightarrow (C_2H_6)_n$，该反应是放热反应,每克乙炔反应后放出热量约为 142.8MJ（34000kcal）。温度超过 66℃ 时有副反应产生：$2nC_2H_4 \rightarrow (C_4H_8)_n$，该反应也是放热反应。

冷却介质为液态丁烷，通过丁烷蒸发带走反应器中的热量，丁烷蒸气通过冷却水冷凝。

反应原料分两股，一股为约 −15℃ 以 C_2 为主的烃原料，进料量由流量控制器 FIC1425 控制；另一股为 H_2 与 CH_4 的混合气，温度约 10℃，进料量由流量控制器 FIC1427 控制。FIC1425 与 FIC1427 为比值控制，两股原料按一定比例在管线中混合后经原料气/反应气换热器（EH423）预热，再经原料预热器（EH424）预热到 38℃，进入固定床反应器（ER424A/B）。预热温度由温度控制器 TIC1466 通过调节预热器（EH424）加热蒸汽（S3）的流量来控制。ER424A/B 中的反应原料在 2.523MPa、44℃ 下反应生成 C_2H_6。当温度过高时，会发生 C_2H_4 聚合生成 C_4H_8 的副反应。反应器中的热量由反应器壳侧循环的加压 C_4 冷却剂蒸发带走。C_4 蒸气在水冷器（EH429）中由冷却水冷凝，而 C_4 冷却剂的压力由压力控制器 PIC1426 通过调节 C_4 蒸气冷凝回流量来控制，从而保持 C_4 冷却剂的温度。

固定床反应器单元带控制点的工艺流程如图 4-9 所示，仿真操作 DCS 图、现场图分别如图 4-10、图 4-11 所示。

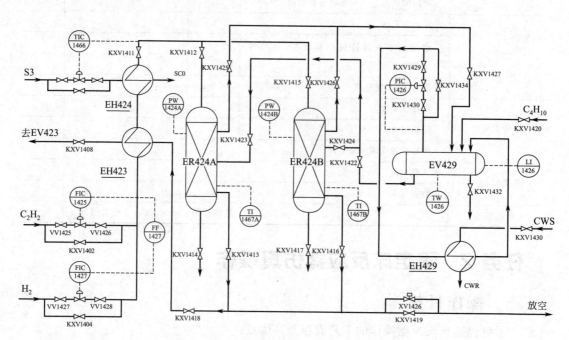

图 4-9　固定床反应器单元带控制点的工艺流程

三、控制方案

1. 比值调节

FF1427 为一比值调节器，根据 FIC1425（以 C_2 为主的烃原料）的流量，按一定比例，相应地调整 FIC1427（H_2）的流量。

2. 联锁说明

联锁源：现场手动紧急停车，反应器温度高报警（TI1467A、B＞66℃）。

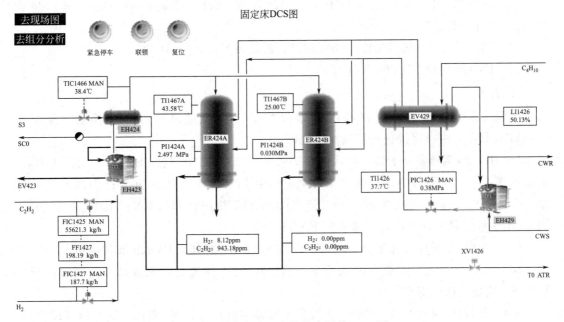

图 4-10　固定床反应器仿真操作 DCS 图

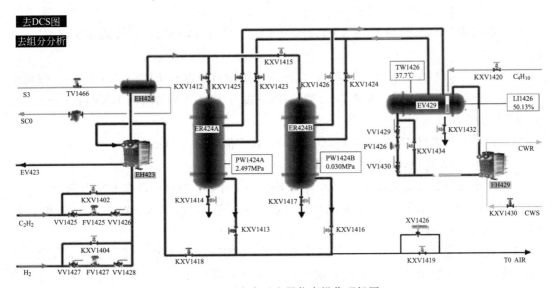

图 4-11　固定床反应器仿真操作现场图

联锁动作：关闭 H_2 进料，FIC1427 设手动；关闭加热器 EH424 蒸汽进料，TIC1466 设手动；闪蒸器冷凝回流控制器 PIC1426 设手动，开度 100%；自动打开电磁阀 XV1426。该联锁有一复位按钮。

四、操作规程

1. 正常工况操作参数

（1）反应温度 TI1467A：44.0℃；压力 PI1424A：2.523MPa。

（2）FIC1425 设自动，设定值 56186.8kg/h，FIC1427 设串级。

（3）PIC1426 压力控制在 0.4MPa，EV429 温度 TI1426 控制在 38.0℃；TIC1466 设自动，设定值 38.0℃。

（4）ER424A 出口氢气浓度＜50×10^{-6}，乙炔浓度＜200×10^{-6}。

（5）EV429 液位 LI1426 为 50%。

2. 开车

装置的开工状态为反应器和闪蒸罐都处于已进行过氮气冲压置换后，保压在 0.03MPa 状态，可以直接进行实气冲压置换。

（1）EV429 闪蒸器充丁烷　确认 EV429 压力为 0.03MPa；打开 EV429 回流阀 PV1426 的前后阀 VV1429、VV1430；调节 PV1426（PIC1426）阀开度为 50%；EH429 通冷却水，打开 KXV1430，开度为 50%。打开 EV429 的丁烷进料阀门 KXV1420，开度 50%；当 EV429 液位到达 50% 时，关进料阀 KXV1420。

（2）ER424A 反应器充丁烷　确认反应器 0.03MPa 保压，EV429 液位到达 50%；打开丁烷冷却剂进 ER424A 壳层的阀门 KXV1423，有液体流过，充液结束；同时打开出 ER424A 壳层的阀门 KXV1425。

（3）ER424A 启动准备　ER424A 壳层有液体流过；打开 S3 蒸汽进料控制 TIC1466；调节 PIC-1426，压力设定在 0.4MPa。

（4）ER424A 充压、实气置换

① 打开 FIC1425 的前后阀 VV1425、VV1426 和 KXV1412；打开阀 KXV1418，开度 50%。

② 微开 ER424A 出料阀 KXV1413；打开乙炔进料控制阀 FIC1425（手动），慢慢增加进料，提高反应器压力，充压至 2.523MPa；慢开 ER424A 出料阀 KXV1413 至 50%，充压至压力平衡。

③ 乙炔原料进料控制阀 FIC1425 设自动，设定值 56186.8kg/h。

（5）ER424A 配氢，调整丁烷冷却剂压力

① 稳定反应器入口温度在 38.0℃，使 ER424A 升温；当反应器温度接近 38.0℃（超过 35.0℃），准备配氢；打开 FV1427 的前后阀 VV1427、VV1428，氢气进料控制 FIC1427 设自动，流量设定 80 kg/h。

② 观察反应器温度变化，当氢气量稳定后，FIC1427 设手动；缓慢增加氢气量，注意观察反应器温度变化；氢气流量控制阀开度每次增加不超过 5%；氢气量最终加至 200kg/h 左右，此时 $n(\text{H}_2)/n(\text{C}_2) = 2.0$，FIC1427 投串级。控制反应器温度 44.0℃ 左右。

3. 停车

（1）正常停车

① 关闭氢气进料，关阀 VV1427、VV1428，FIC1427 设手动，设定值为 0%；关闭加热器 EH-424 蒸汽进料，TIC1466 设手动，开度 0%。

② 闪蒸器冷凝回流控制 PIC1426 设手动，开度 100%；逐渐减少乙炔进料，开大 EH429 冷却水进料。

③ 逐渐降低反应器温度、压力，至常温、常压；逐渐降低闪蒸器温度、压力，至常

温、常压。

（2）紧急停车　与停车操作规程相同，也可按急停车按钮。

4. 典型事故及处理

固定床反应器仿真操作的典型事故及处理方法见表4-7。

表 4-7　固定床反应器仿真操作的典型事故及处理方法

事故名称	事故现象	处理方法
氢气进料阀卡住	氢气量无法自动调节	①将 FIC1427 打到手动；关闭 FIC1427，关闭 VV1427、VV1428；关小 KXV1430 阀，降低 EH429 冷却水的量； ②用旁路阀 KXV1404 调节氢气量，当氢气流量恢复正常后，将 KXV1430 开到 50%
预热器 EH424 阀卡住	换热器出口温度超高	①开大阀 KXV1430，增大 EH429 冷却水的量； ②将 FIC1427 改为手动，关小 FV1427 阀，减少配氢量
闪蒸罐压力调节阀卡住	闪蒸罐温度、压力超高	①将 PIC1426 转为手动，关闭 PIC1426，关闭 VV1430、VV1429；开大阀 KXV1430，增加 EH429 冷却水的量； ②用旁路阀 KXV1434 手动调节
反应器漏气	反应器压力迅速降低	参照正常停车操作
EH429 冷却水进口阀卡住	闪蒸罐压力、温度超高	参照正常停车操作
反应器超温	反应器温度超高，会引发乙烯聚合的副反应	开大阀 KXV1430，增加 EH429 冷却水的量

【相关知识】

一、固定床反应器的结构与特点

在反应器中，当原料气通过固体催化剂时有三种情况：第一种是固体催化剂静止不动的称为固定床反应器；第二种是固体催化剂边反应边移动位置的称为移动床反应器；第三种是固体催化剂像流体一样剧烈运动的称为流化床反应器。

固定床反应器又称填充床反应器，装填有固体催化剂或固体反应物用以实现多相反应过程的一种反应器。固体物通常呈颗粒状，粒径 2～15mm，堆积成一定高度（或厚度）的床层。床层静止不动，流体通过床层进行反应。

固定床反应器主要用于实现气固相催化反应，如氨合成塔、二氧化硫接触氧化器、烃类蒸气转化炉等。用于气固相或液固相非催化反应时，床层则填装固体反应物。涓流床反应器也可归属于固定床反应器，气、液相并流向下通过床层，呈气液固相接触。

1. 固定床反应器的结构

固定床反应器按反应过程中是否与外界有热量交换分为绝热式固定床反应器和换热式固定床反应器。

（1）绝热式固定床反应器　绝热式固定床反应器结构简单，催化剂均匀堆置于床内的栅板上，床层不与外部进行热量交换，其最外层为隔热材料层，防止热量与外界进行交换，维持一定的操作条件并起到安全防护的作用。绝热式反应器有单段绝热式和多段绝热式。

绝热式固定床反应器根据流体流向又分为轴向绝热式固定床反应器和径向绝热式固定床反应器两种，如图 4-12(a)、图 4-12(b) 所示。轴向绝热式固定床反应器中流体沿轴向自上而下流经床层，床层同外界无热交换。径向绝热式固定床反应器中流体沿径向流过床层，可采用离心流动或向心流动，床层同外界无热交换。径向反应器与轴向反应器相比，流体流动的距离较短，流道截面积较大，流体的压力降较小，但径向反应器的结构较轴向反应器复杂。

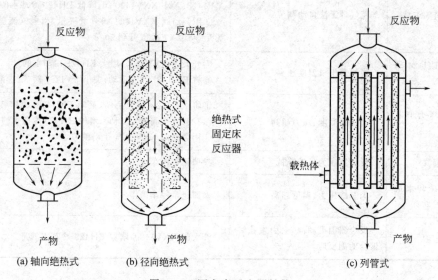

图 4-12　固定床反应器结构

绝热反应器适用于反应热效应不大，或反应系统能承受绝热条件下由反应热效应引起的温度变化的场合。

(2) 列管式固定床反应器　换热式固定床反应器多为列管式结构，故又称为列管式固定床反应器，如图 4-12(c) 所示。由多根反应管并联构成，管径通常在 25～50mm 之间，管数可多达上万根。一般管内装催化剂，气体上进下出，管间为换热介质，载热体流经管间进行加热或冷却。列管式固定床反应器换热方式如图 4-13 所示。

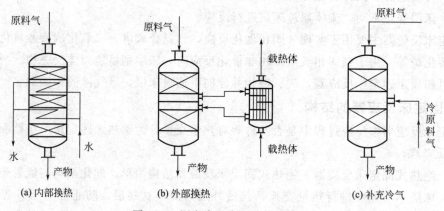

图 4-13　固定床反应器的换热形式

列管式固定床反应器适用于反应热效应较大的反应，合理地选择载热体及其温度的控制是列管式固定床反应器保持反应稳定进行的关键。

此外，还有由上述基本形式串联组合而成的反应器，称为多级固定床反应器。例如，当反应热效应大或需分段控制温度时，可将多个绝热反应器串联成多级绝热式固定床反应器，反应器之间设换热器或补充物料以调节温度，以便在接近于最佳温度条件下操作。

2. 固定床反应器的特点

固定床反应器返混小，流体同催化剂可进行有效接触，当反应伴有串联副反应时可得较高选择性；催化剂机械损耗小，不易磨损，可长期使用；气体停留时间可以严格控制，温度分布可以调节，有利于达到高的转化率和高的选择性；结构简单，化学反应速率快，在完成同样生产能力时所需要的催化剂用量和反应器体积较小适宜于高温高压条件下操作；不能使用细粒催化剂，否则流体阻力增大，破坏了正常操作；催化剂再生、更换不方便。

固定床反应器内由于装有固体催化剂，传热效果差。因此在放热反应过程中，在反应器气体流动方向上存在一个最高温度点，称为"热点"，床层内的"热点"温度超过工艺允许的最高温度时，称为"飞温"。操作中出现"飞温"会严重危害催化剂的活性、选择性、使用寿命等性能，因此应控制出现"飞温"。对于热效应大的反应过程，传热与控温问题是固定床技术中的难点和关键所在。

二、固定床式反应器控制要点

对于气相催化反应，控制好温度、压力及空速等生产影响因素是提高生产效率的关键。

1. 温度控制

以任务2工艺为例，固定床反应器的反应温度为44℃，其主要受到原料入口温度、冷却液流量、冷却液温度等因素影响。

反应器 ER424A 入口温度 TIC1466 正常操作值为 38℃，该值直接影响反应温度，可以通过控制调节阀 TV1466 开度进而调节加热蒸汽 S3 流量得以控制。

闪蒸罐 EV429A 温度 TI1426 正常操作值为 38℃，该值的稳定同样对于反应器温度的稳定有重要的影响，它与 C_4 冷却剂冷凝量有重要联系，主要通过冷却水的冷凝来控制，闪蒸罐 EV429A 液位、压力均与该值有关。

2. 压力控制

闪蒸罐 EV429 压力 PC1426 正常操作值为 0.4MPa，该值取决于 C_4 冷却剂冷凝量，也与冷却水流量有关。

反应器 ER424A 压力 PI1424A 正常操作值为 2.523MPa 左右，反应压力的稳定对反应效果有重要影响，该值主要取决于进料量，当气体进料增大时，反应压力增大。

3. 流量控制

反应物流量的大小取决于原料配比及空速，主要取决于生产要求、反应器及工程设计。氢气流量 FIC1427 稳定在 200kg/h 左右，通过单回路控制系统 FIC1427 控制；乙炔流量 FIC1425 稳定在 56186.8kg/h 左右，通过单回路控制系统 FIC1425 控制。

4. 联锁

为了生产运行安全，该单元有一联锁。联锁源为：现场手动紧急停车（紧急停车按钮），反应器温度高报（TI1467A/B>66℃）。联锁动作是：

（1）关闭氢气进料，FIC1427 设手动；

（2）关闭加热器 EH424 蒸汽进料，TIC1466 设手动；

（3）闪蒸器冷凝回流控制 PIC1426 设手动，开度 100%；

（4）自动打开电磁阀 XV1426。

该联锁有一复位按钮。联锁发生后，在联锁复位前，应首先确定反应器温度已降回正常，同时处于手动状态的各控制点的设定应设成最低值。

5. 比值调节系统

比值调节是工业上为了保持两种或两种以上物料的比例为一定值的调节。对于比值调节系统，首先要明确哪种物料是主物料，而另一种物料按主物料来配比。在本单元中，FIC1425（以 C_2 为主的烃原料）为主物料，而 FIC1427（H_2）的量是随主物料（C_2 为主的烃原料）的量的变化而改变。

本单元的控制回路中，FF1427 为一比值调节器。根据 FIC1425（以 C_2 为主的烃原料）的流量，按一定的比例，相适应地调整 FIC1427（H_2）的流量。

三、影响乙苯脱氢制苯乙烯反应的因素

1. 温度

乙苯脱氢反应为吸热反应，升高温度有利于提高脱氢反应的平衡转化率。但是温度过高，副反应增加，使苯乙烯选择性下降，故应控制适宜的反应温度。一般反应温度控制在 $540\sim620℃$。

2. 压力

乙苯脱氢反应为体积增加的反应，降低压力有助于平衡向脱氢方向移动。本实验加水蒸气的目的是降低乙苯的分压，以提高平衡转化率。较为适宜的水蒸气用量为水：乙苯＝1.5：1（体积比）或 8：1（物质的量比）。

3. 空速

乙苯脱氢反应系统中有平衡反应和连串反应，随着接触时间的增加，副反应也增加，苯乙烯的选择性可能下降，适宜的空速与催化剂的活性及反应温度有关，本实验乙苯的液空速以 $0.6\sim1h^{-1}$ 为宜。

【练习与拓展】

1. 固定床的压力和温度对反应有什么影响？如何实现对压力和温度的调节？

2. 乙苯脱氢制苯乙烯的反应温度控制在多少？水蒸气用量与乙苯的物质的量比为多少？

3. 为什么是根据乙炔的进料量调节配氢气的量，而不是根据氢气的量调节乙炔的进料量？

4. 本单元为什么要设置联锁，在什么情况下实施联锁动作？

5. 根据本单元实际情况，说明反应器冷却剂的自循环原理。冷却水中断后会造成什么样的后果？

*项目4.3
流化床反应器仿真操作

一、操作目标

1. 能理清流程图中主要物料和辅助物料的流向。

2. 能正确分析流程图中的各控制点位置、作用以及各控制点控制重要工艺指标。

3. 能结合流化床反应器相关知识，按流化床反应器的操作步骤进行开停车操作，并能够进行稳定高效的运行。

4. 能对典型故障进行分析，能够根据工艺指标分析判断事故原因并进行正确处理。

二、工艺流程及装置

该流程为 HIMONT 工艺本体聚合工艺。具有剩余活性的干均聚物（聚丙烯），在压差作用下自闪蒸罐 D301 从顶部进入流化床反应器 R401，落在流化床的床层上。

在气体分析仪的控制下，氢气被加到乙烯进料管道中。新补充的氢气、乙烯和丙烯分别由 FC402、FC403 和 FC404 控制流量，一起加入到压缩机排出口。来自乙烯汽提塔 T402 顶部的回收气相与气相反应器出口的循环单体汇合，进入 E401 与脱盐水进行换热，将聚合反应热导出后，进入循环气体压缩机 C401，提高到反应压力后，与新补充的氢气、乙烯相汇合，通过一个特殊的栅板进入反应器。由反应器底部出口管路上的控制阀来维持聚合物的料位。循环气体用工业色谱仪进行分析，调节氢气和丙烯的补充量，以保证进料气体满足工艺要求的组成。

反应器内配置一转速较慢的刮刀 A401，以使反应器壁保持干净。栅板下部夹带的聚合物细末，由小型旋风分离器 S401 除去，并送到下游的袋式过滤器中。

共聚物的反应压力约为 1.4MPa（表压），温度为 70℃。该系统压力位于闪蒸罐压力和袋式过滤器压力之间，从而在整个聚合物管路中形成一定压力梯度，以避免容器间物料的返混，并使聚合物向前流动。流化床反应器单元带控制点工艺流程如图 4-14 所示。

流化床反应器仿真操作 DCS 图、现场图分别如图 4-15、图 4-16 所示。

三、实训步骤

1. 开车准备

准备工作包括：系统中用氮气充压，循环加热氮气，随后用乙烯对系统进行置换（按照实际正常的操作，用乙烯置换系统要进行两次，考虑到时间关系，只进行一次）。这一过程完成之后，系统将准备开始单体开车。

（1）系统氮气充压加热

① 充氮。打开充氮阀，用氮气给反应器系统充压，当系统压力达 0.7MPa（表压）时，关闭充氮阀。当氮充压至 0.1MPa（表压）时，启动 C401 共聚循环气体压缩机，将

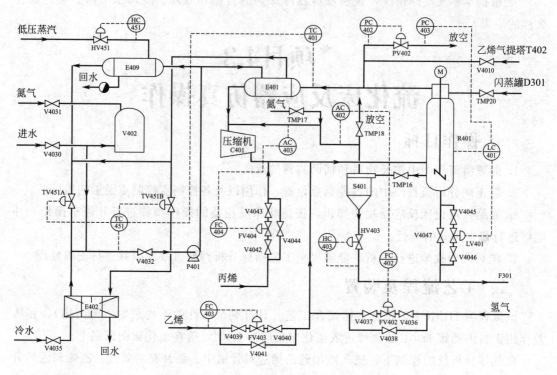

图 4-14　流化床反应器单元带控制点工艺流程

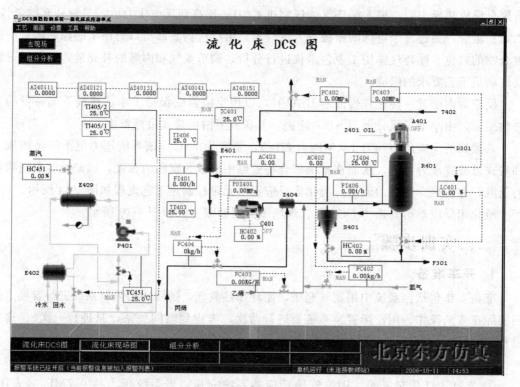

图 4-15　流化床反应器仿真操作 DCS 图

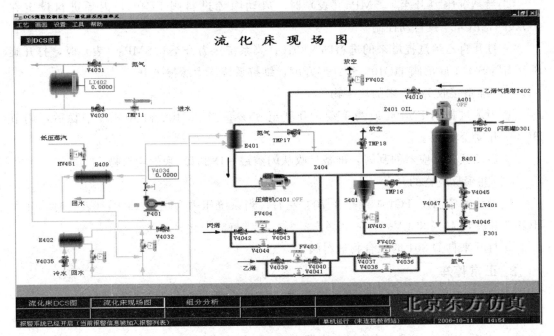

图 4-16　流化床反应器仿真操作现场装置图

导流叶片（HC402）定在 40％。

② 环管充液。启动压缩机后，开进水阀 V4030，给水罐充液，开氮封阀 V4031；当水罐液位＞10％时，开泵 P401 入口阀 V4032，启动泵 P401，调节泵出口阀 V4034 至 60％开度。

③ 手动开低压蒸汽阀 HC451，启动换热器 E409，加热循环氮气。

④ 打开循环水阀 V4035，当循环氮气温度达到 70℃时，TC451 投自动，调节其设定值，维持氮气温度 TC401 在 70℃左右。

（2）氮气循环

① 当反应系统压力达 0.7MPa 时，关充氮阀。

② 在不停压缩机的情况下，用 PIC402 和排放阀给反应系统泄压至 0.0MPa（表）。在充氮泄压操作中，不断调节 TC451 设定值，维持 TC401 温度在 70℃左右。

（3）乙烯充压

① 当系统压力降至 0.0MPa（表）时，关闭排放阀。

② 由 FC403 开始乙烯进料，乙烯进料量设定在 567.0kg/h 时投自动调节，乙烯使系统压力充至 0.25MPa（表）。

2. 干态运行开车

本规程旨在聚合物进入之前，共聚集反应系统具备合适的单体浓度，另外通过该步骤也可以在实际工艺条件下，预先对仪表进行操作和调节。

（1）反应进料

① 当乙烯充压至 0.25MPa（表）时，启动氢气的进料阀 FC402，氢气进料设定在 0.102kg/h，FC402 投自动控制。

② 当系统压力升至 0.5MPa（表）时，启动丙烯进料阀 FC404，丙烯进料设定在 400kg/h，FC404 投自动控制。

③ 打开自乙烯汽提塔来的进料阀 V4010；当系统压力升至 0.8MPa（表）时，打开旋风分离器 S-401 底部阀 HC403 至 20% 开度，维持系统压力缓慢上升。

（2）准备接收 D301 来的均聚物

① 丙烯进料阀 FV404 改为手动，开度至 85%；当 AC402 和 AC403 平稳后，调节 HC403 开度至 25%。

② 启动共聚反应器的刮刀，准备接收从闪蒸罐（D-301）来的均聚物。

（3）共聚反应物的开车

① 确认系统温度 TC451 维持在 70℃左右；当系统压力升至 1.2MPa（表）时，开大 HC403 开度在 40% 和 LV401 在 20%～25%，以维持流态化。

② 打开来自 D-301 的聚合物进料阀。

3. 正常停车

（1）降反应器料位　关闭催化剂来料阀 TMP20；手动缓慢调节反应器料位。

（2）关闭乙烯进料，保压　当反应器料位降至 10%，关乙烯进料；当反应器料位降至 0%，关反应器出口阀；关旋风分离器 S-401 上的出口阀。

（3）关丙烯及氢气进料　手动切断丙烯进料阀，手动切断氢气进料阀；排放导压至火炬；停反应器刮刀 A401。

（4）氮气吹扫　将氮气加入该系统，当压力达 0.35MPa 时放火炬；停压缩机 C-401。

4. 事故处理

流化床式反应器常见事故及处理方法见表 4-8。

表 4-8　流化床反应器常见事故及处理方法

事故名称	事故现象	处理方法
泵 P401 停	温度调节器 TC451 急剧上升,然后 TC401 随之升高	①调节丙烯进料阀 FV404,增加丙烯进料量; ②调节压力调节器 PC402,维持系统压力; ③调节乙烯进料阀 FV403,维持 C_2/C_3 比
压缩机 C401 停	系统压力急剧上升	①关闭催化剂来料阀 TMP20; ②手动调节 PC402,维持系统压力; ③手动调节 LC401,维持反应器料位
丙烯进料阀卡住	丙烯进料量为 0	①手动关小乙烯进料量,维持 C_2/C_3 比; ②关催化剂来料阀 TMP20; ③手动关小 PV402,维持压力; ④手动关小 LC401,维持料位
乙烯进料阀卡住	乙烯进料量为 0	①手动关丙烯进料,维持 C_2/C_3 比; ②手动关小氢气进料,维持 H_2/C_2 比
D301 供料阀 TMP20 关	D301 供料停止	①手动关闭 LV401; ②手动关小丙烯和乙烯进料; ③手动调节压力

【相关知识】

一、流化床式反应器的结构与特点

在流化床中，固体粒子可以像流体一样进行流动，这种现象称为固体粒子的流态化。流化床反应器就是利用固体流态化技术进行气固相反应的装置。化学工业广泛使用固体流态化技术进行固体的物理加工、颗粒输送、催化和非催化化学加工过程，目前流态化技术作为一门基础技术已经渗透到国民经济的许多部门，在化工、炼油、冶金、材料、轻工、生化、机械等领域中都可见到。

1. 流化床反应器的基本构件

尽管流化床反应器的结构形式很多，但一般都由壳体、气体分布装置、内部构件、换热装置、气固分离装置等部件构成。

（1）气体分布装置 气体分布装置是保证流化床具有良好而稳定的流态化的重要构件，包括气体分布板和气体预分布器两部分。其作用是支撑固体催化剂，分流并使气体均匀分布在催化剂表面，以形成良好的起始流化条件。

气体分布板的下部通常有一个倒锥形的气室，使气体进入分布板前有一个大致均匀的分布，从而减轻分布板均匀布气的负荷。

（2）内部构件 内部构件有水平构件和垂直构件之分，主要用来破碎气泡，改善气固接触状况，减少返混现象，提高反应速率和转化率。

水平构件主要是指水平的挡板和挡网，能够将流化床沿床高分成许多小室，当气泡上升碰到挡板或挡网时就破碎变小，而催化剂颗粒则从挡板或挡网上雨淋而下。垂直构件采用圆管、平板、翅片管等制成的构件插入床层内，来改善流化质量。

（3）换热装置 流化床反应器的换热装置可以装在床层内，也可以采用夹套式换热，主要用来及时取出或提供反应的热量。

（4）气固分离装置 气体离开床层时总要带出部分细小的固体催化剂颗粒，气体分离装置的主要作用是回收被气体带出的细小颗粒并返回到反应器床层，常用的有内过滤器和旋风分离器。

2. 流化床反应器的特点

流态化技术所以能够得到比较广泛的应用，主要是由于其显著的优点。

（1）床层温度分布均匀。由于床层内流体和颗粒剧烈搅动混合，使床内温度均匀，避免了局部过热现象。

（2）流化床内的传热及传质速率很高。由于颗粒的剧烈运动造成了对传热壁面的冲刷，促使壁面气膜变薄，两相间表面不断更新，提高了床内的传热及传质速率，可大幅度地提高设备的生产强度，进行大规模生产。

（3）床层和金属器壁之间的传热系数大。由于固体颗粒的运动，使金属器壁与床层之间的传热系数大为增加，因此便于向床内输入或取出热量，所需的传热面积却较小。

（4）操作方便。流态化的颗粒流动平稳，类似液体，其操作可以实现连续、自动控制，并且容易处理。

（5）床与床之间颗粒可连续循环，这样使得大型反应器中生产的或需要的大量热量有传递的可能性。

（6）为小颗粒或粉末状物料的加工开辟了途径。

由于颗粒处于运动状态，流体和颗粒的不断搅动，也给流化床带来一些缺点：

（1）颗粒的返混现象使得在床内颗粒停留时间分布不均，因而影响产品质量。另一方面，由于颗粒的返混造成反应速率降低和副反应增加。

（2）当气速过高时，气泡互相聚集形成大气泡，气固接触不均匀，影响产品的均匀性，降低了产品转化率。

（3）颗粒在流化过程中，相互碰撞，容易磨损，颗粒易成粉末而被气体夹带，损失严重，除尘要求高。

（4）不利于高温操作。由于高温下颗粒易于聚集和黏结，从而影响了产物的生成速率。

尽管有这些缺点，但流态化的优点是不可比拟的。并且由于对这些缺点充分认识，可以借助结构加以克服，因而流态化得到了越来越广泛的应用。

二、流化床式反应器的控制

1. 聚合物的料位

聚合物的料位决定了停留时间，从而决定了聚合物的反应程度。可通过反应器底部出口管程上控制阀 LV401 来维持，LC401 与 PC403 形成串级控制。

据工艺要求，聚合物的料位应维持在 60%。

2. 反应气循环温度

乙烯、丙烯以及反应混合气在 70℃、1.3MPa（表）下进行反应。反应开始时其温度调节主要依靠 E401 循环夹套水 TC451 来调节。随着反应的进行，共聚反应器料位高度的增加，循环气温度升高，因此应及时调整 TC401 的阀开大小。

3. 反应气压力

反应压力应维持在 1.4MPa 下进行。主要依靠 PC402 来调节。

【练习与拓展】

1. 开车及运行过程中，为什么一直要保持氮封？

2. 为什么共聚反应器的物料要维持在 60%？

3. 为什么反应器内没有刮板搅拌器？

4. 哪些因素会影响流化床反应？应该如何来控制？

5. 当反应温度超高时，如何处理？

*项目4.4
催化剂还原与钝化

一、考核要求

1. 能够按操作要求正确完成催化剂的升温还原，掌握催化剂升温还原的启动、正常运行和停车操作技能。

2. 能够熟练判断及排除催化剂升温还原在运行中的常见故障。

二、实训装置

催化剂的升温还原装置如图 4-17 所示。

图 4-17　催化剂的升温还原装置

三、实训步骤

1. 准备工作

（1）以低压法合成甲醇为例，合成催化剂装填完毕合格，催化剂灰吹除合格，系统 N_2 置换合格且保压至 0.45MPa。

（2）设备处于备用状态，公用工程供应正常。

（3）现场联络及通信设施齐全，检验合格，灵敏好用。

（4）仪表及安全联锁系统调校、检验合格。

（5）设备和管道的吹扫、清洗、气密试验工作已经结束。

（6）各种图表、报表已做好准备。

（7）确定系统所有阀门关闭，联系调度准备试车。

（8）通知质检中心作好合成工序气密、联动开车、催化剂还原的各项分析准备工作。

2. 开车

（1）压缩机本体及合成系统进行氮气置换，按照氮气置换方案进行，合格后系统冲压至 0.45MPa 保压。

（2）导通脱盐水上水阀门，建立汽包液位 50% 后，关闭阀门。当床层温度升到与锅炉给水温度相同时，打开 LICA-0901 及其前后切断阀，给 D-901 加入锅炉水，同时确认脱盐水上水阀门关闭。

(3) E-902A/B 投循环水，注意高点排气。

(4) 联系调度引 4.4MPa 过热蒸汽至 C-901 前做好启 C-901 的准备。经同意后，启 C-901 合成系统进行氮气循环。通过 C-901 防喘振阀及 HV0902 控制系统压力在 0.5～1.0MPa，空速 1000～1500h^{-1}。

(5) 按照催化剂升温曲线，进行催化剂的升温还原。

(6) 催化剂物理水脱除以后，缓慢开启加氢阀，按照厂家所提供的升温还原曲线进行催化剂化学还原出水。

(7) 当催化剂温度升至 190℃ 后，调整进塔气（H_2+CO）浓度到 1%～2%，以 0.5℃/h 升温速率将催化剂温度升至 210℃；继续提高入塔气（H_2+CO）浓度至 2%～8%，以 2.5℃/h 升温速率将催化剂温度升至 230℃，在此温度下继续提高入塔气（H_2+CO）浓度至 8%～25%，恒温还原 2h，直到还原结束。

3. 正常操作

(1) 严格按照升温曲线，进行催化剂的升温还原。

(2) 在整个还原期间，每半小时分析一次合成塔进出口 H_2、CO、CO_2 含量。合成塔进出口（H_2+CO）浓度差值为 0.5% 左右，最高不超过 1.0%。升温还原进度见表 4-9。

表 4-9　升温还原进度

阶段	时间/h		塔热点温度 /℃	升温速度 /(℃/h)	进塔气 H_2 浓度 /%	系统压力 /MPa
	阶段	累计				
升温	I　2	2	初温～60	20～25	0	0.7
	II　12	14	60～120	5	0	0.7
	III　5	19	120～170	10	0	0.7
	IV　1	20	170	0	0	0.7
还原	I　10	30	170～190	2	0.5～1	0.7
	II　40	70	190～210	0.5	1～2	0.8
	III　8	78	210～230	2.5	2～8	0.8
	IV　2	80	230	0	8～25	0.8

4. 停车

(1) 还原时，合成塔出口温度不准高于 240℃，还原结束后，将系统卸压到 0.15MPa，保持合成塔出口温度达到还原最终温度。

(2) 停气，置换。

(3) 降低压力（压缩机），降低温度（蒸汽）。

(4) 关闭冷却水。

(5) 切断电源。

5. 数据记录

催化剂的升温还原操作记录表格见表 4-10。

表 4-10　催化剂的升温还原操作记录表格

时间/h	进口浓度/%			出口浓度/%			流量差/%		
	H_2	CO	CO_2	H_2	CO	CO_2	H_2	CO	CO_2

四、考核标准

催化剂升温还原项目考核标准见表 4-11。

表 4-11　催化剂升温还原项目考核表

考核内容	考核要点	配分	扣分原因	扣分	得分
检查准备	检查设备各部件	5			
	检查药品准备、仪表、阀门、开关	5			
升温	保压	5			
	开启冷却水	5			
	加热温度升至 170℃	5			
还原	温度升至 190℃	5			
	温度升至 210℃	5			
	温度升至 230℃	5			
取样及分析样品	取样分析各气体的浓度	5			
	每隔半个小时进行取样分析,比较进出口气体的浓度	5			
	对所取样品用气相色谱分析含量	10			
停车	停气置换	5			
	降温	5			
	降压	5			
	最后关水,关电源	5			
职业素质	操作安全规范	3			
	团队配合合理有序	3			
	现场管理文明安全	4			
实训报告	认真规范	5			
	数据可靠	5			
考评员签字		考核日期		合计得分	

【相关知识】

一、催化剂的种类、组成及评价指标

1. 催化剂

参加到化学反应体系中,可以改变化学反应的速率,而其本身的化学性质和量,在反应前后均不发生变化的物质，称为催化剂，又称触媒。涉及催化剂的反应为催化反应。加快化学反应速率的催化剂为正催化剂，减慢化学反应速率的催化剂称为负催化剂。

2. 催化剂的种类与组成

催化剂种类繁多，按状态可分为液体催化剂和固体催化剂；按反应体系的相态分为均相催化剂和多相催化剂，均相催化剂有酸、碱、可溶性过渡金属化合物和过氧化物催化剂。多相催化剂有固体酸催化剂、有机碱催化剂、金属催化剂、金属氧化物催化剂、络合物催化剂、稀土催化剂、分子筛催化剂、生物催化剂、纳米催化剂等；按照反应类型又分为聚合、缩聚、酯化、缩醛化、加氢、脱氢、氧化、还原、烷基化、异构化等催化剂；按照作用大小还分为主催化剂和助催化剂。

（1）固体催化剂 决定固体催化剂性能的主要因素是催化剂本身的结构和组成，但其制备的条件和方法、处理过程、活化条件也相当重要。有的物质不必经处理就可作为催化剂使用。更多的催化剂是将具有催化能力的活性物质和其他组分配制在一起，经过处理而制成的。一般固体催化剂包括活性组分、助催化剂、载体三部分。

活性组分是起主要催化剂作用的物质，又称主催化剂。活性组分是催化剂中必须具备的物质，没有这类物质，催化剂就没有活性。活性组分可以是单一物质，如加氢用的镍-硅藻土催化剂中的镍活性组分；也可以是多种物质的混合物，如裂解用的硅铝催化剂中的 SO_2、Al_2O_3 均为活性组分。

助催化剂单独存在时没有催化活性，将其少量加入到催化剂中，会明显提高催化剂的活性、选择性和稳定性。助催化剂主要是一些碱金属、碱土金属及其化合物、非金属元素及其化合物。

载体是负载催化剂活性组分、助催化剂的物质。载体应具有足够的机械强度和多孔性，它是催化剂组成中含量最多的一种组分。载体能够增加活性表面和提供适宜的孔结构，提高催化剂的活性和选择性。此外，它还可提高催化剂的机械强度，提高催化剂的导热性和热稳定性。

（2）液体催化剂 液体催化剂可以是液态物质，例如 H_2SO_4；也可以是以固体、液体或气体催化活性物质作为溶质与液态分散介质形成的催化液。大多数液体催化剂组成比较复杂，一般由活性组分、助催化剂、溶剂及其他添加剂组成。溶剂不仅能对催化组分、反应物、产物起溶解作用，它的酸碱性、极性也可能对反应系统的动力学性质产生重要的影响。其他添加剂主要包括引发剂、配位基添加剂、酸碱性调节剂、稳定剂等。

3. 催化剂的基本特征

大多数催化剂都只能加速某一种化学反应，或者某一类化学反应，而不能被用来加速所有的化学反应。

催化剂并不会在化学反应中被消耗掉，不管是反应前还是反应后，它们都能够从反应物中被分离出来。虽然催化剂并不消耗，但是实际上它参与了化学反应，并改变了反应机理。它们有可能会在反应的某一个阶段中被消耗，然后在整个反应结束之前又重新产生。催化剂的催化机理如图 4-18 所示。

催化剂的基本特征是：

（1）催化剂参与催化反应，但是反应终了催化剂复原；

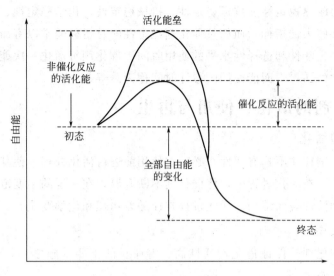

图 4-18 催化剂的催化机理

（2）催化剂改变了反应途径，降低了反应的活化能；

（3）催化剂具有特殊的选择性。其一，不同类型的化学反应，各有其适宜的催化剂。其二，对于同样的反应物体系，应用不同的催化剂，可以获得不同的产物。

4. 催化剂的性能

（1）催化剂的活性　催化剂的活性就是催化剂的催化能力；它是评价催化剂好坏的重要指标。在工业上，常用单位时间内单位质量（或单位表面积）的催化剂在制定条件下所得的产品的量来表示。即转化率（或时空得率），符号是 X_A。

$$X_A = \frac{\text{反应物 A 已转化的物质的量}}{\text{反应物 A 的起始物质的量}} \times 100\% \tag{4-1}$$

时空得率为单位体积催化剂上所得产物的质量，其单位为 $kg/(m^3 \cdot h)$。

（2）催化剂的选择性　催化剂的选择性指催化剂对反应类型、复杂反应（平行或串联反应）的各个反应方向和产物结构的选择催化作用。催化剂的选择性通常用产率或选择率和选择性因子来量度。如果已知主、副反应的反应速率常数分别为 k_1 和 k_2，则选择性用选择性因子 s 来表示，$s = k_1/k_2$。产率越高或选择性因子越大，则催化剂的选择性越好。在实际应用中，还采用收率来综合衡量催化剂的活性和选择性。

$$Y = X_A S \tag{4-2}$$

$$S = \frac{\text{所得目的产物的物质的量}}{\text{已转化的某一反应物的物质的量}} \times 100\% \tag{4-3}$$

$$Y = \frac{\text{生成目的产物的物质的量}}{\text{起始反应物的物质的量}} \times 100\% \tag{4-4}$$

同一反应也有不同效果的催化剂，例如聚乙烯醇缩甲醛化反应，以酸作催化剂，其效果是盐酸＞硫酸＞磷酸。同是苯酚与甲醛反应合成酚醛树脂，使用氢氧化钠、氢氧化钡、盐酸、氨水、草酸、醋酸、甲酸、硫酸、磷酸、氧化镁、氧化锌等催化剂，其产品性能都有所不同。催化剂的选择性的度量用主产物的产率来表示。

（3）催化剂的稳定性　指催化剂对温度、毒物、机械力、化学侵蚀、结焦积污等的抵抗能力，分别称为耐热稳定性、抗毒稳定性、机械稳定性、化学稳定性、抗污稳定性。这些稳定性都各有一些表征指标，而衡量催化剂稳定性的总指标通常以寿命表示。寿命是指催化剂能够维持一定活性和选择性水平的使用时间。催化剂每活化一次能够使用的时间称为单程寿命；多次失活再生而能使用的累计时间称为总寿命。

二、催化剂的活化、使用与再生

1. 催化剂的活化

制备好的催化剂往往不具有活性，必须在使用前进行活化处理，使其活性和选择性提高到正常使用水平。在活化过程中，将催化剂不断升温，在一定的温度范围内，使其具有更多的接触面积和活性表面结构。活化过程常伴随着物理和化学变化。

2. 催化剂使用

合理地使用催化剂是保证催化剂活性高、寿命长的主要措施之一，也是化学工业高产、低耗的重要措施之一。

催化剂在装填时，应使催化剂装填均匀，以免气流分布不均匀而造成局部过热，烧坏催化剂现象。

催化剂在使用时，应防止催化剂与空气接触，避免已活化或还原的催化剂发生氧化而活性衰退；应严格控制原料纯度，避免与毒物接触而中毒或失活；应严格控制反应温度，避免因催化剂床层局部过热而烧坏催化剂；应尽量减少操作条件波动，避免因温度、压力的突然变化而造成催化剂的粉碎。

3. 催化剂再生

对活性衰退的催化剂，采用物理、化学方法使其恢复活性的工艺过程称为再生。催化剂活性的丧失，可以是可逆的，也可以是不可逆的。催化剂的活性衰退经过再生处理以后，可以恢复活性的称为暂时性失活。经再生处理不能恢复活性的称为永久性失活。

催化剂的再生根据催化剂的性质及失活原因，毒物性质及其他有关条件，各有其特定的方法，一般分化学法和物理法。

某些催化剂在再生过程中，会发生不可逆的结构变化。这种催化剂经过再生后，其活性不能完全恢复，经过多次再生后，活性会降低到不能使用的水平。

4. 催化剂的寿命

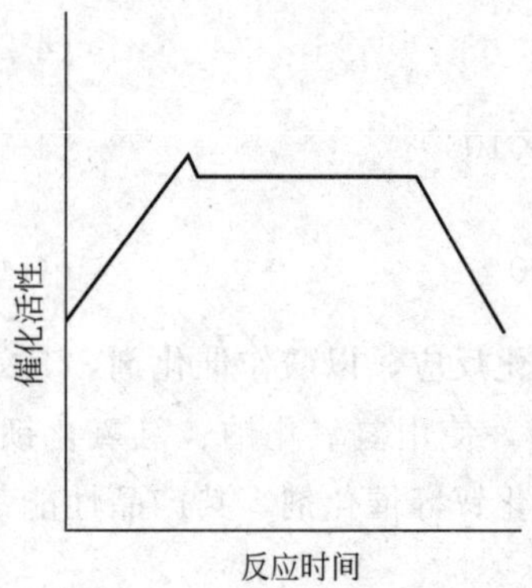

图 4-19　催化活性与时间的关系

催化剂的寿命是指催化剂的有效使用期限，是催化剂的重要性质之一。催化剂在使用过程中，效率会逐渐下降，影响催化过程的进行。例如因催化活性或催化剂选择性下降，以及因催化剂粉碎而引起床层压力降增加等，均导致生产过程的经济效益降低，甚至无法正常运行。

催化剂的活性与使用时间有关，二者之间的关系可以用催化剂寿命曲线来表示，如图 4-19 所示。该曲线可以分为三个时期：催化剂在使用一段时间后，活性达到最高，称为成熟期；当催化剂成熟后活性会略有下降并在一个相当长的时间内保持不变，这段时间因使用条件而异，可以从数周，到数年，称为稳定期；最后催化活性逐渐下降，此期称为衰老期。某些催化剂在老化后可以再生，使之重新活化。

引起催化剂效率衰减而缩短其寿命的原因很多，主要有：原料中杂质的毒化作用（又叫催化剂中毒）；高温时的热作用使催化剂中活性组分的晶粒增大，从而导致比表面积减少，或者引起催化剂变质；反应原料中的尘埃或反应过程中生成的碳沉积物覆盖了催化剂表面（黑色颗粒为镍，丝状物为碳沉积物）；催化剂中的有效成分在反应过程中流失；强烈的热冲击或压力起伏使催化剂颗粒破碎；反应物流体的冲刷使催化剂粉化吹失等。

【练习与拓展】

1. 催化剂成分由哪几部分组成？助催化剂单独存在时有无明显的催化作用？

2. 什么叫催化剂中毒？化工生产中应如何避免催化剂中毒？

3. 催化剂的寿命曲线通常包括哪三个周期？

4. 性能良好的催化剂应具有哪些特点？

5. 化工生产中，有时会因控制不当发生催化剂床层"飞温"，试调查引起"飞温"的原因，"飞温"的危害，以及发生"飞温"时的操作和调整措施。

模块五

化工安全与清洁生产

项目5.1
灭火器的选择与操作

一、考核要求

1. 掌握灭火的基本原理与灭火方法。
2. 能够根据火灾类型选择不同种类的灭火器。
3. 能够熟练使用常见灭火器。

二、实训装置和设施

1. 灭火器

手提式的化学泡沫、ABC 型干粉（磷酸铵盐）、BC 型干粉（碳酸氢钠粉）以及二氧化碳等四种灭火器各配置 2 个，如图 5-1 所示。

图 5-1　四种常用的灭火器

2. 模拟火灾现场

木材火灾现场、铁盆装柴油火灾现场各 1 处（提示：禁用石油液化气、汽油、乙醇等易燃物模拟，这些易燃物汽化后可能在空气中形成爆炸性混合气体）。

三、实训操作

1. 认识常用的灭火器

通过灭火器标签上标示的灭火剂的种类，认识泡沫灭火器（内筒内为硫酸铝液，外筒内为碳酸氢钠液与发泡剂）、干粉灭火器（磷酸铵盐或碳酸氢钠粉）和二氧化碳灭火器。

认识不同移动方式的灭火器，手提式、推车式灭火器的外形如图5-2、图5-3所示。

图5-2　手提式灭火器外形

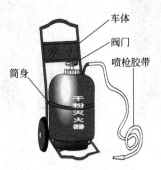

图5-3　推车式灭火器外形

2. 根据火灾类型选择灭火器

依据火灾的类型选用不同种类的灭火器，如表5-1所示。

表5-1　灭火器的选用

扑灭火灾的类型	选用灭火器种类或采用灭火措施
A类火灾：固体燃烧的火灾。如木材、棉、毛、麻、纸张火灾等，在燃烧时能产生灼热的余烬	水型、泡沫、磷酸铵盐干粉、卤代烷型灭火器；扑救图书档案的初起火灾最好用二氧化碳灭火器
B类火灾：指液体火灾和可熔化的固体物质火灾。如汽油、煤油、原油、醇、醛、酮、醚、酯、沥青等（但醇、醛、酮、醚、酯等属于极性溶剂，易吸收泡沫）	干粉、泡沫、卤代烷、二氧化碳型灭火器，但泡沫灭火器不能灭B类极性溶剂火灾
C类火灾：指气体火灾。如煤气、天然气、甲烷等	干粉、卤代烷、二氧化碳型灭火器
D类火灾：指金属火灾。如钾、钠、镁、钛、铝镁合金等	国外用粉装石墨灭火器和金属火灾专用干粉灭火器。国内未推出定型的灭火器，可用干砂等灭火
E类火灾：指带电物体的火灾。如发电机房、变压器室、配电间、仪器仪表间和电子计算机房等在燃烧时不能及时或不宜断电的电气设备带电燃烧的火灾	磷酸铵盐干粉、卤代烷型灭火器；扑救带电（600V以下）设备、仪器仪表等的初起火灾也可用二氧化碳灭火器
F类火灾：烹饪器具内的烹饪物（动植物油脂）火灾	灭火时忌用水、泡沫及含水性物质，应使用窒息或冷却灭火，如盖锅盖、用湿麻袋覆盖燃烧物进行窒息灭火，或向锅内倒入切好的蔬菜进行冷却灭火

3. 使用灭火器灭火

（1）泡沫灭火器的使用　手提式化学泡沫灭火器的使用方法如图5-4所示。其使用步骤如下。

① 右手握着压把，左手托着灭火器底部，轻轻地取下灭火器［见图5-4(a)］；

② 右手提着灭火器到现场［见图5-4(b)］；

③ 右手捂住喷嘴，左手执筒底边缘［见图5-4(c)］；

④ 把灭火器颠倒过来呈垂直状态，用劲上下晃动几下，然后放开喷嘴［见图5-4(d)］；

⑤右手抓住筒耳，左手抓住筒底边缘，把喷嘴朝向燃烧区，站在离火焰8～10m地方喷射，不断前进，兜围着火焰喷射，直至把火焰扑灭［见图5-4(e)］；

⑥ 灭火后，把灭火器卧放在地上，喷嘴朝下［见图5-4(f)］。

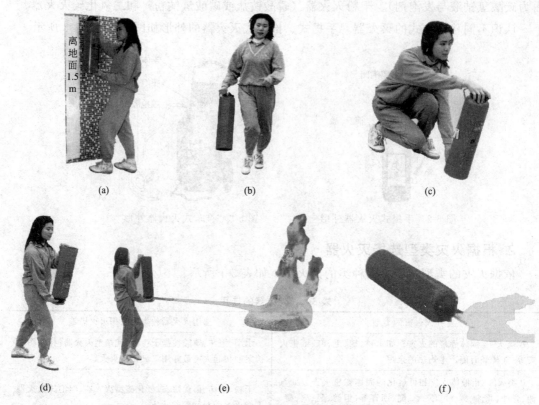

图 5-4 化学泡沫灭火器使用方法

（2）干粉灭火器的使用 手提式干粉灭火器使用方法如图 5-5 所示。其使用步骤如下：

图 5-5 手持式干粉灭火器使用

① 一只手握住压把，另一只手托着灭火器底部，取下灭火器［见图 5-5(a)］；

② 提着灭火器迅速赶到现场［见图 5-5(b)］；

③ 除掉铅封，拔除保险销［见图 5-5(c)］；

④ 距火焰 2m 处右手用力压下压把，使干粉喷射出来，左手拿着喷管左右摆动，使干粉覆盖整个燃烧区［见图 5-5(d)］。使用前应先将筒体上下颠倒几次，使干粉松动，再开气喷粉。

推车式干粉灭火器使用方法如图 5-6 所示。其使用步骤如下：

① 把干粉车拉或推到现场［见图 5-6(a)］；

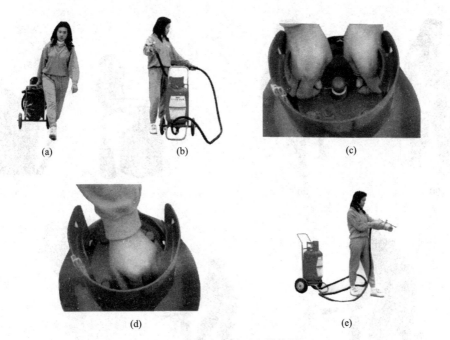

图 5-6　推车式干粉灭火器使用

② 右手抓着喷粉枪，左手展开胶管至平直，不能弯曲或打折 [见图 5-6(b)]；

③ 除掉铅封，拔出保险销 [见图 5-6(c)]；

④ 用手掌使劲按下供气阀门，观察压力表，待罐内压力增至 1.5～2.0MPa [见图 5-6(d)]；

⑤ 左手把持喷粉枪管托，右手把持枪把，用手指扳动喷粉开关，对准火焰喷射。不断靠前左右摆动喷粉枪，把干粉笼罩住燃烧区，直至把火扑灭为止 [见图 5-6(f)]。使用时应注意，干粉灭火器不可倒置使用；扑灭油类物质火焰时，不可将灭火剂直喷油面，以免燃油被吹喷溅。

（3）二氧化碳灭火器的使用　鸭嘴式二氧化碳灭火器使用方法如图 5-7 所示。其使用步骤如下：

① 用右手握着压把 [见图 5-7(a)]；

② 用右手提着灭火器到现场 [见图 5-7(b)]；

③ 除掉铅封 [见图 5-7(c)]；

④ 拔掉保险销 [见图 5-7(d)]；

⑤ 站在距火源 2m 的地方，左手拿着喇叭筒（塑料）底部，右手用力压下压把 [见图 5-7(e)]；

⑥ 对着火焰根部喷射，并不断推前，直至把火焰扑灭 [见图 5-7(f)]。对没有喷射软管的二氧化碳灭火器，应把喇叭筒往上扳 70°～90°。灭火时，当可燃液体呈流淌状燃烧时，应将二氧化碳灭火剂的喷流由近而远向火焰喷射。如果可燃液体在容器内燃烧时，应将喇叭筒提起，向燃烧的容器中喷射，但不能将二氧化碳射流直接冲击可燃液面，以防止将可燃液体冲出容器而扩大火势。

使用时应注意，不要直接用手抓住金属连线管，也不要把喷嘴对准人，以防冻伤；室

图 5-7 二氧化碳灭火器使用

外使用应选择在上风方向喷射；在室内窄小空间使用时，灭火后操作者应迅速离开，以防窒息！

四、考核标准

灭火器的选择与操作项目的考核标准见表 5-2。

表 5-2 灭火器的选择与操作项目考核表

考核内容	考核要点	配分	扣分	扣分原因	得分
区分常用的灭火器	按灭火剂区分所配置的灭火器种类	5			
根据火灾类型选择灭火器	针对木材火灾现场,选取 2 种最合适的灭火器提到火灾现场(每种取 1 个)	5			
	针对铁盆装柴油火灾现场,选择可用的全部灭火器	5			
	针对铁盆装柴油火灾现场,选取 2 种灭火器提到火灾现场(每种取 1 个)	5			
泡沫灭火器操作	右手捂住喷嘴,左手执筒底边缘	5			
	灭火器颠倒呈垂直状态,上下晃动,放开喷嘴	5			
	右手抓筒耳,左手抓筒底,喷嘴朝向燃烧区,离火焰 8～10m,兜围着火焰喷射,直至扑灭	5			
	灭火后灭火器卧放,喷嘴朝下	5			

化工总控工应会技能基础（中级工/高级工版）

考核内容	考核要点	配分	扣分	扣分原因	得分
干粉灭火器操作	除掉铅封,拔除保险销	10			
	据火焰2m处右手用力压下压把,使干粉喷射,左手持喷管摆动,干粉覆盖燃烧区	10			
二氧化碳灭火器操作	除掉铅封	5			
	拔掉保险销	5			
	站在距火源2m的地方,左手持喇叭筒,右手压下压把	5			
	对着火焰根部喷射,并不断推前,直至把火焰扑灭	5			
职业素养	操作安全规范	5			
	团队配合合理有序	5			
	现场管理文明安全	5			
实训报告	认真规范	5			
考评员签字		考核日期		合计得分	

【相关知识】

一、灭火的基本原理与灭火方法

1. 灭火的基本原理

物质燃烧有三个要素,即可燃物、助燃物和点火源,缺少其中任何一个要素,燃烧便不能发生。消除燃烧三个要素中任何一个或多个要素,燃烧就会终止。

2. 灭火方法

(1)窒息法　隔绝助燃物质,采取适当措施来防止空气流入燃烧区,使可燃物无法获得助燃物而停止燃烧。适用于扑救封闭的房间、地下室、船舱内的火灾。二氧化碳灭火、干粉灭火原理之一属于窒息法。

(2)冷却法　降低着火物质温度,使之降到燃烧点以下而停止燃烧。用水进行冷却灭火,是扑救火灾最常用的方法。二氧化碳的冷却效果也很好。

(3)隔离法　将燃烧的物质与未燃烧的物质隔开,中断可燃物质的供给,使火源孤立,从而使燃烧停止。如把可燃物迅速疏散,切断火路、关闭阀门,阻止可燃气体、液体流入燃烧区,拆除与火源相毗连的易燃建筑等。

(4)抑制灭火法　使灭火剂参与燃烧的连锁反应,使燃烧过程中产生的自由基消失,形成稳定分子,从而使燃烧反应停止。干粉灭火中,其挥发性分解物对燃烧产生的自由基有抑制作用。

上述方法在灭火中并不是孤立的,有些灭火方式能同时起到多个作用。

二、灭火器的型号

灭火需要用到灭火器材(如灭火器、消防栓、破拆工具)和消防系统(如火灾自动报警系统、自动喷水灭火系统、防排烟系统、防火分隔系统、消防广播系统、气体灭火系统、应急疏散系统等）。

根据国家标准规定，灭火器型号应以汉语拼音大写字母和阿拉伯数字标于筒体，如"MF2"等。其中第一个字母 M 代表灭火器，第二个字母代表灭火剂类型（F 是干粉灭火剂、FL 是磷铵干粉、T 是二氧化碳灭火剂、Y 是卤代烷灭火剂、P 是泡沫、QP 是轻水泡沫灭火剂、SQ 是清水灭火剂），后面的阿拉伯数字代表灭火剂重量或容积，一般单位为千克或升。有第三个字母 T 的是表示推车式，B 表示背负式，没有第三个字母的表示手提式。常见的灭火器有 MP 型、MPT 型、MF 型、MFT 型、MFB 型、MY 型、MYT 型、MT 型、MTT 型等。

三、常用灭火器性能与维护

1. 泡沫灭火器

泡沫灭火器有化学泡沫灭火器和空气泡沫灭火器两种，前者常用。化学泡沫灭火器内充装有酸性（硫酸铝）和碱性（碳酸氢钠）两种化学药剂的水溶液。使用时，两种溶液混合引起化学反应产生 CO_2 泡沫，在压力作用下喷射出去进行灭火。泡沫灭火器主要适用于扑救如木材、纤维、橡胶等固体可燃物的 A 类火灾，也可以用于扑救如汽油、煤油等极性溶剂以外的 B 类火灾。

泡沫灭火器存放应避免高温，最佳存放温度为 4～5℃；应经常疏通喷嘴，使之保持畅通。使用期在两年以上的，每年应送请有关部门进行水压试验，合格后方可继续使用，并在灭火器上标明试验日期。每年要更换药剂，并注明换药时间。

2. 干粉灭火器

干粉灭火器有手提式和推车式两种。干粉灭火器利用二氧化碳或氮气作动力，将干粉灭火剂从喷嘴内喷出，形成一股雾状粉流，射向燃烧物质灭火，是一种高效的灭火装置。灭火器内部充入的干粉灭火剂有磷酸铵盐（ABC 型）和碳酸氢钠（BC 型）两种。ABC 型除可扑灭 A 类火灾、B 类火灾和 C 类火灾，还可用于扑灭 50kV 以下的电器火灾，属于通用型干粉灭火器，BC 型可扑灭 B 类火灾和 C 类火灾。

干粉灭火器应放置在 -10～55℃ 温度之间、干燥通风的环境中，防止干粉受潮变质；避免日光曝晒和强辐射热，以防失效。要进行定期检查，如发现干粉结块或气量不足，应及时更换灭火剂或充气。灭火器一经开启，都必须重新充装，充装时应到消防监督部门认可的专业维修单位进行。干粉灭火器每隔五年或每次再充装前，应进行水压试验，以保证耐压强度，检验合格后方可继续使用。

3. 二氧化碳灭火器

二氧化碳灭火器有两种：鸭嘴式开关和轮式开关。二氧化碳有较好稳定性，不燃烧也不助燃，可通过加压以液体状态灌入灭火器桶（钢瓶）内。在 20℃ 时，钢瓶内压力达 6MPa。液体二氧化碳从灭火器喷出后，迅速蒸发，变成固体雪花状的二氧化碳，固体二氧化碳喷射到燃烧物体上迅速吸热挥发成气，其温度为 -78℃。在灭火中二氧化碳具有良好冷却和窒息作用。

二氧化碳灭火器不怕冻，但怕高温，存放时应远离热源，温度不得超过42℃，否则内部压力增大使安全膜破裂，灭火器失效。每年要用称重法检查一次二氧化碳的存量，当二氧化碳的重量比其额定值减少1/10时，应进行灌装。另外，每年要进行一次水压试验，并标明试验日期。

【练习与拓展】

1. 灭火的基本原理是什么？灭火方法主要有哪几种？

2. 灭火器选择中，为什么要关注燃烧物质的密度？

3. 比较不同类型灭火器的特点和使用场合。

4. 水适合于什么场合火灾事故的补救？

项目5.2
防毒与化学灼伤急救用具
的选择与使用

一、考核要求

1. 熟悉常见的防毒用具与化学灼伤急救用具。

2. 能够根据工作环境正确选择防毒用具。

3. 能够正确使用和维护防毒用具、化学灼伤急救用具。

二、实训装置或器材

1. 防毒用具（呼吸防护用品）与化学灼伤急救用具

过滤式防毒面罩（针对不同毒气配多种过滤盒或过滤罐）、空气呼吸器、氧气呼吸器等；洗眼器和紧急喷淋装置等。

2. 模拟中毒现场与化学灼伤现场

中毒现场：①用风机喷出空气和纸条（写上："一氧化碳""逃生"字样），模拟毒气逃生现场；②用风机喷出空气和纸条（写上："一氧化碳""救人"字样），模拟发生中毒事故需要救人的现场。

化学灼伤现场：用蒸馏水瓶向某人眼睛喷射少许蒸馏水，模拟化学灼伤现场。

三、实训操作

1. 认识常见的防毒用具与化学灼伤急救用具

（1）认识防毒用具

① 过滤式呼吸保护器。如半面罩（图5-8所示）、全面罩（如图5-9所示）和动力头盔呼吸保护器（如图5-10所示）。

过滤式呼吸保护器中过滤元件（罐/盒）内置专用的吸收剂，其防护范围应同环境毒物一致。滤毒罐（盒）类型及防护范围如表5-3所示。

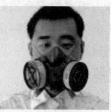

(a) 单盒式防毒半面罩　　　　　　　　　　(b) 双盒式防毒半面罩

图 5-8　单盒式/双盒式过滤防毒半面罩

(a) 单盒式防毒全面罩　　(b) 双单盒式防毒全面罩　　(c) 导管式防毒全面罩

图 5-9　单盒式/双盒式/导管式过滤防毒全面罩

图 5-10　动力头盔呼吸保护器

1—污染空气；2—粗过滤；3—微型电机和风扇；4—头盔；5—滤尘器；6—面罩；7—清洁空气

表 5-3　滤毒罐（盒）类型及防护范围

型号	色标	性能	防护范围
1	草绿色	综合防毒	各种气体及蒸气（一氧化碳除外）
1L	草绿色加白道	综合防毒	各种气体及蒸气及毒烟毒雾
2	橘红色	综合防毒	包括一氧化碳在内的各种气体及蒸气
3	褐色	防有机蒸气	各种有机气体与蒸气及氯气等
3L	褐色加白道	防有机蒸气	各种有机气体与蒸气及氯气、毒烟雾等
4	灰色	防氨、硫化氢	氨、硫化氢
4L	灰色加白道	防氨、硫化氢	氨、硫化氢及毒烟、毒雾
5	白色	防一氧化碳	一氧化碳
6	黑色	防汞	汞蒸气
7	黄色	防酸性气体	各种酸性气体
7L	黄色加白道	防酸性气体	各种酸性气体及毒烟毒雾

　　② 隔绝式呼吸保护器。如动力送风长管呼吸器（图 5-11 所示）、压缩空气呼吸器（图 5-12 所示）、自给式氧气呼吸器（图 5-13 所示）、空气呼吸器（图 5-14 所示）。

图 5-11 动力送风
长管呼吸器

图 5-12 压缩空气呼吸器

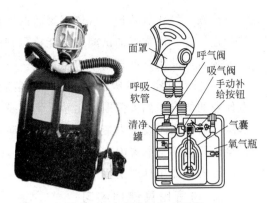

图 5-13 自给式氧气呼吸器

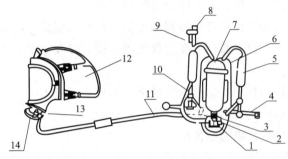

图 5-14 空气呼吸器

1—贮气瓶开关；2—减压器；3—安全阀；4—腰带；5—肩带；6—背托（碳纤维）；7—贮气瓶；
8—压力表（夜光）；9—余气报警哨；10—高压导管；11—中压导管；12—面罩；
13—正压呼气阀；14—供气阀

（2）认识化学灼伤急救用具　认识洗眼器、紧急喷淋装置（图 5-15 所示）和洗眼瓶。

2. 选择防毒用具

（1）识别有害环境类型，判定危害程度。

（2）根据有害环境类型和危害因素选择防毒用具。

对于 IDLH 环境（有害物含量达到立即威胁生命和健康环境的浓度），选择全面罩正压式空气呼吸器或全面罩正压式氧气呼吸器；若有害环境为爆炸性环境，应选择空气呼吸器，不允许选择氧气呼吸器。

在非 IDLH 环境，可根据危害因数和防毒用具的防护等级选择防毒用具，选择原则：防毒用具的指定防护因数 APF 要高于作业现场的危害因数。

① 半面罩（防毒口罩）适用于非 IDLH 且危害因数小于 10 的环境，即短时间、低浓度的有毒有害气体或酸雾作业场所，例如：浓盐酸或浓硫酸操作、实验中可产生有毒有害气体或烟雾的作业场所。可根据不同气体更换滤罐（盒），也可做防尘使用。

图 5-15 洗眼器和紧急喷淋装置

警告：此用具严禁用于应急抢救！

② 全面罩呼吸器适用于非 IDLH 且危害因数小于 100 的环境，如用于氯气、氯乙烯、

一氧化碳、氯化氢防护，气体报警后的巡视或逃生、微小泄漏（如法兰密封面、丝堵或螺纹的连接处，用常规的试漏液才能检测到的泄漏）的处理。

警告：此用具严禁用于应急抢救。

③ 长管式空气呼吸器用于已知的危险气体作业环境、缺氧环境，适合流动性小、定点作业的场合，如大范围的化学、生化及工业污染环境中连续长时间作业使用。例如，在塔罐容器等密闭设备内禁止使用过滤式防毒面具，可使用自吸长管式空气呼吸器。配正压式全面罩适用于危害因数小于1000的环境。

警告：此用具严禁用于应急抢救。

3. 防毒用具使用练习

(1) 过滤式防毒面罩的使用　使用面罩时，由下巴处向上佩戴，再适当调整头带，戴好面具后用手掌堵住滤毒盒进气口用力吸气，面罩与面部紧贴不产生漏气，则表明面具已经佩戴气密，可以进入危险涉毒区域工作。

(2) 动力送风长管呼吸器的使用　按要求佩戴呼吸器，将移动气源和面罩的接头先接到腰间阀上。打开移动气源的气瓶阀，戴上呼吸面罩，检查气密性，呼吸自如后方可进入工作现场。

在使用过程中，如感觉气量供给不足、呼吸不畅，应立即撤出现场或打开逃生气源撤离。用于危险场所时，必须有第二者监护。

(3) 空气呼吸器的使用

① 使用前检查。检查束带是否扣好，气瓶阀门是否关闭，检查瓶内压力（不得小于22MPa），检查报警压力（5~6MPa时报警笛必须发出报警声响）。

② 佩戴与检查。按要求佩戴空气呼吸器，打开贮气瓶开关，佩戴面罩接入贮气瓶空气，检查面罩的气密性，接入供气阀并检查供气阀可靠性后，进入工作场所。

③ 使用中与撤离后的步骤。空气呼吸器使用期间应随时观察压力表，当压力下降到低于6MPa时，报警笛开始鸣叫，必须撤离现场。撤离后，应先脱开供气阀，同时按下供气阀红色按钮，防止空气泄漏，然后取下面罩，卸下空气呼吸器，小心清理面罩表面的有害灰尘。空气呼吸器防护时间1h左右。

(4) 氧气呼吸器的使用　采用左系式佩戴呼吸器，打开氧气瓶阀门，检查氧气压力，高于规定压力时才可使用。佩戴面罩，进行几次深呼吸，体验呼吸器各个机件是否良好。确认没有问题时，进入作业现场。

使用中应随时观察氧气压力的变化，当发现压力降到2.9MPa时，作业人员应迅速撤离现场。

4. 练习化学灼伤急救用具的使用

(1) 洗眼器使用　将洗眼器盖移开，推出手阀或踩脚踏阀；用食指及中指将眼睑翻开及固定，将头向前，让清水冲洗眼睛最少15min；及时送诊所就医。

(2) 紧急喷淋装置（安全花洒）使用　及时除下受化学品污染的衣服，站于紧急喷淋装置下，并拉动手环，让清水冲洗受伤部位最少15min；到诊所求医。

(3) 洗眼瓶使用　撕破洗眼瓶封条，拧开瓶盖；把瓶口保持在眼睛或患处数寸，用手压瓶以控制流量，开始冲洗；可重复2~3次；及时送诊所就医。

四、考核标准

防毒与化学灼伤急救用具的选择与使用项目的考核标准见表 5-4。

表 5-4 防毒与化学灼伤急救用具的选择与使用项目的考核表

考核内容	考核要点	配分	扣分	扣分原因	得分
识别防毒用具、化学灼伤急救用具	识别过滤式防毒面罩、空气呼吸器、氧气呼吸器	3			
	识别洗眼器、紧急喷淋装置	3			
	根据滤毒罐（盒）颜色，指出其防护范围	4			
选择防毒用具	根据风机喷出的空气和纸条，模拟中毒现场逃生，选择合适的过滤式防毒面罩	5			
	风机喷出空气和纸条，模拟无火/有火的中毒现场救人，选择合适的防毒用具	5			
过滤式防毒面罩的使用操作	面罩由下巴向上佩戴，再适当调整头带	5			
	用手掌堵住滤毒盒进气口用力吸气，面罩与面部紧贴不产生漏气	5			
空气呼吸器的使用操作	使用前检查	5			
	佩戴操作步骤	10			
	使用中步骤	5			
	撤离后步骤	5			
氧气呼吸器的使用操作	使用呼吸器之前步骤	5			
	佩戴时步骤	5			
	使用中步骤	5			
	气囊中废气积聚过多时，揿手动补给按钮补充氧气	5			
	减压阀定量供氧故障时，一边揿手动补给按钮，一边迅速撤出现场	5			
洗眼器的使用操作	洗眼器盖移开，推出手阀，翻开并固定眼睑，清水冲洗最少 15min	5			
紧急喷淋装置操作	立即除下受化学品污染的衣服，紧急喷淋，清水冲洗受伤部位最少 15min	5			
职业素养	操作安全规范	2			
	团队配合合理有序	2			
	现场管理文明安全	2			
实训报告	认真规范	4			
考评员签字		考核日期		合计得分	

【相关知识】

一、有毒有害物料的危害与管理

1. 有毒有害物料的危害

（1）粉尘 硅石、铝粉、铁粉、染料、塑料（母料）、铅粉和石棉等。危害表现为尘肺、中毒和致癌。

（2）生产性毒物　生产中泄漏、蒸发并可能接触到的氯气、光气、溴、氨、硫化氢、一氧化碳、二氧化碳、氯化氢、二硫化碳、苯蒸气、汞蒸气、含铅化合物、铬酸雾、硫酸雾、有毒电镀液等。危害表现为中毒、带毒状态（如带铅、带汞）、致突变、致癌和致畸等。

（3）腐蚀性物品　酸、碱等。危害表现为化学灼伤。

2. 有毒有害物料的管理

使用前应检查有毒有害物品标识是否齐全、清晰正确，在有效期内；使用有毒有害物品时，要严格遵守该物品的使用说明书规定的条款、安全注意事项，或者严格执行标准、规范的规定；剩余的有毒有害物品，严禁随意倾倒于地面或下水道中；应存放在指定的容器中，及时回收；使用后的酸、碱等液体，应采取中和、稀释等措施，符合标准要求后，再按规定排放。

二、有毒有害物料泄漏判断及处理

1. 有毒有害物料泄漏判断

定期对作业场所空气中毒物浓度进行监测，一旦监测指标超标，则可判断有毒有害物料发生泄漏。

易产生和泄漏有毒有害气体的场所，应按《工作场所有毒气体检测报警装置设置规范》（GBZ/T 233）要求设置检测设备；在有毒有害气体存在泄漏风险的厂区内进行作业人员，应配备相应规格的便携式气体检测仪；对于监测有毒有害气体泄漏的仪器要定期进行数据采集，并做好记录。

测定工作场所毒物分布情况时，应将作业场所划分为若干区域进行采样布点；测定毒物发生源附近情况时，在操作点附近采样；判断或评价某一措施效果时，在该措施使用前后或使用与否之间进行采样比较。

2. 有毒有害气体泄漏处理

有毒有害气体泄漏处理中，工程上主要措施是通风换气。当有低浓度有毒有害气体散发，且其散发点较分散的情况下，宜采用全面通风换气，使工作场所空气中有毒有害气体达到职业接触限值要求。个人防护主要是使用防毒用具。

3. 有毒有害物料防护措施

根据有毒有害物品的种类、性质、作业环境等实际情况，可考虑采用下列防护措施：①戴防毒面具；②戴防腐蚀手套；③穿防腐蚀鞋；④戴防护眼镜。

*三、有害环境的分类及判定

1. 有害环境的分类

有害环境分 IDLH 环境（有害物含量达到立即威胁生命和健康环境的浓度）和非 IDLH 环境。若有害环境中有害物未知，则视为 IDLH 环境；若有害物已知，则界定有害环境中氧气浓度范围。依《呼吸防护用品的选择、使用与维护》（GB/T 18664—2002），正常呼吸氧的浓度范围为 18%～23.5%。氧气浓度低于 18% 或高于 23.5% 均属于 IDLH 环境；当氧气浓度在 18%～23.5%，若空气中存在有害物质且浓度高于 IDLH 浓度或浓度未知，则认为 IDLH 环境；若空气中有害物质浓度低于 IDLH 浓度，则计算危害因数并判定危害程度。

危害因数计算公式为：

$$危害因数 = \frac{现场有害物浓度}{国家职业卫生标准规定浓度}$$

若危害因数大于 1，说明有害物浓度超标，危害因数越大，说明环境的危险程度越高。

2. 防毒用具的选用

选用防毒用具的指定防护因数 APF 要高于作业现场的危害因数。指定防护因数 APF 是指在呼吸器功能正常、适合使用者佩戴且正确使用的前提下，预计能将空气中有害物浓度降低的倍数，可反映防毒用具的防护等级，APF 越高防护等级越高。GB/T 18664—2002 中规定的部分防毒用具的 APF 如表 5-5 所示。

表 5-5　部分防毒用具的指定防护因数 APF

过滤式		隔绝式	
自吸过滤式	动力空气过滤式	供气式（长管呼吸器）	携气式
半面罩 APF=10	正压式全面罩 200<APF<1000	（动力送风） 正压式全面罩 APF=1000 正压式半面罩 APF=50	正压式 APF>1000 负压式 APF=100
全面罩 APF=100			

【练习与拓展】

1. 有毒有害物料从状态与危害性看分哪三类？其危害表现各有哪些？
2. 有毒有害气体泄漏处理中，工程上主要措施是什么？
3. 对有毒有害物料防护，可考虑采取哪些措施？
4. 过滤式防毒设备与供氧型呼吸机在工作原理上有何不同？

项目5.3
现场抢救方法

一、考核要求

1. 针对急性中毒事件，掌握正确的抢救方法。
2. 掌握人工呼吸和胸外心脏挤压术。
3. 掌握安全隐患控制措施。

二、实训装置和设施

1. 抢救工具与个人防护用品

担架 1 副，安全梯 1 个（进入装置设备内部实施抢救用），安全帽、防毒防护服、安全带（进入装置设备内部实施抢救用）、空气呼吸器等各 4 套。

2. 模拟中毒救援现场

模拟中毒救援现场：无火，1个一氧化碳检测装置发出一氧化碳超标报警声，现场中1人中毒晕倒、抢救迫切。

三、实训操作

1. 判断安全事故并进行处理

从远处看到有人倒在现场，听到现场有1个一氧化碳检测装置发出的一氧化碳超标报警声。可以初步判断发生中毒安全事故。

处理方法：向主管汇报、向厂部报警，主管召集现场附近人员准备实施救援。

2. 佩戴个人防护用品

进入危险区前，首先要穿好防毒防护服，佩戴好空气呼吸器，戴好安全帽，带上担架；若进入装置设备内部实施抢救，还应系上安全带，带上安全梯，然后展开抢救。

3. 进入现场救援

进入中毒现场后，按中毒事故应急预案分工实施救援。一部分人抢救中毒人员，使之远离中毒现场。另一部分人则采取有效措施，关闭泄漏管道阀门、停止送料，堵塞泄漏设备等以切断毒源；启动一切通风设施，降低空间毒气浓度含量。

4. 退出中毒现场后急救

化工厂中职业中毒以通过呼吸道中毒居多，呼吸道中毒多数情况会导致患者肺水肿。患者从中毒现场被救出后，先做中毒诊断，再做紧急处理，如图5-16所示。

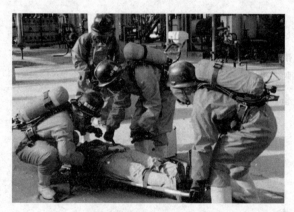

图 5-16　中毒事故抢救

（1）中毒诊断　平放，查心跳、查呼吸、查瞳孔。

（2）紧急处理　置神志不清的病员侧位平放，防止气道梗阻，呼吸困难时给予氧气吸入；呼吸停止时立即进行人工呼吸；心脏停止者立即进行胸外心脏挤压。意识丧失患者，要及时除去口腔异物；有抽搐发作时，要及时使用安定或苯巴比妥类止痉剂。经现场处理后，应迅速护送至医院救治。

四、考核标准

现场抢救项目的考核标准见表5-6。

表 5-6　现场抢救项目考核表

考核内容	考核要点	配分	扣分	扣分原因	得分
安全事故判断及处理	针对现场判断中毒安全事故	5			
	向主管汇报、向厂部报警,准备实施救援	5			
个人防护用品的佩戴	进入危险区前,穿好防毒防护服,佩戴好空气呼吸器,戴好安全帽,带担架	5			
	若进入装置设备内部,系安全带,带安全梯	5			
进入现场救援的操作	按应急预案分工实施救援	5			
	一部分人抢救中毒人员远离中毒现场	10			
	另一部分人切断毒源,启动一切通风设施	10			
退出中毒现场后急救	将患者平放	5			
	查心跳、查呼吸、查瞳孔	10			
	保持患者气管通畅	5			
	完成心肺复苏术	15			
职业素养	操作安全规范	5			
	团队配合合理有序	5			
	现场管理文明安全	5			
实训报告	认真规范	5			
考评员签字		考核日期		合计得分	

【相关知识】

一、急性职业中毒事故的预防与控制

1. 急性职业中毒原因

(1) 设备未密闭,车间无通风排毒设施;

(2) 设备密闭、车间通风排毒设施效果不好;

(3) 设备存在跑、冒、滴、漏或意外泄漏;

(4) 设备检修或抢修不及时;

(5) 未配置个人防护设备;

(6) 未使用个人防护用具或使用不当;

(7) 没有安全操作规程;

(8) 有毒化学品的运输、贮存、装卸、使用违反安全操作规程;

(9) 缺乏安全防护知识教育;

(10) 其他方面,如生产劳动组织不当(超时劳动),事故处理指挥不当,使用劣质原料。

2. 急性职业中毒事故的预防

(1) 严密的组织和严格的规章制度;

(2) 合理的工程技术措施(替代、变更工艺、隔离、通风);

（3）完备的个人防护用品及正确使用；

（4）定期的危害监测、评价和医学监护（健康体检）；

（5）制定中毒（事故）应急预案；

（6）有效规范的警示（警戒线、标识、警铃）；

（7）有效的泄险设施（强制通风、泄险通道）；

（8）操作人员培训（防护知识、自救护救）；

（9）良好的医学救援，现场处理设施（呼吸保护器、紧急喷淋装置），训练有素的专业救援和及时有效的医疗急救。

3. 急性职业中毒事故控制

急性职业中毒事故控制可采取以下措施：①停止导致职业危害事故的作业，控制事故现场，防止事态扩大，把事故危害降到最低限度；②疏通应急撤离通道，撤离作业人员，组织泄险；③保护事故现场，保留导致中毒（事故）事故的材料、设备和工具；④对中毒事故中患者及时组织救治，进行健康检查和医学观察；⑤按照规定进行事故报告；⑥配合卫生行政部门进行检查，按照卫生行政部门的要求如实提供事故发生情况、有关材料和样品。

4. 中毒事故的报告

事故发生后，事故现场有关人员应当立即向本单位负责人报告；单位负责人接到报告后，应当于 1h 内向事故发生地县级以上人民政府安全生产监督管理部门和负有安全生产监督管理职责的有关部门报告。

情况紧急时，事故现场有关人员可以直接向事故发生地县级以上人民政府安全生产监督管理部门和负有安全生产监督管理职责的有关部门报告。

*二、中毒事故应急预案

1. 中毒事故应急预案的内容

中毒事故应急预案应包括基本情况、危险目标与危险特性，危险目标附近可用消防安全装备和个人防护用品、预案的分级响应条件、组织机构与人员职责、报警与通信方式、事故处理方案和程序、紧急安全疏散、警戒与交通管制（危险区隔离）、检测抢救及控制措施、现场医疗救护、事故现场保护与洗消、应急救援保障、事故应急救援终止程序、事故现场净化与恢复、事故起因调查、损失评价、应急救援队伍的任务和训练、附件目录等内容。

2. 应急预案中"分级响应"

应急预案中"分级响应"，举例如下。

（1）预警（轻微泄漏或 1 人中毒）

① 事故发生时，发现人立即向主管汇报，主管再组织处理抢救，并根据事故的类别向主管的部门负责人汇报。

② 部门负责人接报告后，组织部门有关专业技术人员、维修人员处理；对一时难以处理的，报告总经办主任或总经理。

（2）企业响应（中度泄漏或 3 人及 3 人以下中毒）

① 发现人立即报告班组长，班组长在组织处理抢救同时，指定报告员立即向总经办主任或总经理报告。

② 公司各级有关领导，各职能部门主管及专业人员接到通知后，要立即赶赴事故现场，由公司领导组成事故处理指挥小组，所有人员听从指挥的安排。

（3）社会应急（严重泄漏、氯气泄漏、火灾或3人以上人员中毒）

① 发现人立即报告班组长，班组长在组织处理抢救同时，指定报告员立即向总经办主任或总经理报告。若为火灾事故，则第一时间向当地公安消防部门报警。如确认严重泄漏或氯气泄漏难以控制时，立即按响危险所在部门的警铃，如有人员伤亡，立即组织抢救。

② 公司各级有关领导，各职能部门主管及专业人员接到通知后，要立即赶赴事故现场，由公司领导组成事故处理指挥小组，所有人员听从指挥的安排。

【练习与拓展】

1. 描述急性职业中毒事故的预防措施。

2. 根据中毒事故应急预案并通过互联网查找相关资料，草拟一个化工实训室（使用乙醇易燃化学品）火灾事故的应急预案。

3. 学习并掌握人工呼吸和胸外心脏挤压方法。

4. 现场抢救过程中，首先应如何保护自己？

*项目5.4
"三废"治理与清洁生产

一、考核要求

1. 了解"三废"治理的方法。

2. 掌握清洁生产的内涵。

3. 理解"三废"治理与清洁生产的联系。

二、实训装置和设施

1. 一个生产酒精的化工企业

参观某个以玉米为原料生产酒精的化工企业，或观看玉米酒精企业生产过程录像。

2. 三种典型生产与环保方案

第一种："生产＋末端治理"方案；第二种："生产＋循环＋末端治理"方案；第三种："清洁生产＋循环＋末端治理"方案。生产流程分别如图5-17～图5-19所示。

三、实训操作

1. 认识从原料玉米到产品酒精的工艺过程

根据企业生产装置或录像，从原料玉米开始直到得到产品酒精为止，依生产流程（加工顺序），搜寻物料处理（或加工）步骤，画出玉米酒精生产流程简图。

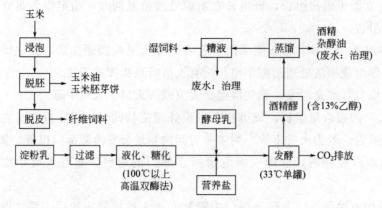

图 5-17 "生产＋末端治理"方案生产流程

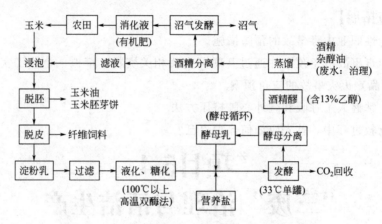

图 5-18 "生产＋循环＋末端治理"方案生产流程

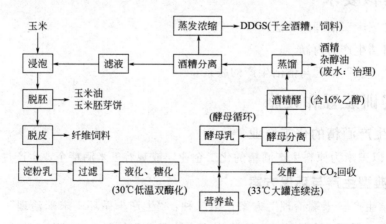

图 5-19 "清洁生产＋循环＋末端治理"方案生产流程

2. 观察产品、副产品出处及生产过程中"三废"排放

查找产品、副产品的出处，在生产流程简图上，完善副产品加工步骤及出处。

查找生产过程中"三废"排放，在生产流程简图上完善"三废"治理步骤，标出排放物名称。

3. 界定企业玉米酒精生产与环保方案所属类别

根据认识工艺流程、观察产品副产品出处及"三废"排放后所画出的生产流程简图，对照三种典型生产与环保方案，界定企业玉米酒精生产与环保方案所属类别。

4. 比较三种典型生产与环保方案的优点与缺点

从原料消耗、能耗、产物副产物收率、"三废"排放量、对操作人员危害、对周边环境影响等方面，比较玉米酒精三种典型生产与环保方案的优点与缺点，对三种典型方案按优劣进行排序。

5. 指出企业生产与环保方案的水平及改进方向

根据对企业玉米酒精生产与环保方案所属类别的界定结论，以及三种典型方案按优劣进行排序，指出企业生产与环保方案的水平。

根据对企业玉米酒精生产与环保方案所属类别的界定结论，以及三种典型方案优点与缺点的比较结论，指出企业生产与环保方案的改进方向。

四、考核标准

"三废"治理与清洁生产项目考核标准见表5-7。

表 5-7 "三废"治理与清洁生产项目考核表

考核内容	考核要点	配分	扣分	扣分原因	得分
认识工艺过程	依生产流程搜寻物料处理步骤	7			
	画出玉米酒精生产流程简图	10			
观察产品、副产品出处及生产过程中"三废"排放	查找产品、副产品的出处，完善生产流程简图	7			
	查找生产过程中"三废"排放，在生产流程简图上完善"三废"治理步骤，标出排放物名称	7			
界定企业生产与环保方案所属类别	对照三种典型生产与环保方案，界定企业玉米酒精生产与环保方案所属类别	7			
指出企业生产与环保方案的水平及改进方向	针对第一种典型方案，从原料消耗、能耗、产物副产物收率、"三废"排放量、对操作人员危害、对周边环境影响等方面，分析其优点与缺点	7			
	分析第二种典型方案的优缺点	7			
	分析第三种典型方案的优缺点	7			
	对三种典型方案按优劣进行排序	7			
	指出企业生产与环保方案的水平	7			
	指出企业生产与环保方案的改进方向	7			
职业素养	操作安全规范	5			
	团队配合合理有序	5			
	现场管理文明安全	5			
实训报告	认真规范	5			
考评员签字		考核日期		合计得分	

【相关知识】

一、主要化工污染物及特点

1. 主要化工污染物

污染物是指进入环境后能够直接或者间接危害生态平衡和人类生活的物质。化工污染物主要为大气污染物质和水污染物质。

（1）大气污染物质 包括颗粒性污染物质和气态污染物，常见的有五类：以 SO_2 为主的含硫化合物，以 NO、NO_2 为主的含氮化合物，碳氧化物，硫氢化合物，卤素及卤代烃等。

（2）水污染物质 化工生产排出的水污染物质，按监管的严格程度分为第一类污染物和第二类污染物。

① 第一类污染物（在车间排放口采样的水体污染物）有总汞、总镉、总铬、总砷、总铅、总镍、苯并 [a] 芘、总银等。

② 第二类污染物（在单位排放口采样的水体污染物）中有 BOD_5（生物需氧量）、COD_{Cr}（化学需氧量）、石油类、动植物油、苯胺类、有机磷农药、苯、苯酚、邻苯二甲酸二丁酯等。

2. 化工污染物的特点

（1）毒性大 化工污染物一般有刺激性或腐蚀性，能直接损害人体健康、腐蚀金属、建筑物，污染土壤、森林及河流、湖泊等。

（2）种类多 污染物种类多，为治理带来难度。

（3）危害大 污染后对生态平衡可能造成很大危害，恢复困难。

二、污染物排放标准与治理方法

1. 污染物排放标准

污染物排放标准是国家对人为污染源排入环境的污染物的浓度或总量所作的限量规定。按污染物形态分为气态、液态、固态以及物理性污染物（如噪声）排放标准。

气态污染物排放标准，规定二氧化硫、氮氧化物、一氧化碳、硫化氢、氯、氟以及颗粒物等的容许排放量；液态污染物排放标准，规定废水（废液）中所含的油类、需氧有机物、有毒金属化合物、放射性物质和病原体等的容许排放量；固态污染物排放标准，规定填埋、堆存和进入农田等处的固体废物中的有害物质的容许含量。

污染物排放标准按适用范围分为通用排放标准和行业排放标准。

2. 污染物治理方法

（1）废气治理 大气污染物主要由燃料燃烧（占 70%），工业生产过程和机动车排气（占 30%）所产生。一般采用吸附、吸收等物理法，以及化学法及物理化学法，主要用吸附法和吸收法。

① 吸附净化法。使废气通过某些多孔性固体吸附剂，废气中的有害气体或蒸气被吸附到吸附剂表面，从而使废气得到净化。适用于混合物（气体）具有低浓度和高要求的废

气。常用的吸附剂有活性硅胶、分子筛、硅藻土等。

② 物理吸收净化法。利用废气中各组分在吸收液中溶解能力不同的原理，使含有害物质的废气与吸收液接触，有害物质被吸收液所吸收。

③ 化学吸收净化法。使气体组分与吸收液中的组分发生化学反应，使废气达到净化。适用于选择性要求高，回收率高，而非一般物理吸收所能实现的过程，如用碱液吸收气体中的 SO_2、CO_2、H_2S，用酸液吸收 NH_3 等。

（2）**废水治理** 可分为物理法、化学法和生物化学法等几种。

① 物理治理法。利用废水中污染物的物理特性，如密度、质量、尺寸等进行分离，主要有过滤法、重力分离法、吸附法、溶剂萃取法等。

a. 过滤法。有滤网过滤、预涂层过滤、微孔过滤及滤床深层过滤等。

b. 重力分离法。利用废水中悬浮物的密度与水的密度不同，而除去废水中悬浮物，如沉砂池、沉淀池、隔油池等。

c. 吸附法。将废水通过多孔性的固体吸附剂，使废水中的溶解性有机物或无机物吸附到吸附剂上，从废水中分离出去。适宜于分离废水中低浓度有害物和有机物质。工业废水处理中最常用的吸附剂是活性炭和树脂吸附剂。

d. 溶剂萃取法。两种互不溶解的液体进行混合，使废水中的有害物质转移到溶剂中，从而将其除去。如废水脱酚常用溶剂萃取法，常用的溶剂有苯和轻油 N-503，脱酚率为 $90\%\sim95\%$，萃取后含酚溶剂用碱洗涤，可将生成的苯酚钠回收使用。

② 化学处理法。采用化学反应的办法，使废水中污染物质与化学试剂发生化学反应而得以去除。常用的方法有中和处理法、化学沉淀法、氧化还原法、电解法等。

a. 中和处理法。对低浓度的酸、碱废水在排放前应进行中和处理。常用的有酸碱废水相互中和、投药中和与过滤中和等三种。

b. 化学沉淀法。使废水中含有的溶解性有毒物质如汞、铬、铅、砷、氟等化合物与某些化学药剂作用，生成难溶物，从而使废水得到净化。可分为氢氧化物法、硫化物法及钡盐法。

c. 氧化还原法。利用废水中的有毒物质能被氧化或还原的性质，将它们从废水中分离出来或转化为无毒或微毒物质，从而使废水得到净化。

d. 电解法。使溶解在废水中的电解质电离，形成的离子分别被氧化或还原。电解法可以除去废水中的酚、氰、重金属离子，还可进行废水的脱色处理。

③ 生物化学法。利用微生物对废水中污染物进行分解转移和转化。主要用于处理有机废水和含硫、氰等无机废水。从微生物代谢形式看，生物处理方法分为好氧法和厌氧法两种。

三、化工企业对环境保护的作用

化工企业对环境保护，可以从以下三个方面发挥作用。

1. 合理利用资源

在产品设计中，尽量采用标准设计，使一些装备便捷地换代，而不必整机报废。不使用或尽可能少使用有毒有害的原材料；选用清洁能源，开发可再生资源，减少从原材料到产品最终处置的整个周期对人类健康和环境的影响。

2. 末端治理措施

由于工业生产无法完全避免污染的产生，因而化工企业在推行清洁生产技术的同时还需要融入末端治理技术，以有效减少向环境排放污染物总量。

3. 采用影响型措施

影响型措施是指对未耗原料或副产进行再利用、再生和再循环。采取影响型措施，能确保污染物回到其能发挥作用的地方。

实行资源和废物的综合利用，可使废弃物资源化、减量化和无害化。废弃物的综合和循环利用有两种方式：一是原级资源化，即把废弃物转化为原来的产品；二是次级资源化，即把废弃物转变为与原来不同的新产品。例如，炼油厂废水中的油分可经油水分离器或者溶解到气浮装置中回收，循环再加工或者用作燃料。

四、清洁生产基本知识

1. 清洁生产的内容

清洁生产是使自然资源和能源利用合理化、经济效益最大化、对人类和环境危害最小化的一种新型生产模式。清洁生产包括四个方面内容。

（1）能源利用的清洁化　包括新能源开发、可再生能源利用（如水力发电、风力发电、太阳能、生物能、潮汐能等）以及常规能源的清洁利用（如城市煤气化、乡村沼气利用等），其中可再生能源日益受到重视。

（2）原料、辅料利用的清洁化　清洁原料是指在产品生产过程中能被充分利用，不含有毒、有害物质，极少产生废物和污染原料。

（3）清洁的生产过程　是整个清洁生产的核心部位，它包括在生产过程中产出的中间产品应无毒、无害，减少副产品，选用少废或无废工艺和高效设备，减少生产过程中的高温、高压、易燃、易爆、强噪声、强振动等危险因素。

（4）清洁的产品　产品在其全寿命的清洁，不仅包括生产过程中的节能与节约原料等；还包括产品在使用中、使用后不危害人体健康和生态环境。

2. 清洁生产与末端治理的比较

清洁生产与末端治理的环保理念与行为动因不同，清洁生产体现"预防为主"，侧重于"防"，末端治理体现"事后治理"，侧重于"治"。清洁生产与末端治理的环保效果与经济效益也不同，两者的比较见表5-8。

表 5-8　清洁生产与末端治理的比较

比较项目	清洁生产	末端治理
实施理念	把污染物消除在生产过程中	对产生的污染物进行处理
控制目标	对产品设计、生产过程、产品生命周期全过程进行控制，防止污染物产生	污染物达标排放
控制效果	比较稳定	产污量大则影响处理效果
产污量	明显减少	间接减少
排污量	减少	治理后减少

比较项目	清洁生产	末端治理
污染转移	无	有可能
治理污染费用	减少	随排放标准严格,费用增加
资源利用率	增加	无显著变化
资源耗用	减少	治理污染增加资源消耗
产品产量	增加产品产量是内容之一	无显著变化
产品成本	降低	治理污染增加费用
经济效益	增加	治理污染代价是经济效益下降
目标对象	全社会	企业及周围环境

清洁生产与末端治理两者并非互不相容,因为工业生产无法完全避免污染的产生,用过的产品还必须进行最终处理、处置,因此在推行清洁生产的同时仍然需要末端治理。

【练习与拓展】

1. 化工污染物的特点有哪些?

2. 清洁生产与末端治理怎样有效结合,实现"节能、降耗、减污、增效"?

3. 调查附近化工企业的污染物排放和治理情况。

*模块六
化工生产技术技能大赛专项训练

精馏操作专项训练

一、操作与考核要求

1. 生产任务

采用 UTS-JL-2J 型化工生产技术赛项专用培训与竞赛精馏装置（该装置对质量分数 20％乙醇-水溶液的加工能力 60L/h），以 10％～15％（质量分数）乙醇-水溶液为原料（室温），通过精馏操作生产出纯度在 80％（质量分数）以上的乙醇产品。

2. 操作内容

由 3 人组成操作团队，相互配合，根据确定的操作规程共同完成开车前准备、开车、生产运行、停车等操作，生产出质量合格的乙醇产品。考核时间为 90min；开车准备、热态开车连同稳定运行，时间限定为 80min，即从计时开始 80min 的时刻必须转入停车操作；停车操作过程 10min。

3. 评比方式

考核中条件相同——所采用的装置类型相同，原料浓度与温度相同，装置的初始状态相同。进料量在 50L/h 或以下任意选择，操作时进料位置自选，但需在进料前于 DCS 操作面板上选择进料板后再进行进料操作。进料状态为常压，操作时间规定 90min。

装置的初始状态：原料槽加满原料，预热器在比赛前预热到 75～80℃并清空原料，精馏塔塔体在比赛前经全回流预热；其他管路系统已尽可能清空物料；设备供水至进水总管，电已接至控制台，所有工具、量具、标志牌、器具均已置于适当位置备用。

按生产要求，对所得产品产量、质量（浓度）、生产消耗、规范操作，以及安全与文明生产状况等项目进行考核评分，以得到的产品产量多且纯度高、消耗低、操作规范、生产安全与文明的操作团队为优胜。

二、实训装置和设施

1. 精馏装置

采用常州工程职业技术学院与浙江中控科教仪器有限公司联合开发的 UTS-JL-2J 精

馏装置，配备 DCS 操作系统，如图 6-1 所示。

图 6-1　大赛用 UTS-JL-2J 精馏装置

1—再沸器；2—原料预热器；3—进料泵（P702）；4—原料槽；5—冷凝液槽；6—塔顶冷凝器；

7—精馏塔；8—塔顶产品槽；9—真空缓冲罐

（注：在控制柜后面有一个塔底换热器和一个塔底残液槽，图中未被展示）

其中，精馏塔主体直径 ϕ200mm，不锈钢制造，14 块塔板，两个进料位置（上进料位置为 10$^\#$ 板，下进料位置为 12$^\#$ 板）；塔顶配一个安全阀。再沸器采用电加热，两组加热器，每组功率 10.5kW，两组加热器的加载电压分别由 DCS 中 TZ-702A 和 TZ-702B 控制；通过 TZ-702A 可以调节其中一个加热器的电压（一组加热器有三个 U 形加热件，采用"△"联接，三个联接点直接连 380V 交流电的三相线），其中两个相电压被显示在仪表盘电压表位置从左往右数第二列的上、下两块表；TZ-702B 可以调节另一个加热器的电压，其中两个相电压被显示在仪表盘电压表位置从左往右数第三列的上、下两块表。原料预热器采用电加热，两组加热器，每组加热器功率 4.5kW，两组加热器的加载电压受 DCS 中 TZ-701 控制，通过 TZ-701 可以调节预热器的加热电压（预热器中一组加热器也有三个 U 形加热件，采用"△"联接，三个联接点直接连 380V 交流电的三相线），其中两个相电压被显示在仪表盘电压表位置从左往右数第一列的上、下两块表。进料泵（P-702）为离心泵，产品泵（P-701）和回流泵（P-704）均为齿轮泵，回流泵可通过变频器调节流量（由 DCS 中 VF-701 控制）。装置中设置两个联锁。一个联锁为再沸器的加热与再沸器的液位下限报警联锁，若再沸器的液位下限报警，则再沸器的加热失效；另一个联锁为原料预热器的加热与进料泵启动联锁，若进料泵停止，则原料预热器的加热失效。

装置中设置 6 个报警。预热器出口温度（TICA712）75～85℃，高限报警 $H=85$℃；再沸器温度（TICA714）80～100℃，高限报警 $H=100$℃；再沸器液位（LIA701）0～280mm，高限报警 $H=196$mm，低限报警 $L=84$mm；原料槽液位（LIA702）0～800mm，高限报警 $H=800$mm，低限报警 $L=100$mm。

2. 公用设施与气相色谱仪

（1）配套的公用设施　原料10%～15%（质量分数）乙醇-水溶液的配制与输送系统。

（2）气相色谱仪　用于精馏操作专项训练中过程控制与产品的分析与监测。

3. 精馏操作场地

（1）每个竞赛装置（工位）配裁判员两人。

（2）赛场提供稳定的水、电和灭火器。

（3）竞赛装置（工位）标明编号。

（4）竞赛装置的操作台上配有安全帽；配有称量用产品桶、原料桶、废液桶、对原料槽补加原料用的漏斗等。

（5）竞赛工位配备产品质量检测取样仪器（4个编号的采样瓶，1支25mL带刻度移液管，1个洗耳球）；配备相关容器与量具（2个500mL烧杯，1个100mL量筒，0～50℃、50～100℃的乙醇计各1支）。

（6）竞赛工位配有足够的用于标示阀门初始状态的红色塑料标志牌（标示阀门初始状态为关）和绿色塑料标志牌（标示阀门初始状态为开）。

（7）竞赛工位配有乙醇浓度-温度对照表，如表6-1、表6-2所示；配有标注阀门初始开关状态的带控制点精馏工艺流程图，如图6-2所示（与竞赛用图可能有出入）；配有供选手做生产记录的精馏项目操作工艺记录卡，如表6-3所示。

表6-1　乙醇浓度-温度对照表（5%，15.5%～20%，体积分数）

温度/℃	乙醇计示值/%									
	20	19	18.5	18	17.5	17	16.5	16	15.5	5
	温度下对应20℃时用体积分数表示乙醇浓度/%									
35	15.2	14.5	14.0	13.6	13.2	12.8	12.4	12.1	11.6	2.4
34	15.5	14.8	14.4	13.9	13.5	13.1	12.3	12.4	12.0	2.6
33	15.8	15.1	14.6	14.2	13.8	13.4	13.0	12.6	12.2	2.8
32	16.2	15.4	15.0	14.5	14.0	13.6	13.2	12.9	12.4	3.0
31	16.5	15.7	15.2	14.8	14.4	13.9	13.5	13.1	12.6	3.1
30	16.8	16.0	15.5	15.1	14.7	14.2	13.8	13.4	12.9	3.3
29	17.2	16.3	15.8	15.4	15.0	14.5	14.1	13.6	13.2	3.5
28	17.5	16.6	16.1	15.7	15.2	14.8	14.4	13.9	13.4	3.7
27	17.8	16.9	16.4	16.0	15.5	15.1	14.6	14.2	13.7	3.9
26	18.1	17.2	16.7	16.3	15.8	15.4	14.9	14.4	14.0	4.0
25	18.4	17.5	17.0	16.6	16.1	15.6	15.2	15.7	15.2	4.2
24	18.7	17.8	17.3	16.9	16.4	15.9	15.5	15.0	14.5	4.4
23	19.0	18.1	17.6	17.1	16.6	16.2	15.7	15.2	14.7	4.6
22	19.4	18.4	17.9	17.4	17.0	16.5	16.0	15.5	15.0	4.7
21	19.7	18.7	18.2	17.7	17.2	16.7	16.2	15.7	15.2	4.8
20	20.0	19.0	18.5	18.0	17.5	17.0	16.5	16.0	15.5	5
19	20.1	19.3	18.8	18.3	17.8	17.3	16.8	16.3	15.8	5.1

温度/℃	乙醇计示值/%									
	20	19	18.5	18	17.5	17	16.5	16	15.5	5
	温度下对应20℃时用体积分数表示乙醇浓度/%									
18	20.6	19.6	19.1	18.6	18.1	17.6	17.0	16.5	16.0	5.3
17	20.9	19.9	19.4	18.9	18.3	17.9	17.3	16.8	16.2	5.4
16	21.2	20.2	19.7	19.2	18.6	18.1	17.5	17.0	16.5	5.5
15	21.6	20.5	20.0	19.4	18.9	18.3	17.8	17.2	16.7	5.6
14	21.9	20.8	20.2	19.7	19.1	18.6	18.0	17.5	16.9	5.7
13	22.2	21.1	20.5	20.0	19.4	18.8	18.3	17.7	17.2	5.8
12	22.5	21.4	20.8	20.2	19.7	19.1	18.5	18.0	17.4	5.9
11	22.8	21.7	21.1	20.5	20.0	19.4	18.8	18.2	17.6	6.0
10	23.1	22.0	21.4	20.8	20.2	19.6	19.0	18.4	17.8	6.0

表 6-2　乙醇浓度-温度对照表（87%～97%，体积分数）

温度/℃	乙醇计示值/%										
	97	96	95	94	93	92	91	90	89	88	87
	温度下对应20℃时用体积分数表示乙醇浓度/%										
35	93.7	92.7	91.6	90.4	89.2	88.1	87.1	85.9	84.8	83.8	82.8
34	93.9	92.9	91.8	90.6	89.5	88.4	87.4	86.2	85.1	84	83
33	94.1	93.1	92	90.9	89.8	88.6	87.6	86.5	85.4	84.3	83.3
32	94.4	93.4	92.2	91.1	90	88.9	87.9	86.7	85.7	84.6	83.6
31	94.6	93.6	92.5	91.4	90.2	89.1	88.1	87	86	84.9	83.9
30	94.8	93.8	92.7	91.6	90.5	89.4	88.4	87.3	86.3	85.2	84.2
29	95.1	94	92.9	91.8	90.8	89.7	88.6	87.6	86.5	85.5	84.4
28	95.3	94.2	93.1	92.1	91	90	88.9	87.9	86.8	85.8	84.7
27	95.5	94.5	93.4	92.3	91.3	90.2	89.2	88.1	87.1	86.1	85
26	95.8	94.7	93.6	92.6	91.5	90.5	89.4	88.4	87.4	86.3	85.3
25	96	94.9	93.9	92.8	91.8	90.7	89.7	88.7	87.7	86.6	85.6
24	96.2	95.1	94.1	93.1	92	91	90	89	87.9	86.9	85.9
23	96.4	95.4	94.3	93.3	92.3	91.3	90.2	89.2	88.2	87.2	86.2
22	96.6	95.6	94.6	93.5	92.5	91.5	90.5	89.5	88.5	87.4	86.4
21	96.8	95.8	94.8	93.8	92.8	91.8	90.7	89.7	88.7	87.7	86.7
20	97	96	95	94	93	92	91	90	89	88	87
19	97.2	96.2	95.2	94.2	93.2	92.2	91.2	90.3	89.3	88.3	87.3
18	97.4	96.4	95.4	94.4	93.5	92.5	91.5	90.5	89.5	88.5	87.5
17	97.6	96.6	95.6	94.7	93.7	92.7	91.7	90.8	89.8	88.8	87.8
16	97.8	96.8	95.9	94.9	93.9	93	92	91	90	89	88.1
15	98	97	96.1	95.1	94.2	93.2	92.2	91.3	90.3	89.3	88.3
14	98.1	97.2	96.3	95.3	94.4	93.4	92.5	91.5	90.5	89.6	88.6
13	98.3	97.4	96.5	95.5	94.6	93.6	92.7	91.7	90.8	89.8	88.9
12	98.5	97.6	96.7	95.7	94.8	93.9	92.9	92	91	90.1	89.1

温度 /℃	乙醇计示值/%										
	97	96	95	94	93	92	91	90	89	88	87
	温度下对应20℃时用体积分数表示乙醇浓度/%										
11	98.7	97.8	96.9	96	95	94.1	93.2	92.2	91.3	90.3	89.4
10	98.9	98	97.1	96.2	95.2	94.3	93.4	92.4	91.5	90.6	89.6
9	99	98.2	97.3	96.4	95.5	94.5	93.6				
8	99.25	98.3	97.5	96.6	95.7	94.8	93.9				
7	99.4	98.5	97.6	96.8	95.9	95	94.1				
6	99.5	98.7	97.8	97	96.1	95.2	94.3				
5	99.7	98.9	98	97.1	96.3	95.4	94.5				

表 6-3　精馏项目操作工艺记录卡

选手姓名：_____、_____、_____　　日期：___年___月___日　　装置号：_____

原料槽初始液位(L_1)：_____ mm　原料槽终液位(L_2)：_____ mm　原料消耗量[计算公式：(L_1-L_2)×0.305]=　　kg

水表初始读数(V_{S1})：_____ m³　水表终读数(V_{S2})：_____ m³　水消耗量[计算公式：$V_{S2}-V_{S1}$]=　　m³

电表初始读数(A_1)：_____ kW·h　电表终读数(A_2)：_____ kW·h　电消耗量[计算公式：A_2-A_1]=　　kW·h

时间(每10min记一次)	温度/℃		流量/(L/h)			液位/mm	压力/kPa
	进料	塔釜	进料	顶采出	釜采出	塔釜	塔釜
备注栏(记录操作中设备出现的异常现象。无则用"\"划去)							

三、实训操作

　　本装置可以用于常压精馏操作训练和减压精馏操作训练。根据技能大赛的生产任务，专项训练只涉及常压精馏操作。

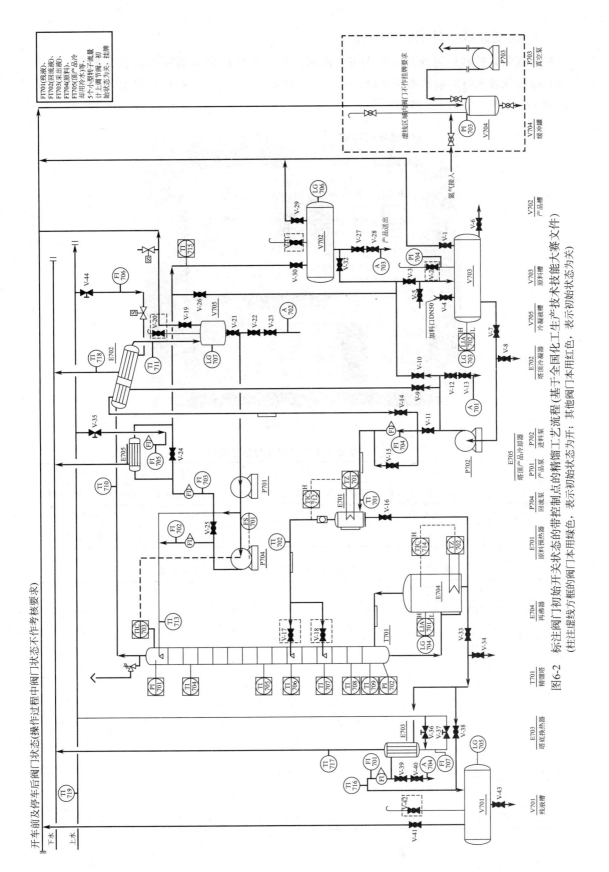

图6-2 基于全国化工生产技术技能大赛文件

标注阀门初始开关状态的带整制点的精馏工艺流程（基于全国化工生产技术技能大赛文件）
（柱注虚线方框内的阀门本用绿色，表示初始状态为开，其他阀门本用红色，表示初始状态为关）

1. 常规训练（针对冷态开车）

精馏装置控制柜的外形，如图 6-3 所示；精馏装置控制柜的操作面板，如图 6-4 所示；报警仪发光灯对应的报警名称，如表 6-4 所示；1#、2# 过程控制仪输入输出通道对应的工艺参数，如表 6-5 所示。

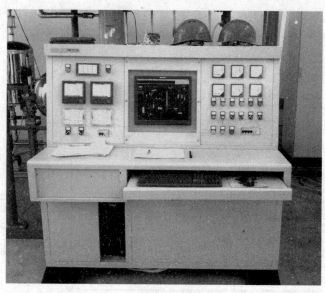

图 6-3　精馏装置控制柜的外形

表 6-4　报警仪发光灯对应的报警名称

第一排	1# 报警灯	2# 报警灯	3# 报警灯	4# 报警灯
	预热器温度上限报警	再沸器温度上限报警	再沸器液位上限报警	原料槽液位上限报警
第二排	5# 报警灯	6# 报警灯	7# 报警灯	8# 报警灯
	—	—	再沸器液位下限报警	原料槽液位下限报警

表 6-5　1#、2# 过程控制仪输入输出通道对应的工艺参数

1# 过程控制仪的输入通道				2# 过程控制仪的输入通道			
通道一：	塔顶温度 （TI703）	通道二：	3# 板温度 （TI704）	通道一：	再沸器温度 （TI714）	通道二：	塔顶压力 （PI701）
通道三：	8# 板温度 （TI705）	通道四：	10# 板温度 （TI706）	通道三：	塔底压力 （PI702）	通道四：	再沸器液位 （LI701）
通道五：	12# 板温度 （TI707）	通道六：	14# 板温度 （TI708）	通道五：	原料槽液位 （LI702）	通道六：	产品温度 （TI715）
通道七：	塔底温度 （TI709）	通道八：	预热器温度 （TI712）	除产品温度（TI715）由本仪表读取外，其他工艺参数读数以 DCS 画面显示为准			
1# 过程控制仪的输出通道				2# 过程控制仪的输出通道			
通道一：	塔顶温度 （TIC703）	通道二：	预热器温度 （TIC712）	通道一：	再沸器温度 （TIC714）	通道二：	备用（备用）
通道三：	备用（备用）	通道四：	备用（备用）	通道三：	备用（备用）	通道四：	备用（备用）

（1）冷态开车前准备　第 1 步，由 3 人操作团队对本装置所有设备、管道、阀门、仪

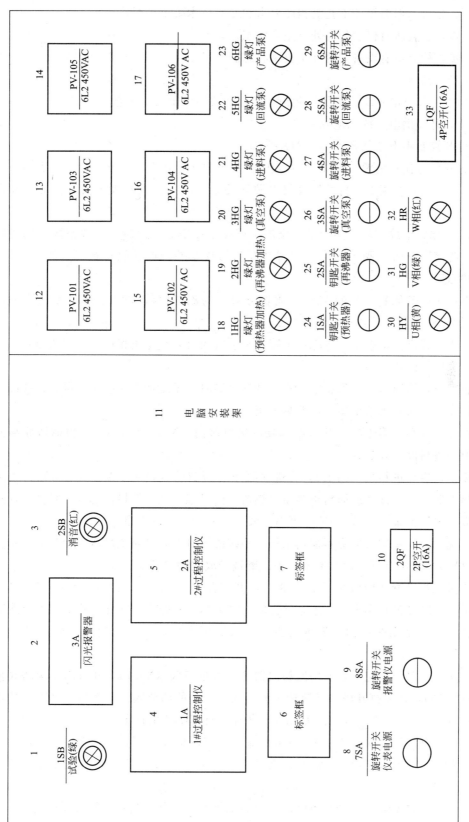

图6-4 精馏装置控制柜的操作面板

表、电气、分析、保温等按工艺流程图要求和专业技术要求进行检查。

第 2 步，检查所有仪表是否处于正常状态。

第 3 步，检查所有设备是否处于正常状态。

第 4 步，试电。

① 检查外部供电系统，确保控制柜上所有开关均处于关闭状态。

② 开启外部供电系统总电源开关。

③ 打开控制柜上空气开关 33（1QF）。

④ 打开装置仪表电源总开关 10（2QF），打开仪表电源开关 8（7SA），查看所有仪表是否上电，指示是否正常；打开报警仪电源开关 9（8SA），查看报警仪是否上电和是否正常。

⑤ 除将原料槽放空阀、残液槽放空阀、产品槽放空阀、冷凝液槽放空阀、精馏塔上进料阀、精馏塔下进料阀等 6 个阀门置"开"的状态外，将其他各阀门（如图 6-2）置"关"的状态。

第 5 步，准备原料。配制 15%（质量分数）的乙醇溶液 200L，通过原料槽进料阀（V-5），加入到原料槽，到其容积的 1/2～2/3。

第 6 步，开启公用系统。将冷却水管进水总管和自来水龙头相连，冷却水出水总管接软管到下水道，已备待用。

注意事项：精馏塔系统采用自来水作试漏检验时，系统加水速度应缓慢，系统高点排气阀应打开，密切监视系统压力，严禁超压。

（2）冷态开车　第 1 步，开启进料泵进出口阀门（V-7、V-11），开精馏塔原料液上进料管上的进料阀（V-17）。

第 2 步，启动进料泵（P702），开进料泵出口阀门快速进料（V-15），当原料预热器充满原料液后，可缓慢开启原料预热器加热器，同时继续往精馏塔内加入原料液（通过提馏段塔板，最后汇集塔釜），调节好再沸器液位，并酌情停进料泵。

第 3 步，启动精馏塔再沸器加热系统，系统缓慢升温，开精馏塔塔顶冷凝器冷却水的进水阀（V-44），调节好冷却水流量，关冷凝液槽放空阀（V-20）。

第 4 步，当冷凝液槽液位达到 1/3 时，开产品泵（P701）前后阀门（V-21、V-25，转子流量计 FI702 的调节阀），启动产品泵（P701），系统进行全回流操作，控制冷凝液槽液位稳定，控制系统压力、温度稳定。当系统压力偏高时可短暂开冷凝液槽放空阀（V-20）适当排放不凝性气体。

第 5 步，当系统稳定后，开塔底换热器冷却水进口阀（V-37），开再沸器至塔底换热器阀门（V-33），适度打开塔底残液转子流量计 FI701 的调节阀。开产品泵（P701）至产品槽阀门（V-24、V-30），全开顶采出液转子流量计 FI703 的调节阀。

第 6 步，开启回流泵（P704），调节回流量来控制塔顶温度，当产品符合要求时，可转入连续精馏操作。调节塔顶采出的流量（转子流量计 FI703）来控制塔顶冷凝液槽液位。

第 7 步，当再沸器液位开始下降时，可启动进料泵，将原料打入原料预热器预热，调节加热功率，原料达到要求温度后，送入精馏塔；或开进料泵至塔顶冷凝器的阀门，让原料先在塔顶冷凝器换热后进入原料预热器预热，再送入精馏塔。

第8步，按时做好操作记录。

注意事项：

① 再沸器内液位高度一定要超过84mm，才可以启动再沸器电加热器进行系统加热，严防干烧损坏设备。

② 原料预热器启动时应保证液位满罐，严防干烧损坏设备。

③ 精馏塔塔釜加热应逐步增加加热电压，使塔釜温度缓慢上升，升温速度过快，宜造成塔视镜破裂（热胀冷缩），大量轻、重组分同时蒸发至塔釜内，延长塔系统达到平衡时间。

④ 精馏塔塔釜初始进料时进料速度不宜过快，防止塔系统满塔。

⑤ 系统全回流时应控制回流流量和冷凝流量基本相等，保持冷凝液槽液位一定，防止回流泵抽空。

⑥ 系统全回流流量控制在50L/h，保证塔系统气液接触效果良好，塔内鼓泡明显。

⑦ 在系统进行连续精馏时，应保证进料流量和采出流量基本相等，各处流量计操作应互相配合，默契操作，保持整个精馏过程的操作稳定。

⑧ 塔顶冷凝器的冷却水流量应保持在400～600L/h间，保证精馏塔蒸出的蒸气在塔顶冷凝器中绝大部分被冷凝（冷凝液收集于塔顶冷凝液槽中）。塔顶精馏产品若温度高于50℃，则可经塔顶产品冷却器冷却，再收集到塔顶产品槽。

⑨ 塔釜残液，经塔底换热器冷却至50℃或以下，之后收集于塔底残液槽。

⑩ 分析方法可以为乙醇计测定或气相色谱仪分析。

（3）正常操作　第1步，尽快建立塔内传质平衡和塔顶采出平衡，维持精馏各工艺参数稳定。

第2步，按时做好操作记录。

（4）停车操作　第1步，系统停止加料，停止原料预热器加热，关闭原料液泵进出、口阀（V-7、V-11），停进料泵。

第2步，根据塔内物料情况，停止再沸器加热。

第3步，当塔顶温度下降，无冷凝液馏出后，关闭塔顶冷凝器冷却水进水阀（V-44），停冷却水，停产品泵和回流泵，关泵进、出口阀（V-21、V-30、转子流量计FI702的调节阀、转子流量计FI703的调节阀）。

第4步，当再沸器和预热器物料冷却后，开预热器排污阀（V-16）和塔底换热器直排污阀（V-38），放出预热器及再沸器内物料至塔底残液槽。

第5步，停控制台、仪表盘电源。

第6步，做好设备及现场的整理工作。

2. 大赛训练（针对热态开车）

[参考文献：《2013年全国职业院校技能大赛中（高）职组"化工生产技术"赛项精馏操作竞赛规程与考核标准》《2015年全国职业院校技能大赛中职组"化工生产技术"赛项规程》《2015年全国职业院校技能大赛高职组"化工生产技术"赛项规程》]

（1）赛前条件

① 精馏原料为10%～15%（±0.2%）（质量分数）的乙醇水溶液（室温）。

② 原料罐及原料预热器中原料已加满，同时原料预热器中物料已预热至 75～80℃，精馏塔塔体也已全回流预热；其他管路系统已尽可能清空。

③ 塔釜再沸器无物料，需选手根据考核细则自行加料至合适液位。

④ 进料状态为常压，进料温度尽可能控制在泡点温度（自行控制），进料量≤50L/h，操作时进料位置自选，但需在进料前于 DCS 操作面板上选择进料板后再进行进料操作。

⑤ DCS 系统中的评分表经裁判员清零、复位且所有数据显示为零，复位键呈绿色。

⑥ 设备供水至进水总管，选手需打开水表前进水总阀及回水总阀。

⑦ 电已接至控制台。

⑧ 所有工具、量具、标志牌、器具均已置于适当位置备用。

（2）赛场规则

① 选手须在规定时间到检录处报到、检录，抽签确定竞赛工位；若未按时报到、检录者，视为自动放弃参赛资格。

② 检录后选手在候赛处候赛，提前 10min 进现场，熟悉装置流程；并携带记录笔、计算器进入赛场。

③ 选手进入精馏赛场，须统一着工作服、戴安全帽，禁止穿钉子鞋和高跟鞋，禁止携带火柴、打火机等火种，禁止携带手机等易产生静电的物体，严禁在比赛现场抽烟。

④ 竞赛选手应分工确定本工位主、副操作岗位，并严格按照安全操作规程协作操控装置，确保装置安全运行。

⑤ 选手开机操作前检查确定工艺阀门时，要挂红牌或绿牌以表示阀门初起开关状态，考核结束后恢复至初始状态；对电磁阀、取样阀、阻火器不作挂牌要求。

⑥ 竞赛选手须独立操控装置，安全运行；除设备、调控仪表故障外，不得就运行情况和操作事项询问或请示裁判，裁判也不得就运行或操作情况，示意或暗示选手。

⑦ 竞赛期间，每组选手的取样分析次数不得超过 3 次（不包括结束时的成品分析），样品分析检验由气谱分析员操作；选手取样并填写送检单、送检并等候检验报告；检验报告须气谱分析员确认后，再交给本工位的主操；残余样品应倒入样品回收桶，不得随意倒洒。

⑧ 竞赛结束，选手须检查装置是否处于安全停车状态，设备是否完好，并清整维护现场，在操作记录上签字后，将操作记录、样品送检、分析检验报告单等交给裁判，现场确认裁判输入评分表的数据后，经裁判允许即可退场。

⑨ 竞赛不得超过规定总用时（90min），若竞赛操作进行至 80min 后，选手仍未进行停车操作阶段，经裁判长允许，裁判有权命令选手实施停车操作程序，竞赛结果选手自负。

⑩ 赛中若突遇停电、停水等突发事件，应采取紧急停车操作，冷静处置，并按要求及时启动竞赛现场突发事件应急处理预案。

（3）考核要求

① 掌握精馏装置的构成、物料流程及操作控制点（阀门）。

② 在规定时间内完成开车准备、开车、总控操作和停车操作，操作方式为手动操作（即现场操作及在 DSC 界面上进行手动控制）。

③ 控制再沸器液位、进料温度、塔顶压力、塔压差、回流量、采出量等工艺参数，

维持精馏操作正常运行。

④ 正确判断运行状态，分析不正常现象的原因，采取相应措施，排除干扰，恢复正常运行。

⑤ 优化操作控制，合理控制产能、质量、消耗等指标。

（4）评分标准　精馏单元操作评分项目及评分规则如表 6-6 所示。

表 6-6　精馏单元操作评分项目及评分规则

考核项目	评分项目		评分规则	分值
技术指标	工艺指标合理性（单点式记分）	进料温度	进料温度与进料板温度差超过指定范围（如 8℃），超出范围持续一定时间（如 30s）系统将自动扣分	10
		再沸器液位	再沸器液位需要维持稳定在指定范围（如 80～100mm），超出范围持续一定时间（如 30s）系统将自动扣分	
		塔顶压力	塔顶压力需控制在指定范围（如 1kPa 内），超出范围持续一定时间（如 30s）系统将自动扣分	
		塔压差	塔压差需控制在指定范围（如 4kPa 或 3kPa）内，超出范围持续一定时间（如 30s）系统将自动扣分	
	调节系统稳定的时间（非线性记分）		以选手按下"考核开始"键作为起始信号，终止信号由电脑根据操作者的实际塔顶温度经自动判断（约 20min）。然后由系统设定的扣分标准进行自动记分	10
	产品浓度评分（非线性记分）		气相色谱仪测定产品罐中最终产品浓度，按系统设定的标准[如 80%（零分）～90.5%（满分）]自动记分	20
	产量评分（线性记分）		电子秤称量产品，按系统设定的标准[如 5kg（零分）～17kg（满分）]自动记分	20
	原料损耗量（非线性记分）		读取原料槽液位，计算原料消耗量，并输入到计算机中，按系统设定的扣分标准进行自动记分	15
	电耗评分（主要考核单位产品的电耗量）（非线性记分）		读取装置用电总量（精确至 0.1kW·h），并由裁判输入到计算机中，按系统设定的扣分标准自动记分	5
	水耗评分（主要考核单位产品的水耗量）（非线性记分）		读取装置用水总量（精确至 0.001m³），并由裁判输入到计算机中，按系统设定的扣分标准自动记分	5
规范操作	开车准备（3.4 分）		①裁判长宣布考核开始。检查总电源、仪表盘电源，查看电压表、温度显示、实时监控仪（0.5 分）	12.5
			②检查并确定工艺流程中各阀门状态（见阀门状态表），调整至准备开车状态并挂牌标识（共 0.6 分，每错一个阀门扣 0.1 分，扣完为止）	
			③记录电表初始度数、DCS 操作界面原料罐液位（0.6 分），填入工艺记录卡	
			④检查并清空冷凝液罐、产品罐中积液（0.5 分）	
			⑤查有无供水（0.6 分），并记录水表初始值，填入工艺记录卡	
			⑥规范操作进料泵（离心泵）（0.6 分）；将原料通过塔板加入再沸器至合适液位，依次点击评分表中的"确认""清零""复位"键至"复位"键变成绿色后，切换至 DCS 控制界面并点击"考核开始"（点击"考核开始"后至部分回流前再沸器不能随意进料、卸料，否则扣除 1 分）	

考核项目	评分项目	评分规则	分值
规范操作	开车操作(3.4分)	①规范启动精馏塔再沸器加热系统,升温(0.6分)	12.5
		②开启冷却水上水总阀及精馏塔顶冷凝器冷却水进口阀,规范调节冷却水流量(0.5分),关闭放空阀(0.5分),适时打开系统放空,排放不凝性气体,并维持塔顶压力稳定	
		③规范操作产品泵(齿轮泵)(0.6分),并通过回流转子流量计进行全回流操作	
		④控制冷凝液槽液位及回流量,控制系统稳定性(评分系统自动扣分),必要时可取样分析,但操作过程中气相色谱测试累计不得超过3次	
		⑤选择合适的进料位置(在DCS操作面板上选择后,选择相应的进料阀门,过程中不得更改进料位置)(0.6分),进料流量≤50L/h;开启进料后5min内TICA712(预热器出口温度)必须超过75℃(0.6分),同时须防止预热器过压操作	
	正常运行(2.3分)	①规范操作回流泵(齿轮泵)(0.6分),经塔顶产品冷却器,将塔顶馏出液冷却至50℃以下后收集于塔顶产品槽(0.6分)	
		②启动塔釜残液冷却器(0.6分),将塔釜残液冷却至60℃以下后,收集于塔釜残液罐(0.5分)	
	正常停车(10min内完成,未完成步骤扣除相应分数。共3.4分)	①精馏操作考核80min完毕,停进料泵(离心泵)(0.6分),关闭相应管线上阀门	
		②规范停止预热器加热及再沸器电加热(0.5分)	
		③及时点击DCS操作界面的"考核结束",规范停回流泵(齿轮泵)(0.6分)	
		④将塔顶馏出液送入产品槽,停塔顶冷凝器、塔顶产品冷却器的冷却水,规范停产品泵(齿轮泵)(0.6分)	
		⑤停止塔釜残液采出,停塔釜换热器的冷却水,关闭上水阀、回水阀,并正确记录水表读数、电表读数(0.6分)	
		⑥各阀门恢复初始开车前的状态(共0.5分,错一处扣0.1分,扣完为止)	
		⑦记录DCS操作面板原料槽液位,收集并称量产品槽中馏出液,取样交裁判员,计时结束。气相色谱分析最终产品含量,本次分析不计入过程分析次数	
文明操作	文明操作,礼貌待人	①穿戴符合安全生产与文明操作要求(0.3分)	2.5
		②保持现场环境整齐、清洁、有序(0.3分)	
		③正确操作设备、使用工具(0.4分)	
		④记录及时(每10min记录一次)、完整、规范、真实、准确,否则发现一次扣0.2分,共1.5分,扣完为止	
		⑤记录结果弄虚作假扣全部文明操作分2.5分	
安全操作	安全生产	如发生人为的操作安全事故(如再沸器现场液位低于50mm)/预热器干烧(预热器上方视镜无液体+预热器正在加热),设备人为损坏,操作不当导致的严重泄漏、伤人等情况,作弊以获得高产量,扣除全部操作分15分	—

注：本评分标准仅作为学生训练时参考,而非比赛用定稿。

（5）模拟考核　模拟考核过程，分为 10min 的赛前准备、80min 的操作过程、10min 的停车过程，以及对电脑评分的确认过程等四个阶段。

第一阶段：10min 的赛前准备

① 参赛人员自备并携带记录笔和计算器，着工作服，经检录后提前 10min 进入赛场，戴好安全帽。

② 查看进水总阀、出水总阀、水表的位置，查看电表位置。

③ 查看电是否接至控制台，合上控制台上的总电源开关 33（1QF）、仪表电源总开关 10（2QF），打开仪表电源开关 8（7SA）和报警仪电源开关 9（8SA），查看报警仪是否上电和是否正常。

④ 打开电脑电源，启动"实时监控"软件，选工程师，按操作小组 TEAM001 进入 DCS 界面。查看 DCS 操作面板显示是否正常。DCS 操作面板如图 6-5 所示。

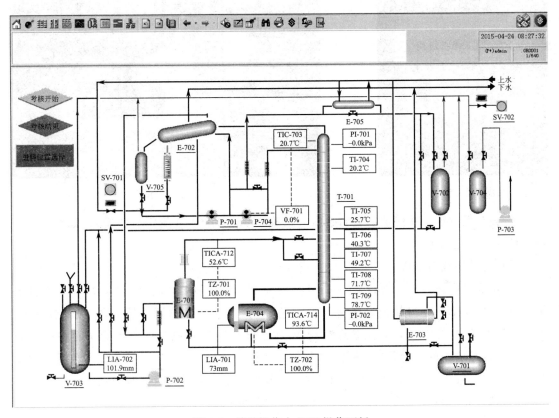

图 6-5　精馏操作中 DCS 操作面板

⑤ 查看放置红牌或绿牌的盆子，查看产品桶、原料桶、废液桶、对原料槽补加原料用的漏斗放置位置，查看检测取样仪器、相关容器与量具放置位置。

⑥ 查看乙醇浓度-温度对照表，标注阀门初始开关状态的带控制点精馏工艺流程图、精馏项目操作工艺记录卡。

⑦ 熟悉装置流程。

第二阶段：80min 的操作过程

总裁判发令比赛开始，80min 操作过程的人工计时开始。参赛人员在该过程中分别完成开车准备、热态开车和正常运行操作。

第一步，开车准备。

可以平行完成下面五个分步骤：

① 检查总电源、仪表盘电源，查看电压表、温度显示、实时监控仪。

② 检查并确定工艺流程中各阀门状态（如图 6-2），调整至准备开车状态并挂牌标识。

③ 记录电表初始度数（精确至 0.1kW·h）（裁判员核实），如图 6-6 所示；记录 DCS 操作界面中原料槽液位（LI701）（裁判员核实）；分别填入工艺记录卡。

④ 检查并清空塔顶冷凝液槽、塔顶产品槽中积液。

图 6-6 电表

图 6-7 水表

⑤ 查有无供水，并记录水表初始值（精确至 0.001m³）（裁判员核实），如图 6-7 所示，填入工艺记录卡。

然后完成下面分步骤：

⑥ 规范操作进料泵（离心泵）——开进料泵 P702 的进阀 V-7、出阀 V-11，开进料泵旋转开关 27（4SA），开快速进料阀 V-15，将原料经预热器加入再沸器至合适液位；关进料泵旋转开关 27（4SA），关快速进料阀 V-15；选中 DCS 控制界面上评分页菜单中评分表，点击评分表中的"确认""清零""复位"按钮，并至"复位"按钮变成绿色后，切换至 DCS 控制界面，并点击"考核开始"（电脑开始自动判断系统稳定时间）。

"考核开始"后，至部分回流前，再沸器不能随意进料、卸料。

第二步，热态开车。

① 规范启动精馏塔再沸器加热系统——开再沸器钥匙开关 25（2SA），再置 DCS 控制界面中 TZ-702A、TZ-702B 的手动输出分别为 90%～94%，升温；开始每 10min 在工艺记录卡上记录一次工艺参数。

② 当 TI706（10# 板温度）、TI707（12# 板温度）出现跳字时，再沸器加热负荷（TZ-702A、TZ-702B 的手动输出）可降低至 70%～80%；当 TI703（塔顶温度）出现跳字时，打开进水总阀和出水总阀，打开精馏塔顶冷凝器冷却水进口阀（V-44），规范调节冷却水流量（400～600L/h）使冷却水的出口温度（TI718）维持在 40℃ 左右；关闭冷凝

液槽放空阀；适时打开冷凝液槽放空阀（或半开），排放不凝气体，并维持塔顶压力稳定。

③ 当冷凝液槽中液位（LG707）达到90mm时，可打回流。规范操作产品泵（齿轮泵）——开产品泵P701的前阀V-21、后阀V-25，全开FI702（回流）转子流量计调节阀，在控制柜的操作面板上开产品泵旋转开关29（6SA），进行全回流操作；调节再沸器加热负荷（TZ-702A、TZ-702B的手动输出），在维持LG707在80~100mm之间时，使回流量尽可能大（如60L/h）。

④ 控制塔顶冷凝液槽液位及回流量，控制系统稳定性［评分系统自动扣分——系统稳定时间2000s（满分）、3000s（零分）］；必要时可取样分析，但操作过程中气相色谱测试累计不得超过3次。

至此，全回流操作结束，下面转入部分回流操作。

⑤ 选择合适的进料位置（在DCS操作面板上，点"进料位置选择"，选择12#板为进料板；之后，关进料阀V-17，开进料阀V-18，过程中不得更改进料位置）；启动进料泵，调大进料转子流量计（FI704）阀门，使进料流量≤50L/h；开原料预热器钥匙开关24（1SA），再置DCS控制界面中TZ-701的手动输出为90%~94%，对预热器升温，由于DCS中TIC712读数存在滞后，因而采用现场TI702看升温结果，并指导改变TZ-701的手动输出（60℃时OP调至50%，70℃时OP调至30%，80℃时OP调至10%）；5min内预热器出口温度（TICA712）必须超过75℃——评分模块激发温度，同时须防止预热器过压操作，最好使预热器出口温度TI702维持在（80±1）℃。

第三步，正常运行。

① 规范操作回流泵（齿轮泵）——在控制柜的操作面板上开回流泵旋转开关28（5SA），在DCS控制界面中置变频器VF-701的手动输出为30Hz（回流量约42L/h），之后逐步调大变频器VF-701的手动输出（32Hz时流量可达到44L/h，35Hz时流量可达到48L/h），逐步关闭阀门V-25，并打开塔顶采出液流量计FI703的调节阀、产品槽进料阀V-30，至此，回流液全部经回流泵送去精馏塔顶；产品泵送出的冷凝液除一部分回流外，另一部分作为采出液经FI702（20L/h左右）、塔顶产品冷却器（开冷水进口截止阀，调流量计FI705调节阀，16L/h左右），将塔顶馏出液冷却至60℃以下后收集于塔顶产品槽。

② 当再沸器液位上升到95mm时，应考虑塔釜采出。启动塔底换热器——开冷却水阀门V-37对塔底换热器通冷却水（60~80L/h），开阀门V-33和转子流量计FI701调节阀（30~50L/h），将塔釜残液冷却至50℃以下后，收集于塔底残液槽。

③ 随着进料，原料预热器的出口温度会下降，且下降速度较快，当TI702温度低于80℃，应及时提高预热器加热负荷；对再沸器加热负荷微调；检查再沸器液位；检查塔顶、塔釜温度；检查塔顶、塔釜压力（压差大，可减进料量）。

裁判员通知80min时间已到，强制转入第三阶段。

第三阶段：10min停车过程

① 精馏操作考核80min完毕，停进料泵（离心泵），关闭相应管线上阀门。

② 规范停止预热器加热及再沸器电加热。

③ 及时点击DCS操作界面的"考核结束"，停回流泵（齿轮泵）。

④ 将塔顶馏出液送入产品槽，停塔顶冷却水，停产品泵（齿轮泵）。

⑤ 停止塔釜残液采出，停塔釜冷却水，关闭上水阀、回水阀，并正确记录水表读数（裁判员核实）、电表读数（裁判员核实）。

⑥ 各阀门恢复初始开车前的状态。

⑦ 记录 DCS 操作面板原料槽液位（裁判员核实），收集并称量产品槽中馏出液（裁判员核实），取样交裁判员，10min 计时结束。选手与裁判员共同送样，并取回分析结果；气相色谱分析最终产品含量，本次分析不计入过程分析次数。

第四阶段：对电脑评分的确认过程

根据评分标准，"技术指标"项目占 85 分，属于客观评分；"规范操作""文明操作""安全操作"三个项目，共占 15 分，属于主观评分；共 100 分。

"技术指标"项目中，"工艺指标合理性（进料温度、再沸器液位、塔顶压力、塔压差）"和"调节系统稳定的时间（塔顶温度）"两个分项得分，是由电脑评分模块根据"考核开始"到"考核结束"之间对相应工艺参数进行数据采集后，而自动确定；"产量评分"是在对产品称量后取得产品产量数据，然后由裁判员输入电脑后，由电脑评分模块自动算出；"产品浓度评分"是在对产品进行检测分析后取得产品浓度数据，然后由裁判员输入电脑后，由电脑评分模块自动算出；"原料损耗量评分""电耗评分""水耗评分"等三项则是在比赛结束，依据工艺记录卡记录数据计算出原料损耗量、电耗、水耗三个指标的数值，然后由裁判员输入电脑后，由电脑评分模块自动算出。客观评分结果需要选手、裁判员双方确认，由裁判员交竞赛组。

"规范操作""文明操作""安全操作"三个项目得分，是以 15 分基数，减去裁判员针对选手在考核过程中出现的不规范操作、不文明举动和不安全状态而裁定的扣分，所计算出结果。主观评分结果不存在确认，由裁判员直接交竞赛组。

① 收集产品产量、浓度数据，计算原料损耗量、电耗、水耗数据。

② 裁判员（选手参与）点 DCS 操作面板"评分页"菜单中评分表，显示空白评分表画面，在浓度、电耗、水耗、原料消耗、产量 5 个指标下方空格内填入相应数据，点确定。电脑评分模块自动得出指标项、稳定时间项、浓度项、电耗项、水耗项、原料消耗项、产品项、总得分 8 个考核得分，如图 6-8 所示。

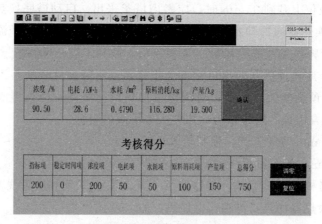

图 6-8　电脑评分后的评分表

③ 裁判员根据电脑评分模块评分结果，在客观评分结果表上记录考核得分，选手核实签字。对电脑评分模块中评分表点"清零"——清除评分表中数据，点"复位"——清除所有操作过程中工艺参数的记忆，方便下次考核。

【相关知识】

一、技能大赛精馏操作流程简介

1. 常压精馏流程

原料槽 V703 内 10％～15％（质量分数）乙醇溶液，经进料泵 P702 输送至原料预热器 E701，预热后，由精馏塔中部进入精馏塔 T701，进行分离，气相由塔顶馏出，经塔顶冷凝器 E702 冷却后，进入冷凝液槽 V705，经产品泵 P701，一部分送至精馏塔上部第一块塔板作回流用；一部分送至塔顶产品槽 V702 作产品采出。塔釜残液经塔底换热器 E703 冷却后送到残液槽 V701，也可不经换热，直接到残液 V701。

2. 真空精馏流程（技能大赛中不包括真空精馏）

在原料槽 V703、冷凝液槽 V705、产品槽 V702、残液槽 V701 均设置抽真空阀，被抽出的系统物料气体经真空总管进入真空缓冲罐 V704，然后由真空泵 P703 抽出放空。

二、稳定时间与稳定判断时间

在大赛专项训练中，均以塔顶温度这一参数，来确定系统稳定时间、稳定判断时间。

1. 系统稳定时间

系统稳定时间是指在"考核开始"到"考核结束"时间段内，塔顶温度由初始温度（"考核开始"计时对应温度），经上升蒸气加热升温和塔顶回流液冷却降温，最后趋于稳定所需要的时间（s），用 t_0 表示，如图 6-9 所示。

系统稳定时间越短，表明能用更短时间达到塔顶目标温度，更早建立稳定的全回流和部分回流。因而在评分标准中，调节系统稳定的时间按非线性记分，且设置为系统稳定时间 2000s（满分）、3000s（零分）。

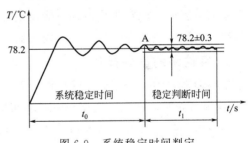

图 6-9　系统稳定时间判定

在上面对系统稳定时间定义中，涉及对稳定的判断。为了判断如何才算"稳定"，因而还需要确定两个指标——稳定判断时间和稳定温度偏差。

2. 稳定判断时间

稳定判断时间是指在"考核开始"到"考核结束"时间段内，塔顶温度落入稳定偏差范围以后，到能被电脑判定为塔顶温度稳定，至少需要维持时间（s），用 t_1 表示（图 6-9）。

稳定判断时间越长、稳定温度偏差越小，则对系统稳定判定越苛刻。一般精馏塔系统稳定用塔顶温度判断。若稳定判断时间为 1300s，稳定温度偏差 0.3℃，则只有当塔顶温度在"考核开始"到"考核结束"时间段内，落入（78.2±0.3）℃范围之内超过 1300s 才能称被电脑判定为塔顶温度稳定。

三、精馏装置操作要点

1. 加热操作

本精馏装置再沸器采用的是一个启动开关和两组加热棒（合计 23kW）进行电加热操作，在操作时应先启动开关，同时为了均匀加热，两组加热棒应尽可能保持相同的电压和电流；精馏塔的预热器系统采用的是一个启动开关和一组加热棒（合计 9kW），其操作要求和再沸器加热相似。

在加热操作时，初始阶段为了使精馏塔能尽快建立全回流，一般采用满负荷加热的模式；当精馏进入全回流阶段后，应控制热负荷在合适的水平，具体的负荷量应该根据原料液的气液相平衡关系及生产实际确定。

2. 冷却水用量的控制

本精馏装置中，冷却水有三种用途：向塔顶冷凝器供水；向塔釜产品冷凝器供水；向馏出液冷凝器供水，其中向塔顶冷凝器供水占绝大部分，塔釜产品冷凝器供水较少，而馏出液冷凝器消耗水量极少，占不足 1/10 的量。因此如何减少塔顶冷凝器冷却水量是最主要的控制因素，节水操作的主要手段可以在全回流时，当蒸气上升至一定的塔板位置（TIC703、TIC704 或 TIC705）方开启冷却水，并且在开启时用较小的流量冷却，当塔顶蒸气量大时加大冷却水量。

热量回收是一个很重要的节能手段，在本精馏操作中，塔顶冷凝器由两级冷凝组成，第一级冷却采用原料冷却，第二级采用冷却水冷却，因此，在进料操作时可以用原料来冷却塔顶蒸气，同时原料液获得一定的热量，减少预热器的电能消耗。值得注意的是，由于在本精馏装置中，原料预热流程只能在正常运行时操作，在前期的全回流过程中，由于预热管线为密闭体系，在受热后产生较大的热应力，导致塔顶冷凝器泄漏问题。

3. 齿轮泵的串联操作

本精馏装置中一个很重要的操作为泵 P701 及泵 P704 的串联操作，由于泵 P701 及泵 P704 均为齿轮泵，在全回流操作时应将回流管线连通方可以启动泵 P701（功能是将回流罐中的液体一部分回流到精馏塔内，另一部分则作为馏出液采出），由于泵 P701 流量较大，所以需有保护回路，同时回流时需对回流量进行精确计量以控制恒摩尔液流量，故以泵 P704 进行变频调节，可以更准确地控制回流量。

四、生产中事故分析与处理（不属于考核内容）

1. 异常现象及处理

异常现象及处理见表 6-7。

表 6-7　异常现象及处理

异常现象	原因分析	处理方法
精馏塔液泛	塔负荷过大 回流量过大 塔釜加热过猛	调整负荷/调节加料量,降低釜温 减少回流,加大采出 减小加热量

异常现象	原因分析	处理方法
系统压力增大	不凝气积聚 采出量少 塔釜加热功率过大	排放不凝气 加大采出量 调整加热功率
系统压力负压	冷却水流量偏大 进料 T < 进料塔节 T	减小冷却水流量 调节原料加热器加热功率
塔压差大	负荷大 回流量不稳定 液泛	减少负荷 调节回流比 按液泛情况处理

2. 正常操作中的故障设置

在精馏正常操作中，由教师给出隐蔽指令，通过不定时改变某些阀门的工作状态来扰动精馏系统正常的工作状态，分别模拟出实际精馏生产过程中的常见故障，学生根据各参数的变化情况、设备运行异常现象，分析事故原因，找出故障并动手排除故障，以提高学生对工艺流程的认识度和实际动手能力。

（1）塔顶冷凝器无冷凝液产生　在精馏正常操作中，教师给出隐蔽指令，（关闭塔顶冷却水入口的电磁阀）停通冷却水，学生通过观察温度、压力及冷凝液槽中冷凝量等的变化，分析系统异常的原因并作处理，使系统恢复到正常操作状态。

（2）真空泵全开时系统无负压　在减压精馏正常操作中，教师给出隐蔽指令，（打开真空管道中的电磁阀）使管路直接与大气相通，学生通过观察压力、塔顶冷凝器冷凝量等的变化，分析系统异常的原因并作处理，使系统恢复到正常操作状态。

五、设备维护及检修（考核内容中未单独列出）

设备维护及检修，包括泵的日常维护；系统运行结束后，相关操作人员应对设备进行维护，保持现场、设备、管路、阀门清洁，方可以离开现场；定期组织学生进行系统检修演练。

六、气相色谱分析

精馏操作专项训练中，过程控制与产品的分析与监测采用气相色谱法，本节对气相色谱法进行介绍。色谱法又称色层法、层析法，是一类重要的分离分析方法。在色谱分析中，起分离作用的柱称为色谱柱，柱内填充的物质称为固定相，沿柱流动的液体或气体称为流动相。色谱法正是利用不同物质在固定相与流动相之间分配能力的不同，实现了多组分混合物的分离。根据流动相的状态，色谱法可分为气相色谱法和液相色谱法。气相色谱分析具有高效能、高选择性、高灵敏度及分析速度快的特点。

气相色谱仪由气路系统、进样系统、分离系统和检测系统组成。气路系统有载气、燃气和助燃气三种气体，一般选用氮气作为载气，燃气采用氢气，助燃气采用空气。进样系统包括进样器和汽化室，汽化室的作用是将液体或固体试样，瞬间汽化为蒸气。一般采用微量注射器进样，常用规格有 $0.1\mu L$、$0.5\mu L$、$1.0\mu L$、$5.0\mu L$、$10\mu L$、$50\mu L$ 等。分离系统包括色谱柱、色谱炉和温度控制系统，色谱柱可分为填充柱和毛细管柱两大类。填充柱使用最方便、最广泛、最成熟，它由不锈钢、铜、玻璃或四氟乙烯管制成，内径为 2～6mm，长 7～10m，弯成 U 形或螺旋形，柱内装填吸附剂（气固色谱）或涂有固定液的载体（气液色谱）。检测系统的主要部件是检测器，其作用是把组分及其浓度变化转变为易于测量的电信号。其中最常用的是热导池检测器和氢焰离子化检测器。热导池检测器结构简单、灵敏度适宜、稳定性好，对所有物质（无机气体和有机物）均有响应，因而被广泛采用。氢火焰离子化检测器（简称氢焰检测器）仅对含碳有机化合物有响应，其灵敏度比热导池检测器高 $10^2～10^4$ 倍，且结构简单、稳定性好、响应快，适合于痕量分析，在有机物中得到广泛应用。

　　气相色谱法分析时，试样由进样器注入（液体试样经汽化室瞬间汽化为气体），由载气（用来载送试样的惰性气体，常用氮气）载着欲分离的试样通过色谱柱中的固定相，使试样中各组分分离，然后依次进入检测器分别检测。色谱柱流出物通过检测器系统时所产生响应信号对时间（或载气流出体积）的曲线图称为色谱图，如图 6-10 所示。

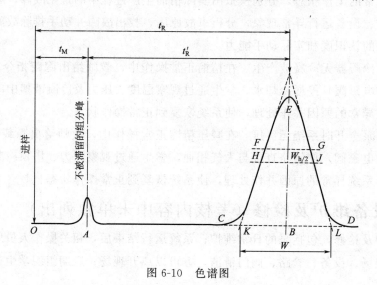

图 6-10　色谱图

　　从色谱柱的分离原理得知，在固定相和操作条件一定的情况下，任何一种物质都有一定的保留值（保留时间 t_R 或保留体积 V_R）。测定待测组分色谱峰出现的保留时间或相应的保留体积，然后与在相同操作条件下，测得的纯物质的保留值进行比较，就能判断某一待测组分色谱峰代表哪种物质，因此可以与纯物质对照进行定性，也可以利用文献相对保留值进行定性。气相色谱定量分析可以通过测量峰高或峰面积进行定量。色谱工作站可以准确、自动地打印出各个峰的保留时间和峰面积等数据，并通过峰面积大小计算出试样中各组分的含量。

　　【练习与拓展】

　　1. 主操作员、下副操作员、上操作员在操作过程中操作重点、难点是什么？

　　2. 在精馏操作的全回流阶段，如何控制塔顶冷凝液槽液位及回流量？

　　3. 要有效地降低水量、电能和原料消耗，应从哪些方面进行控制？

　　4. 要有效地提高产量和回收率，应从哪些方面进行控制？

项目6.2
化工单元仿真操作专项训练

(参考文献:《2015 年全国职业院校技能大赛中职组"化工生产技术"赛项规程》)

一、操作与考核要求

1. 训练内容

采用北京东方仿真控制技术有限公司的化工单元仿真软件,按操作规程正确完成管式加热炉、吸收-解吸、间歇反应釜和固定床反应器等四个工艺的冷态(或热态)开车操作、正常运行操作(通过教师站随机下发扰动,选手判断并解除)、正常停车操作;对这四个工艺的单独事故进行正确处理(屏蔽事故名称,由选手根据现象判断并排除故障);正确回答与四个工艺相关的思考题。

2. 考核方案

化工单元仿真操作考核有两种方案。方案一为"管式加热炉＋吸收与解吸＋间歇反应釜",方案二为"管式加热炉＋吸收与解吸＋固定床反应器",每个方案只涉及三个工艺。DCS 风格采用东方仿真公司开发的"通用 2010 版 DCS"。

3. 考核内容

三个工艺全部冷态开车操作(3 个,每个冷态开车操作中含若干个思考题)、带随机事故的正常运行操作(2 个,管式加热炉中 1 个、吸收-解吸/固定床反应器两个工艺中任选 1 个)、正常停车操作(3 个工艺中任选 1~2 个)、单独事故处理(从 3 个工艺的单独事故中任选 4~5 个)和思考题(含在冷态开车工况中,出现顺序随机,共 15~30 题)。具体题型见表 6-8。

表 6-8　化工仿真操作样题(以方案一 A 卷为例)

编　　号	题目内容	用时/min
1	吸收解吸冷态开车	不作限定
2	吸收解吸稳定生产	15
3	吸收解吸故障 1	不作限定
4	吸收解吸故障 2	不作限定
5	间歇釜单元冷态开车	不作限定
6	间歇釜单元停车	不作限定
7	间歇釜单元故障 1	不作限定
8	间歇釜单元故障 2	不作限定
9	加热炉单元开车	不作限定
10	加热炉单元稳定生产	15
11	加热炉单元故障	不作限定
12	随机提问回答	0
	总　计	120

4. 考核要求

每个冷态开车操作项目完成时间15～30min（考核设定为120min，每个冷态开车分值占比为15%左右），3个冷态开车以及3套思考题的回答（分值包含在操作题中，不单独占比）考核完成时间60min稍多；每个正常运行操作中随机触发9个扰动，要求选手在规定时间进行处理、恢复正常运行并维持稳定操作14.5min，无论选手处理正确与否，扰动定时消失，电脑随即记录成绩（考核中设定完成时间为15min，每个正常运行操作分值占比为12%左右），2个正常运行操作完成时间30min；另外，1个正常停车操作（正常停车操作分值占比为5%左右，分值占比视难易程度确定）、5个单独事故处理（屏蔽事故名称，根据现象判断并排除故障，每个单独事故处理分值占比为5%以下），考核时间30min以下。化工单元仿真考核，总考核时间限定为120min。

5. 考核顺序

考核项目出现是有顺序的。一旦出现不会做，可以跳过该项目（点"工艺"菜单中"进入下一题"），直接进入下一题。但一旦进入下一题，就不能返回到前面的考题（项目）。

6. 考核类型

竞赛型，以得分高、完成时间短的考核者为优胜。采用机考方式，选手考完后由计算机自动评分。

二、装置与器材

1. 考核装置与器材

在化工仿真机房，采用相同配置的台式电脑，且每台考核电脑机位标明编号；配有裁判用电脑、打印机等竞赛评判工具。

2. 考核软件与评分系统

采用北京东方仿真控制技术有限公司的化工单元仿真软件，每台考核电脑中安装化工单元仿真软件的学生站；裁判用电脑安装化工单元仿真软件的教师站，教师站中含考试策略、事故策略、思考题策略、试卷编辑、试题编辑、事故编辑、思考题编辑以及智能评分系统等功能；考核电脑与裁判用电脑联网，考核试题由裁判用电脑传给学生站，学生考核结果则通过网络传到裁判用电脑，并通过智能评分系统进行自动评分。

三、实训操作

1. 训练用考题一

在北京东方仿真控制技术有限公司的化工单元仿真软件——化工类教师站中，按表6-9编辑考题进行训练（用于平时训练）。

表6-9　训练用考题一

序号	考核题目	考核内容	分值占比/%	限制时间/min	备注
1	加热炉单元开车	冷态开车	12	120	不含思考题
2	加热炉思考题	5个思考题	3	120	单独出现
3	加热炉单元稳定生产	正常操作	12	15	说明1

序号	考核题目	考核内容	分值占比/%	限制时间/min	备注
4	加热炉单元事故1	燃料气调节阀卡	4	120	屏蔽名称
5	加热炉单元事故2	燃料油火嘴堵	4	120	屏蔽名称
6	固定床反应器冷态开车	冷态开车	15	120	不含思考题
7	固定床反应器思考题	5个思考题	3	120	单独出现
8	固定床反应器正常停车	正常停车	5	120	—
9	固定床反应器单元事故	反应器漏气	4	120	屏蔽名称
10	吸收解吸冷态开车	冷态开车	15	120	不含思考题
11	吸收解吸思考题	5个思考题	3	120	单独出现
12	吸收解吸稳定生产	正常运行	12	15	说明2
13	吸收解吸单元事故1	泵P101A坏	4	120	屏蔽名称
14	吸收解吸单元事故2	加热蒸汽中断	4	120	屏蔽名称
	总分值		100	—	

注：1. 用于加热炉单元稳定生产考核中可设置的随机事故，见【相关知识】二、化工单元仿真中可设置随机事故。

2. 用于吸收解吸稳定生产考核中可设置的随机事故，见【相关知识】二、化工单元仿真中可设置随机事故。

2. 训练用考题二

在北京东方仿真控制技术有限公司的化工单元仿真软件——化工类教师站中，按表6-10编辑考题进行训练（用于平时训练）。

表6-10　训练用考题二

序号	考核题目	考核内容	分值占比/%	限制时间/min	备注
1	加热炉单元开车	冷态开车	14	120	不含思考题
2	加热炉思考题	5个思考题	3	120	单独出现
3	加热炉单元稳定生产	正常操作	12	15	说明1
4	加热炉单元事故1	雾化蒸汽压力低	4	120	屏蔽名称
5	加热炉单元事故2	燃料油泵P101A停	4	120	屏蔽名称
6	间歇反应釜冷态开车	冷态开车	13	120	不含思考题
7	间歇反应釜思考题	5个思考题	3	120	单独出现
8	间歇反应釜正常停车	正常停车	5	120	—
9	间歇反应釜事故1	氢气进料阀卡住	4	120	屏蔽名称
10	间歇反应釜事故2	EH-429冷却水停	4	120	屏蔽名称
11	吸收解吸冷态开车	冷态开车	15	120	不含思考题
12	吸收解吸思考题	5个思考题	3	120	单独出现
13	吸收解吸单元稳定生产	正常操作	12	15	说明2
14	吸收解吸单元事故	解吸塔釜加热蒸汽压力低	4	120	屏蔽名称
	总分值		100	—	

注：1. 用于加热炉单元稳定生产考核中可设置的随机事故，见【相关知识】二、化工单元仿真中可设置随机事故。

2. 用于吸收解吸单元稳定生产考核中可设置的随机事故，见【相关知识】二、化工单元仿真中可设置随机事故。

3. 训练用考题三

利用北京东方仿真控制技术有限公司的在线仿真中化工单元仿真技能大赛训练模块，可进行类似表6-11考题的考前训练。

表 6-11　训练用考题三

序号	考核题目	考核内容	分值占比/%	限制时间/min	备注
1	加热炉单元开车	冷态开车	15	120	含思考题
2	加热炉单元稳定生产	正常操作	12	15	—
3	加热炉单元事故 1	燃料气调节阀卡	4	120	屏蔽名称
4	加热炉单元事故 2	燃料油火嘴堵	4	120	屏蔽名称
5	固定床反应器冷态开车	冷态开车	18	120	含思考题
6	固定床反应器正常停车	正常停车	5	120	—
7	固定床反应器单元事故	反应器漏气	4	120	屏蔽名称
8	吸收解吸冷态开车	冷态开车	18	120	含思考题
9	吸收解吸稳定生产	正常运行	12	15	—
10	吸收解吸单元事故 1	泵 P101A 坏	4	120	屏蔽名称
11	吸收解吸单元事故 2	加热蒸汽中断	4	120	屏蔽名称
	总分值		100		—

4. 训练用考题四

利用北京东方仿真控制技术有限公司的在线仿真中化工单元仿真技能大赛训练模块，可进行类似表 6-12 考题的考前训练。

表 6-12　训练用考题四

序号	考核题目	考核内容	分值占比/%	限制时间/min	备注
1	加热炉单元开车	冷态开车	17	120	含思考题
2	加热炉单元稳定生产	正常操作	12	15	说明 1
3	加热炉单元事故 1	雾化蒸汽压力低	4	120	屏蔽名称
4	加热炉单元事故 2	燃料油泵 P101A 停	4	120	屏蔽名称
5	间歇反应釜冷态开车	冷态开车	16	120	含思考题
6	间歇反应釜正常停车	正常停车	5	120	—
7	间歇反应釜事故 1	氢气进料阀卡住	4	120	屏蔽名称
8	间歇反应釜事故 2	EH-429 冷却水停	4	120	屏蔽名称
9	吸收解吸冷态开车	冷态开车	18	120	含思考题
10	吸收解吸单元稳定生产	正常操作	12	15	说明 2
11	吸收解吸单元事故	解吸塔釜加热蒸汽压力低	4	120	屏蔽名称
	总分值		100		—

【相关知识】

一、化工单元仿真中存在工况

1. 管式加热炉单元

冷态开车，正常操作，正常停车，燃料油火嘴堵，燃料气压力低，炉管破裂，燃料气调节阀卡，燃料气带液，燃料油带水，雾化蒸汽压力低，燃料油泵 P101A 停。

2. 间歇反应釜单元

冷态开车，热态开车，正常停车，反应釜反应温度超温，搅拌器 M1 故障停转，蛇管冷却水阀 V22、V23 卡住（堵塞），出料管堵塞，反应釜测温电阻连线故障；正常工况随机事故。

3. 固定床反应单元

冷态开车，正常运行，正常停车，氢气进料阀卡住，预热器 EH-424 阀卡住，闪蒸罐压力调节阀卡住，反应器漏气，EH-429 冷却水进口阀卡住，反应器超温；正常工况随机事故。

4. 吸收-解吸单元

冷态开车，正常操作，正常停车，冷却水中断，加热蒸汽中断，仪表风中断，停电，泵 P101A 坏，调节阀 FV104 阀卡，再沸器 E-105 结垢严重；正常工况随机事故。

二、化工单元仿真中可设置随机事故

1. 管式加热炉单元

（1）仪表事故　有燃料气温度调节阀 TIC106 事故。

（2）控制阀门事故　包括进料控制阀 FIC101 故障、采暖水流量控制阀 FIC102 故障、燃料油压力控制阀 PIC109 故障、雾化蒸汽与燃料油压差控制阀 PDIC112 故障。

（3）流通事故　有烟道挡风板 D14 故障。

2. 固定床反应单元

（1）控制阀门事故　包括控制阀 FV1425 阀卡、控制阀 FV1426 阀卡、控制阀 FV1427 阀卡、控制阀 TV1466 故障、调节阀 KXV1430 故障。

（2）扰动　有 C_2H_2 入口压力波动，H_2 入口压力波动。

（3）换热器事故　包括换热器 EH429 故障、换热器 EH424 故障。

（4）罐事故　有罐 KXV1414 故障。

3. 吸收-解吸单元

（1）流通事故　有原料气入口压力 P1 故障。

（2）控制阀门事故　包括吸收塔回流流量调节阀 FV103 故障全开，吸收塔回流流量调节阀 FV103 故障全关，吸收塔塔釜出料调节阀 FV104 故障全开，吸收塔塔釜出料调节阀 FV104 故障全关，吸收塔压力调节阀 PV103 故障全开，吸收塔压力调节阀 PV103 故障全关，解吸塔塔釜蒸汽调节阀 FV108 故障全开，解吸塔塔釜蒸汽调节阀 FV108 故障全关等事故，以及 E102 热物流出口温度调节阀 TV103 故障、解吸塔塔釜液位调节阀 LV104 故障、吸收塔塔釜出料调节阀旁通阀 V5 故障、E102 热物流出口温度调节阀旁通阀 V8 故障、解吸塔塔釜蒸汽调节阀旁通阀 V17 故障、解吸塔回流流量调节阀旁通阀 V13 故障。

（3）机泵事故　包括 D101 出料泵 P101A 故障、D101 出料泵 P101B 故障、解吸塔回流泵 P102A 故障、解吸塔回流泵 P102B 故障等。

三、化工单元仿真中稳定生产的评价标准

1. 管式加热炉单元稳定生产的评价标准

（1）得分项

① V-105 压力 PIC101 稳定在 2.0atm 左右；

② 原料炉的出口温度 TIC106 稳定在 420℃左右；

③ 炉膛温度 TI104 稳定在 640℃左右；

④ 炉膛负压 PI107 稳定在 -2mmH$_2$O 左右；

⑤ 烟道气出口温度 TI105 稳定在 210℃左右；

⑥ 工艺物料量 FIC101 稳定在 3072.5kg/h；

⑦ 燃料油压力 PIC109 稳定在 6atm 左右；

⑧ 雾化蒸汽压差 PDIC112 稳定在 4atm 左右；

⑨ 液位 LI115 稳定在 50％左右；

⑩ 质量评定：烟道氧气含量 AR101 稳定在 4％左右；

⑪ 质量评定：采暖水流量 FIC102 稳定在 9584kg/h 左右。

（2）扣分项（时间范围 14.5min）

① 罐 V105 内超压；

② 炉膛灭火；

③ 炉膛超温；

④ 罐 V108 满水；

⑤ 罐 V108 无水；

⑥ 原料炉的出口温度过高；

⑦ 烟道的氧含量超标；

⑧ 炉膛正压；

⑨ 烟气温度超温。

2. 固定床反应单元稳定生产的评价标准

（1）得分项

① 使氢气流量 FIC1427 稳定在 200kg/h 左右；

② 使乙炔流量 FIC1425 稳定在 56186.8kg/h 左右；

③ 使闪蒸罐 EV-429 压力 PC1426 稳定在 0.4MPa；

④ 使反应器 ER-424A 压力 PI1424A 稳定在 2.523MPa 左右；

⑤ 使反应器 ER-424A 入口温度 TC1466 稳定在 38℃；

⑥ 使反应器 ER-424A 温度 TI1467A 稳定在 44℃；

⑦ 使闪蒸罐 EV-429 液位 LI1426 稳定在 50％；

⑧ 使闪蒸罐 EV-429A 温度 TI1426 稳定在 38℃；

⑨ ER424 进料中氢气含量；

⑩ ER424 进料中甲烷含量；

⑪ ER424 进料中乙烯含量；

⑫ ER424 进料中乙烷含量；

⑬ ER424 进料中乙炔含量；

⑭ ER424 出料中甲烷含量；

⑮ ER424 出料中乙烯含量；

⑯ ER424 出料中乙烷含量。

(2) 扣分项（时间范围 14.5min）

① 闪蒸罐 EV429 液位泄空；

② 闪蒸罐 EV429 液位低于 20%；

③ 闪蒸罐 EV429 液位超过 80%；

④ 闪蒸罐 EV429 液位溢出；

⑤ 反应器入口温度 TIC1466 温度超过 64℃；

⑥ 反应器入口温度 TIC1466 温度达到 80℃；

⑦ 反应器 ER426A 温度 TI1467A 超过 90℃；

⑧ 反应器 ER426A 温度 TI1467A 超过 120℃；

⑨ 错误打开反应器 ER424A 阀 KXV1414；

⑩ 错误打开闪蒸罐泄液阀 KXV1432；

⑪ ER424 出料中 H_2 含量大于 5%；

⑫ ER424 出料中乙炔含量大于 5%；

⑬ 错误打开排气阀 KXV1419。

3. 吸收-解吸单元稳定生产的评价标准

(1) 得分项

① T-101 液位 LIC101 维持在 50% 左右；

② D-101 液位 LI102 维持在 60% 左右；

③ T-102 液位 LIC104 维持在 50% 左右；

④ D-103 液位 LIC105 维持在 50% 左右；

⑤ T-101 塔顶压力 PI101 维持在 1.22MPa 左右；

⑥ D-102 塔顶压力 PIC103 维持在 1.2MPa 左右；

⑦ T-102 塔顶压力 PIC105 维持在 0.5MPa 左右；

⑧ E-102 热物流出口温度 TIC103 维持在 5℃；

⑨ T-102 塔顶温度 TI106 维持在 51℃ 左右；

⑩ T-102 塔釜温度 TIC107 维持在 102℃ 左右；

⑪ T-101 原料气流量 FI101 维持在 5t/h 左右；

⑫ T-101 回流流量 FRC103 维持在 13.5t/h；

⑬ T-101 塔釜出口流量 FIC104 维持在 14.7t/h 左右；

⑭ T-102 回流流量 FIC106 维持在 8t/h 左右。

(2) 扣分项（时间范围 14.5min）

① T-101 液位严重超高；

② T-101 液位超低；

③ D-101 液位严重超高；

④ D-101 液位超低；

⑤ D-102 液位严重超高；

⑥ T-102 液位严重超高；

⑦ T-102 液位超低；

⑧ D-103 液位严重超高；

⑨ T-101 泄液阀 V11 错误打开；

⑩ T-102 泄液阀 V18 错误打开；

⑪ D-101 泄液阀 V10 错误打开；

⑫ D-103 泄液阀 V19 错误打开；

⑬ T-101 塔顶压力超压；

⑭ D-102 塔顶压力超压；

⑮ T-102 塔顶压力超压。

【练习与拓展】

1. 管式加热炉单元思考题

（1）本单元工艺物料温度 TIC106，有两种控制方案_____。

A. 直接通过控制燃烧气体流量调节

B. 与燃料油压力调节器 PIC109 构成串级控制回路

C. 与炉膛温度 TI104 构成串级　　　　D. 与炉膛内压力构成前馈控制

（2）本流程中为保证安全正常运行共设有_____个安全阀。

A. 1　　　　　　B. 5　　　　　　C. 3　　　　　　D. 6

（3）产生联锁的事故有_____。

A. 炉管破裂　　　B. 燃料油带水　　C. 雾化蒸汽压力低　D. 燃料油火嘴堵

（4）工业炉的使用中烘炉主要有_____过程。

A. 水分排除期　　B. 日常维护期　　C. 砌体膨胀期　　D. 保温期

（5）加热炉按炉温可分为_____。

A. 高中温混合炉　　　　　　　　　　B. 高温炉（＞1000℃）

C. 中温炉（650～1000℃）　　　　　D. 低温炉（＜650℃）

（6）加热炉按热源划分可分为_____。

A. 燃煤炉　　　　B. 燃油炉　　　　C. 燃气炉　　　　D. 油气混合燃烧炉

（7）燃料气带液的主要现象有_____。

A. 产生联锁　　　　　　　　　　　　B. 炉膛和炉出口温度降低

C. 燃料气流量增大　　　　　　　　　D. 燃料气分液罐液位上升

（8）燃料气压力低的主要现象是_____。

A. 燃料气分液罐压力低　　　　　　　B. 炉膛温度降低

C. 炉出口温度升高　　　　　　　　　D. 燃料气流量急剧增大

（9）需要紧急停车的事故有_____。

A. 燃料油火嘴堵　　B. 燃料气压力低　　C. 雾化蒸汽压力低　D. 泵 P101A 停

（10）油-气混合燃烧管式加热炉的主要结构包括_____。

A. 辐射室（炉膛）　B. 对流室　　　　C. 燃烧器　　　　D. 通风系统

（11）油气混合燃烧管式加热炉开车时，要先对炉膛进行蒸汽吹扫。并先烧_____，再烧_____。而停车时，应先停_____，后停_____。

A. 燃料气，燃料油，燃料油，燃料气　　B. 燃料气，燃料油，燃料气，燃料油

C. 燃料油，燃料气，燃料煤，燃料油　　　 D. 燃料油，燃料煤，燃料气，燃料油

（12）在点火失败后应做_____工作。

A. 烘炉　　　　　 B. 吹扫　　　　　 C. 清洗　　　　　 D. 热态开车

（13）在工业生产中能对物料进行热加工，并使其发生物理或化学变化的加热设备称为_____。

A. 炉　　　　　　 B. 窑　　　　　　 C. 罐　　　　　　 D. 塔

（14）在加热炉稳定运行时，炉出口工艺物料的温度应保持在_____。

A. 200℃　　　　 B. 3000℃　　　　 C. 4000℃　　　　 D. 420℃

2. 间歇反应釜单元思考题

（1）本单元所涉及的复杂控制是_____。

A. 比值控制　　　 B. 分程控制　　　 C. 串级控制　　　 D. 前馈控制

（2）超温事故产生的原因_____。

A. 计量罐超温　　 B. 反应釜超温　　 C. 搅拌机事故　　 D. 出料温度过高

（3）出料管堵的现象是_____。

A. 温度显示置零　　　　　　　　　　 B. 出料时，内气压较高

C. 出料时，釜内液位下降很慢　　　　 D. 出口温度稳步上升

（4）间歇反应缩合工序的主要原料有_____。

A. 多硫化钠（Na_2S_n）　　　　　　　 B. 邻硝基氯苯（$C_6H_4ClNO_2$）

C. 二硫化碳（CS_2）　　　　　　　　 D. 2-巯基苯并噻唑

（5）间歇釜的釜温由_____控制。

A. 夹套中的蒸汽　 B. 冷却水　　　　 C. 蛇管中的冷却水　 D. 原料温度

（6）搅拌器停转引起的现象有_____。

A. 温度大于128℃　　　　　　　　　　 B. 反应速率逐渐下降为低值

C. 产物浓度变化缓慢　　　　　　　　 D. 温度大于128℃

（7）蛇管冷却水阀 V22 卡的处理步骤是_____。

A. 启用冷却水旁路阀 V17　　　　　　 B. 控制反应釜温度 TI101

C. 搅拌器停　　　　　　　　　　　　 D. 反应停止

（8）向计量罐 VX01、VX02 进料时应先开_____，再开进料阀。

A. 放空阀　　　　 B. 溢流阀　　　　 C. 出料阀　　　　 D. 排液阀

（9）在本工艺流程中，为使反应速率快，应保持反应温度在_____以上。

A. 50℃以上　　　 B. 150℃以上　　　 C. 40℃以上　　　 D. 90℃以上

（10）在停车操作的正常顺序是_____。

A. 打开放空阀、关闭放空阀、向釜内通增压蒸汽、打开蒸汽预热阀、打开出料阀门

B. 打开放空阀、向釜内通增压蒸汽、打开蒸汽预热阀、打开出料阀门、关闭放空阀

C. 打开放空阀、关闭放空阀、打开蒸汽预热阀、向釜内通增压蒸汽、打开出料阀门

D. 打开出料阀门、打开放空阀、关闭放空阀、向釜内通增压蒸汽、打开蒸汽预热阀

（11）在正常反应过程中，冷却水出口温度不小于_____℃。

A. 40　　　　　　 B. 70　　　　　　 C. 100　　　　　 D. 60

(12) 在正常工艺中, 反应釜中压力不大于_____个大气压。

A. 6　　　　　　　B. 10　　　　　　　C. 8　　　　　　　D. 12

(13) 装置开工状态时, _____是处于开的状态。

A. 阀门　　　　　　B. 电动机　　　　　　C. 离心泵　　　　　　D. 蒸汽联锁阀

(14) TIC101 在_____℃以上时, 主反应速率大于副反应速率。

A. 85　　　　　　　B. 90　　　　　　　C. 100　　　　　　　D. 110

(15) 本单元所涉及的复杂控制是_____。

A. 比值控制　　　　B. 分程控制　　　　C. 串级控制　　　　D. 前馈控制

3. 固定床反应单元思考题

(1) EH-429 冷却水停, 首先将会有_____现象。

A. 换热器出口温度超高　　　　　　　B. 闪蒸罐压力, 温度超高

C. 反应器温度超高, 会引发乙烯聚合的副反应

D. 闪蒸罐压力下降, 温度超高

(2) 本单元的热载体是_____。

A. 丁烷　　　　　　B. 乙烯　　　　　　C. 乙炔　　　　　　D. 水　　　E. 蒸汽

(3) 本单元仿真装置的反应温度由壳侧中的冷却剂 (热载体) 控制在_____℃。

A. 40　　　　　　　B. 44　　　　　　　C. 50　　　　　　　D. 80

(4) 本单元富氢进料流量控制在_____。

A. 100t/h　　　　　B. 200t/h　　　　　C. 300t/h　　　　　D. 400t/h

(5) 本单元选用的反应器是_____。

A. 对外换热式气-固相催化反应器　　　B. 对外换热式气-固相非催化反应器

C. 绝热式气-固相催化反应器　　　　　D. 绝热式气-固相非催化反应器

(6) 本单元乙炔进料流量控制在_____。

A. 56186t/h　　　　B. 66186t/h　　　　C. 76186t/h　　　　D. 86186t/h

(7) 当反应器发生严重泄漏事故, 应立刻_____。

A. 报告上级　　　　B. 迅速逃生　　　　C. 紧急停车　　　　D. 启动备用反应器

(8) 反应器超温故障的处理方法为_____。

A. 增加 EH-429 冷却水的量　　　　　　B. 停工

C. 降低 EH-429 冷却水的量　　　　　　D. 增加配氢量

(9) 反应器温度过高会导致_____。

A. 会使乙烯产量提高　　　　　　　　　B. 氢气与乙炔加成为乙烷

C. 氢气与乙炔加成为乙烯　　　　　　　D. 引发乙烯聚合的副反应

(10) 反应器温度较高时, 降低温度的不当方法是_____。

A. 开大阀门 KXV1425　　　　　　　　　B. 增大冷却水流量

C. 打开反应器底部阀门　　　　　　　　D. 开小蒸汽阀门开度

(11) 反应器温度控制在 44℃左右是因为_____。

A. 在此温度下平衡常数 K_p 最大　　　　B. 在此温度下反应速率常数 k 最大

C. 在此温度下催化剂活性最大

D. 此温度是综合考虑平衡常数 K_p、化学反应速率及选择性后确定的最佳反应温度

（12）反应器压力迅速降低，可能原因是_____。

A. 反应器漏气　　　B. 氢气进料停止　　C. 冷却出现问题　　D. 原料供给超标

（13）反应器正常停车的步骤是_____。

A. 关闭氢气进料、关闭加热器 EH-424 蒸汽进料、全开闪蒸器冷凝回流、逐渐减少乙炔进料

B. 关闭加热器 EH-424 蒸汽进料、关闭氢气进料、全开闪蒸器冷凝回流、逐渐减少乙炔进料

C. 关闭氢气进料、关闭加热器 EH-424 蒸汽进料、逐渐减少乙炔进料、全开闪蒸器冷凝回流

D. 逐渐减少乙炔进料、关闭氢气进料、关闭加热器 EH-424 蒸汽进料、全开闪蒸器冷凝回流

（14）固定床反应器单元的产品是_____。

A. 聚丙烷　　　　　B. 聚丙烯　　　　　C. 丙烷　　　　　D. 乙烷

（15）固定床反应器单元的工艺是_____。

A. 催化脱氢制乙炔　B. 催化加氢制乙炔　C. 催化加氢脱乙炔　D. 催化脱氢制乙烷

4. 吸收-解吸单元思考题

（1）C_6 是该工艺过程中的_____。

A. 原料　　　　　　B. 冷却剂　　　　　C. 吸收剂　　　　　D. 产品

（2）D-102 液位上升的原因是_____。

A. T101 塔顶气体中，少量的 C_4 和 C_6 油冷凝积累

B. 进料量太大，使 D-102 液位上升

C. V4 开度过小，使 D-102 液位上升

D. 蒸汽流量太大，使 D-102 液位上升

（3）T-102 塔釜温度主要由_____控制。

A. FV104 流量　　　　　　　　　　B. FIC108 的蒸汽流量

C. FV106 流量　　　　　　　　　　D. TIC104 和 FIC108 串级调节

（4）本吸收解吸系统中，运用的解吸方法_____。

A. 加压解吸　　　B. 加热解吸　　　C. 在惰性气体中解吸　　D. 精馏

（5）操作时发现富油无法进入解吸塔，最可能由_____原因导致。

A. 吸收压力过高　　　　　　　　　B. 解吸塔压力过高

C. 阀门开度不够大　　　　　　　　D. 解吸塔温度高

（6）打开泵 P101A 的操作顺序是_____。

A. 打开前阀 VI9、打开泵 P101A、打开泵后阀 VI10

B. 打开前阀 VI9、打开泵后阀 VI10、打开泵 P101A

C. 打开泵 P101A、打开前阀 VI9、打开泵后阀 VI10

D. 打开泵后阀 VI10、打开前阀 VI9、打开泵 P101A

（7）打开泵 P101A 的操作顺序是（　　）。

A. 打开前阀 VI9、打开泵 P101A、打开泵后阀 VI10

B. 打开前阀 VI9、打开泵后阀 VI10、打开泵 P101A

C. 打开泵 P101A、打开前阀 VI9、打开泵后阀 VI10

D. 打开泵后阀 VI10、打开前阀 VI9、打开泵 P101A

（8）打开调节阀 FV103 的操作顺序是_____。

A. 打开前阀 VI1、打开调节阀 FV103、打开后阀 VI2

B. 打开调节阀 FV103、打开前阀 VI1、打开后阀 VI2

C. 打开前阀 VI1、打开后阀 VI2、打开调节阀 FV103

D. 打开后阀 VI2、打开前阀 VI1、打开调节阀 FV103

（9）当加热蒸汽中断时事故的主要现象是_____。

A. 解吸塔温度降低   B. 冷却水流量为 0

C. 解吸塔压力降低   D. 冷却水入口管路各阀开度正常

（10）当吸收塔开始进原料气后，下列描述不正确的为_____。

A. 塔底液位有可能上升   B. 塔顶压力将增大

C. 能引起解吸塔底液位的波动   D. 吸收塔的温度不变

（11）当用氮气为吸收系统充压时，系统中有许多参数都在发生变化，在下列几个参数中不发生变化的是_____。

A. 吸收塔顶的压力   B. 氮气的流量

C. 尾气分离罐内的压力   D. 吸收塔的温度

（12）调节阀 LV104 阀卡的处理方法是_____。

A. 打开 LV104 的后阀 VI14、前阀 VI13

B. 关闭 LV104 的后阀 VI14、前阀 VI13

C. 开旁路阀 V12 至 60% 左右

D. 调节 V12 的开度，使液位保持在 50% 左右

（13）富油从塔釜派出，经贫富油换热器 E-103 余热至_____℃进入解吸塔？

A. 50   B. 65   C. 80   D. 105

（14）给系统充氮气时，吸收塔的系统压力与解吸塔的系统压力的关系是_____。

A. 吸收塔的系统压力高于解吸塔的系统压力

B. 吸收塔的系统压力低于解吸塔的系统压力

C. 吸收塔的系统压力等于解吸塔的系统压力

D. 无所谓高低

项目6.3
乙醛氧化制醋酸工段仿真
操作专项训练*

（参考文献：《2015 年全国职业院校技能大赛高职组"化工生产技术"赛项规程》）

一、操作与考核要求

1. 训练内容

采用北京东方仿真控制技术有限公司的乙醛氧化制醋酸工艺仿真软件，按操作规程正确完成乙醛氧化制乙酸反应工段的冷态开车操作、正常运行操作（通过教师站随机下发扰动，选手判断并解除）、正常停车操作；对乙醛氧化制乙酸反应工段的单独事故进行正确处理（屏蔽事故名称，由选手根据现象判断并排除故障）；正确回答在乙醛氧化工段仿真操作中思考题。DCS 风格采用东方仿真公司开发的"通用 2010 版 DCS"。

2. 考核内容

冷态开车操作（1 个）、带随机事故的正常运行操作（1 个）、正常停车操作（1 个）、单独事故处理（从乙醛氧化工段的单独事故中任选 3～5 个）和思考题（含在冷态开车工况中，出现顺序随机，共 15 题）。具体题型见表 6-13。

表 6-13　化工仿真操作样题

编　号	题　　目	用　时
1	冷态开车	不限定
2	稳定生产	20min
3	正常停车	不限定
4	故障 1：乙醛入口压力升高	不限定
5	故障 2：E102 结垢	不限定
6	故障 3：T101 氮气进量波动	不限定
7	故障 4：T101 内温度升高	不限定
8	随机提问回答	0
	时间总计	120

3. 考核要求

总考核时间限定为 120min。冷态开车操作（含思考题的回答）项目完成时间 60min（考核中设定为 120min，冷态开车分值占比为 45% 左右，思考题的分值包含在操作题中）；正常运行操作中随机触发 15 个扰动，要求选手在规定时间进行处理、恢复正常运行并维持稳定操作 19.5min，无论选手处理正确与否，扰动定时消失，电脑随即记录成绩（考核中设定完成时间为 20min，正常运行操作分值占比为 25% 左右）；正常停车操作（分值占比为 15% 左右）、3～5 个单独事故处理（每个单独事故处理分值占比为 5% 左右），考核时间大致 40min。

4. 考核顺序

考核项目出现是有顺序的。一旦出现不会做，可以跳过该项目（点"工艺"菜单中"进入下一题"），直接进入下一题。但一旦进入下一题，就不能返回到前面的考题（项目）。

5. 考核类型

竞赛型，以得分高、完成时间短的考核者为优胜。采用机考方式，选手考完后由计算机自动评分。

二、装置与器材

1. 考核装置与器材

在化工仿真机房，采用相同配置的台式电脑，且每台考核电脑机位标明编号；配有裁判用电脑、打印机等竞赛评判工具。

2. 考核软件与评分系统

采用北京东方仿真控制技术有限公司的乙醛氧化工段仿真软件，每台考核电脑中安装乙醛氧化工段仿真软件的学生站；裁判用电脑安装乙醛氧化工段仿真软件的教师站，教师站中含考试策略、事故策略、思考题策略、试卷编辑、试题编辑、事故编辑、思考题编辑以及智能评分系统等功能；考核电脑与裁判用电脑联网，考核试题由裁判用电脑传给学生站，学生考核结果则通过网络传到裁判用电脑，并通过智能评分系统进行自动评分。

三、训练步骤

1. 乙醛氧化工段仿真操作训练用考题

在北京东方仿真控制技术有限公司的乙醛氧化工段仿真软件化工类教师站中，按表6-14编辑考题，并让学生进行训练。

表6-14　乙醛氧化工段仿真操作训练用考题

序号	考核题目	考核内容	分值占比/%	限制时间/min	备注
1	乙醛氧化工段开车	工段开车	45	120	含思考题
2	乙醛氧化工段稳定生产	正常操作	24	20	说明1
3	乙醛氧化工段正常停车	正常停车	15	120	—
4	乙醛氧化工段事故1	P101A 坏	4	120	屏蔽名称
5	乙醛氧化工段事故2	T101 内温度升高	4	120	屏蔽名称
6	乙醛氧化工段事故3	乙醛入口压力升高	4	120	屏蔽名称
7	乙醛氧化工段事故4	T102 N_2 入口压力升高	4	120	屏蔽名称
	总分值		100		—

说明1：用于乙醛氧化工段稳定生产考核中可设置的随机事故，见【相关知识】二、乙醛氧化工段仿真中可设置随机事故。

2. 乙醛氧化工段仿真操作

（1）乙醛氧化工段开车操作　乙醛氧化生产乙酸的氧化工段（冷态）开车的步骤包括：开车前准备（酸洗反应系统）、建立醋酸循环（包含催化剂加入）、配制氧化液、第一氧化器投氧、第二氧化器投氧、吸收塔投用、氧化系统出料、调至平衡等8个步骤，以及思考题回答。乙醛氧化生产乙酸的氧化工段仿真（冷态）开车中提供7个操作画面：乙醛氧化工段流程画面总图如图6-11所示；乙醛氧化工段第一氧化塔现场图如图6-12所示；乙醛氧化工段第一氧化塔DCS图如图6-13所示；乙醛氧化工段第二氧化塔DCS图如图

6-14 所示；乙醛氧化工段第二氧化塔现场图如图 6-15 所示；乙醛氧化工段尾气洗涤 DCS 图如图 6-16 所示；乙醛氧化工段尾气洗涤现场图如图 6-17 所示。

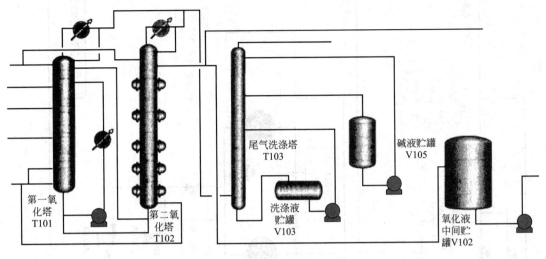

图 6-11　乙醛氧化工段流程画面总图

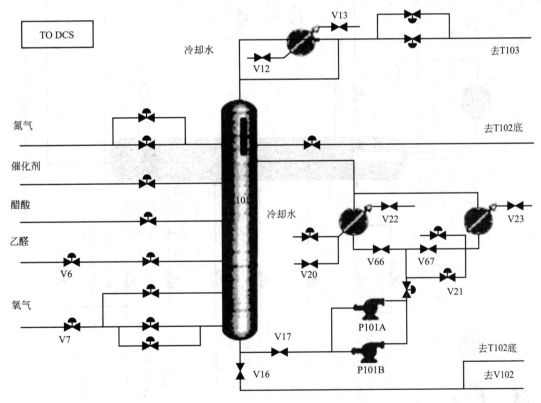

图 6-12　乙醛氧化工段第一氧化塔现场图

第一步，开车前准备（酸洗反应系统）。

①【尾气洗涤现场图】开启尾气吸收塔 T103 的放空阀 V45，开度约 50%。

② 向中间贮罐注酸。【尾气洗涤现场图】开启氧化液中间贮罐 V102 的现场阀 V57，

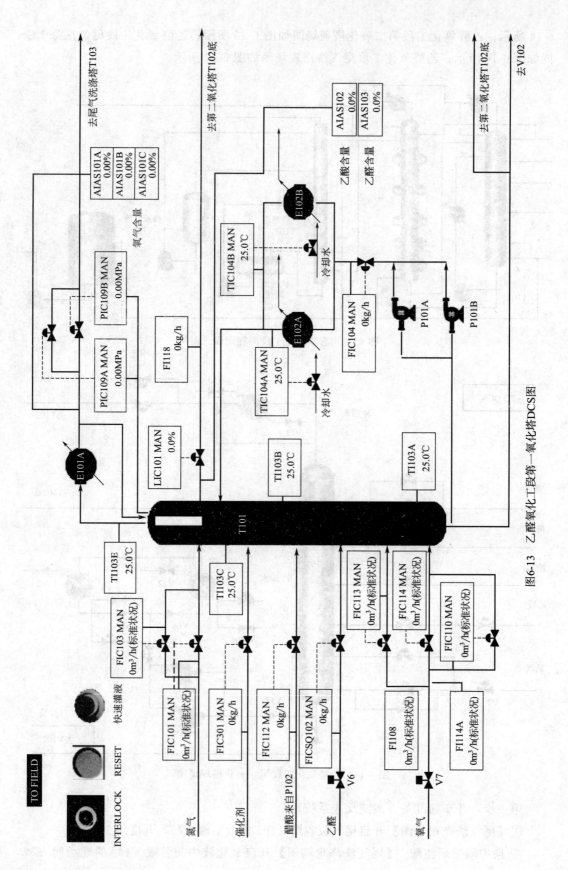

图6-13 乙醛氧化工段第一氧化塔DCS图

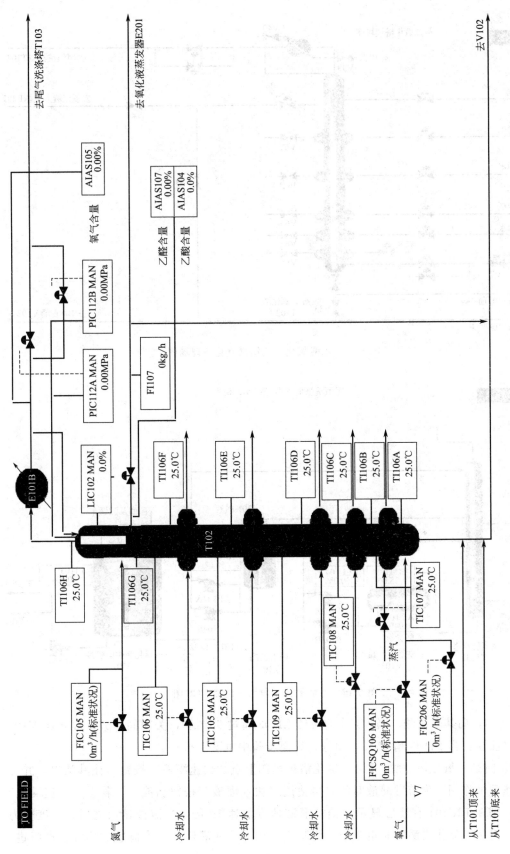

图6-14　乙醛氧化工段第二氧化塔DCS图

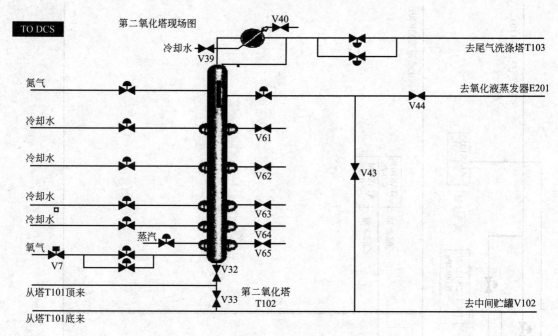

图 6-15 乙醛氧化工段第二氧化塔现场图

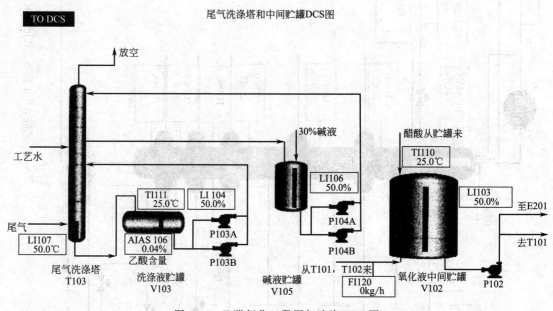

图 6-16 乙醛氧化工段尾气洗涤 DCS 图

开度 50％，向其中注酸，当 V102 的液位 LI103 超过 50％后，关闭阀 V57，停止向 V102 注酸（注意：当 LI103 超 95％，扣分；后面步骤中也不能超）。

③ 向第一氧化塔灌酸。【第一氧化塔现场图】点"快速灌液"按钮，让其消失，并发挥快速灌液作用。为节省灌液时间，可使用"快速灌液"按钮功能——若点"快速灌液"按钮，则在 LIC101 有液位显示之前，灌液速度加速 10 倍，有液位显示之后，速度变为正常；对第二氧化塔灌酸时也类似。为防止使用"快速灌液"后可能造成连续生产时进、

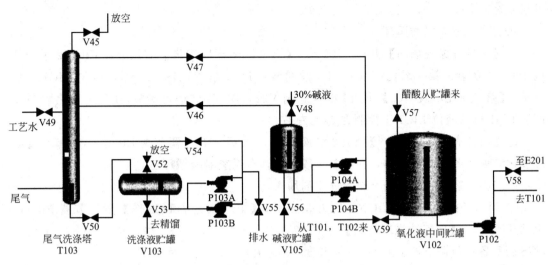

图 6-17 乙醛氧化工段尾气洗涤现场图

出塔的物料量不平衡，"快速灌液"按钮被设置为仅对"酸洗"和"建立循环"阶段有效。"快速灌液"按钮只能点击一次，点后该按钮消失并发挥作用；若一直不点该按钮，则在循环建立后也会消失。【尾气洗涤现场图】启动泵 P102，【第一氧化塔 DCS 图】置调节器 FIC112 的 OP 值 50%（打开对应阀门），向第一氧化塔灌醋酸。T101 塔顶部看见液位（LIC101 约为 2%）后，置调节器 FIC112 的 OP 值 0%（关对应阀门）。【尾气洗涤现场图】停 P102 泵，停止进酸。

④【第一氧化塔现场图】开泵前阀 V17 后，启动氧化液循环泵（P101），【第一氧化塔 DCS 图】置调节器 FIC104 手动开度 20%，【第一氧化塔现场图】开回路阀 V66，用醋酸循环清洗 T101 塔。

⑤ 酸洗完毕后，【第一氧化塔现场图】关回路阀 V66，【第一氧化塔 DCS 图】置调节器 FIC104 手动开度 0%，（从开到关需延时 60s），【第一氧化塔现场图】停 P101 泵，停止酸洗。

⑥【第一氧化塔 DCS 图】置 T101 塔保护氮气流量调节器 FIC101 手动开度 50%，【第一氧化塔现场图】打开 T101 塔底阀 V16，【第二氧化塔现场图】打开 T102 塔底阀 V33 和 V32，用氮气将 T101 塔中的醋酸经 T101 塔底压送到 T102 第二氧化塔。

⑦ 当 T102 塔顶部看见液位（【第二氧化塔 DCS 图】LIC102 有显示）后，【第一氧化塔 DCS 图】置 T101 塔保护氮气流量调节器 FIC101 手动开度 0%（关阀）。

⑧【第二氧化塔 DCS 图】置 T102 塔保护氮气流量调节器 FIC105 手动开度 50%，【尾气洗涤现场图】打开 V102 回酸阀 V59（与 T101 塔底阀同时开的时间大于 30s），将 T101 和 T102 塔中的醋酸全部退料到 V102 贮罐中。

⑨ 退酸结束（【尾气洗涤 DCS 图】FI120 显示为 0）后，【第二氧化塔 DCS 图】置 T102 塔保护氮气流量调节器 FIC105 手动开度 0%，【第一氧化塔现场图】关 T101 塔底阀 V16，【第二氧化塔现场图】关 T102 塔底阀 V33 和 V32。

⑩【第一氧化塔 DCS 图】置 T101 塔顶的压力调节器 PIC109 手动开度 50％、【第二氧化塔 DCS 图】置 T102 塔顶的压力调节器 PIC112 手动开度 50％，放空后再分别置手动开度 0％（关）。

第二步，建立醋酸循环。

①【尾气洗涤现场图】开启 P102 泵，【第一氧化塔 DCS 图】置调节器 FIC112 手动开度 100％，重新向第一氧化塔（T101）灌醋酸。T101 塔液位达 30％后，液位 LIC101 置自动。【第二氧化塔现场图】开 T102 塔底阀 V32，向 T102 塔进醋酸，【第一氧化塔 DCS 图】T101 塔的液位 LIC101 控制在 30％左右。

②【第二氧化塔 DCS 图】T102 塔液位达 30％后，液位调节阀 LIC102 置自动，【第二氧化塔现场图】开阀 V44，向精制工段出料，全系统醋酸循环建立完毕。

第三步，氧化液的配制（包含催化剂加入）。

① 调节 T101 塔液位 LIC101 约为 30％后，【第一氧化塔 DCS 图】置调节器 FIC112 手动开度 0％，【尾气洗涤现场图】停 P102 泵，停止向 T101 塔进酸。同时，【第一氧化塔 DCS 图】置液位调节器 LIC101 手动开度 0％（关）。

②【第一氧化塔 DCS 图】置乙醛进料调节器 FICSQ102 手动开度 7.5％左右（缓加，根据乙醛含量 AIAS103 来调整其开度，使 AIAS103 约为 7.5％），置催化剂（醋酸锰溶液）进料调节器 FIC301 手动开度 7.5％左右（缓加，根据乙醛进量调整其开度，使其流量约为 FICSQ102 的 1/6），向第一氧化塔 T101 中注入催化剂。

③【第一氧化塔现场图】开 T101 塔顶部冷却器冷却水进出口阀 V12 和 V13。

④【第一氧化塔现场图】启动 P101 循环泵，【第一氧化塔现场图】开回路阀 V66，【第一氧化塔 DCS 图】置调节器 FIC104 手动开度 16％左右，使循环流量保持在 700000kg/h（通氧前）。【第一氧化塔现场图】开换热器 E102 入口阀 V20（OP：50％，延时 2s）和出口阀 V22（OP：100％），向 E102 通蒸汽，为氧化液循环液加热，提高氧化液温度（TI103 在 70～76℃适宜）。

⑤【第二氧化塔 DCS 图】置 T102 塔的液位调节器 LIC102 手动开度 0％，【第二氧化塔现场图】关阀 V44，关第二氧化塔出料。

⑥【第一氧化塔 DCS 图】当乙醛 AIAS103 约为 7.5％时，置 FICSQ102 和 FIC301 手动开度 0％，停止乙醛和催化剂进料。

⑦ 控制指标：通氧前将 T101 塔中氧化液温度 TI103 控制在 70～76℃（温度低了开大蒸汽阀门，温度高了可换冷却水）。

第四步，第一氧化器投氧开车。

①【第一氧化塔 DCS 图】开车前点 "INTERLOCK" 联锁按钮，将中心指针指 "Auto"。当 T101 塔和 T102 塔的氧含量高于 8％、液位高于 80％，则产生联锁，将使第一氧化塔的乙醛进料电磁阀和两个氧化塔的氧进料电磁阀关闭。解除方法：通过通 N_2 降低氧含量使氧含量低于 8％或通过排液降低液位使液位低于 80％，再点 RESET 按钮；若联锁条件没消除（T101、T102 的氧含量高于 8％或液位高于 80％），则需要先点击 "INTERLOCK" 按钮，使中心指针指 "BP"，然后点击 "RESET" 按钮即可。

②【第一氧化塔 DCS 图】置 FIC101 自动，使保护 N_2 流量为 120m³/h（稀释氧，使

氧含量＜8％）。

③【第一氧化塔 DCS 图】将 T101 塔顶的压力调节器 PIC109 投自动，设定值为 0.19MPa。

④ 投氧前，置 T101 的液位 LIC101 手动开度 20％，使液位调至 20％～30％，之后关闭 T101 的液位 LIC101。

⑤ 当 T101 塔中液相 TIC103A＞70℃后（用蒸汽维持，阀开度 5％），可按如下方式投氧。

a.【第一氧化塔 DCS 图】用小投氧流量调节器 FIC110 进行投氧（OP：13％左右），初始投氧量小于 100m³/h。此时要注意以下参数的变化：尾气含氧量 AIAS101A、AIAS101B、AIAS101C，塔底液相 TI103A 和塔顶压力 PIC109 等。

b. 调乙醛进料 FICSQ102（根据投氧量来调整其开度，OP1.4％），使 FICSQ102 的流量约为投氧量的 2.5～3 倍；调催化剂进料 FIC301（根据乙醛进量调整其开度，使其流量约为 FICSQ102 的 1/6，OP1.4％）

c. 当小调节阀 FIC110 投氧量达到 320m³/h 时（OP45％），启动主进氧流量调节器 FIC114（OP 初开 10％，逐步提高到 19％），在 FIC114 增大投氧量的同时减小 FIC110 投氧量直到关闭。

d. FIC114 投氧量达到 1000m³/h 后（OP35％），可开启副进氧（上部一路）FIC113 通氧，FIC113 与 FIC114 的投氧比为 1：2（FIC113 的 OP：35％，PV：400m³/h 左右，FIC114 的 OP：35％，PV：800m³/h 左右）。

⑥ 当换热器 E-102A 的出口温度上升至 85℃时，关闭阀 V20，停止蒸汽加热；当 T101 的投氧量（FI108）达到 1000m³/h（标准状况下）时，且液相温度达到 90℃时，全开 TIC104A 投冷却水（出口温度 TIC104），使 T101 塔氧化液温度维持在 75～78℃。

⑦ LIC101 超过 60％且投氧正常后，将 LIC101 投自动设为 35％，向 T102 出料。（从配制氧化液起，泵 P101A 一直启动）将循环量加大到 1000000kg/h。

⑧ 控制指标：T101 的塔顶压力 PIC109A/B（0.14MPa，0.24MPa）、T101 出料中醋酸的含量 AIAS102（91％，96％）、T101 出料中醛的含量 AIAS103（0，5％）、T101 尾气中氧气的含量 AIAS101A（0，5.5％）、T101 尾气中氧气的含量 AIAS101B（0，5.5％），以及 T101 尾气中氧气的含量 AIAS101C（0，5.5％）。

第五步，第二氧化塔投氧开车。

①【第二氧化塔 DCS 图】待 T102 塔顶部看见液位后，【第二氧化塔现场图】开 T102 塔顶冷凝器冷却水进、出口阀 V39 和 V40。

②【第二氧化塔 DCS 图】开启并控制 FIC105，使保护 N_2 流量为 90m³/h。

③【第二氧化塔 DCS 图】开启并将 T102 塔顶的压力调节器 PIC112 投自动，设定值为 0.1MPa。

④【第二氧化塔 DCS 图】置蒸汽流量调节器 TIC107 手动开度 50％，【第二氧化塔现场图】开冷却水出口阀 V65，向塔底冷却器内通蒸汽，保持氧化液温度 TIC106B 保持在 70～85℃。

⑤【第二氧化塔 DCS 图】置氧气调节器 FICSQ106 手动开度 20％，并以小通氧量投

氧（48m³/h）。

⑥ 在尾气含氧量 AIAS105≤5%的前提下，逐渐加大通氧量到正常值。

⑦ 随着投氧量的加大，氧化液温度升高，表示反应在进行，【第二氧化塔 DCS 图】置蒸汽流量调节器 TIC107 手动开度 0%。置 T102 塔中间部位各个温度调节器 TIC105、TIC106、TIC108、TIC109 为自动，设定值为 80℃，【第二氧化塔现场图】开相应的冷却水出口阀 V62、V61、V64、V63，通冷却水，使氧化液温度 TI106F、TI106E、TI106D、TI106C 维持在 80℃左右。

⑧ 使操作逐步稳定，控制氧化液位 LIC102 在 35%±5%，在氧化液位合格时，【第二氧化塔现场图】开阀门 V43 向 V102 出料。

⑨ 控制指标：T102 的塔顶压力 PIC112A/B（0.05MPa，0.15MPa）、T102 出料中醋酸的含量 AIAS104（≥97%）、T102 出料中醛的含量 AIAS107（0，0.35%）、尾气中氧气的含量 AIAS105（0，5.5%）。

第六步，吸收塔投用（水洗、碱洗）。

①【尾气洗涤现场图】可打开尾气洗涤塔（T103）的进水调节阀 V49（50%），向 T103 塔中加工艺水湿塔，并维持液位 LIC107 为 50%。

②【尾气洗涤现场图】开 T103 塔底阀 V50（100%），向工艺水贮罐（V105）中备工艺水，并维持其液位 LIC104 为 50%。

③【尾气洗涤现场图】氧化塔投氧前，开启洗涤液循环泵 P103A，开泵出口阀 V54（50%），向 T103 塔中投用工艺水（洗涤后吸收醋酸成洗涤循环液）。

④ 若洗涤循环液中醋酸含量 AIAS106 达到 80%，则【尾气洗涤塔现场图】开阀 V55 向精制工段排放洗涤循环液。

⑤【尾气洗涤现场图】开碱液进料阀 V48，向碱液贮罐（V103）中备料（碱液），当其液位达到 50%时关 V48（注意：碱液贮罐液位不能超过 95%，运行中碱液会减少，应间断开该阀补充碱液）。

⑥ 氧化塔投氧后，【尾气洗涤现场图】开碱液循环泵 P104A，开启调节阀 V47（50%），向 T103 塔中投用吸收碱液。

⑦ 开启调节阀 V46（50%），回流洗涤塔 T103 内的碱液。

⑧ 控制指标：将尾气吸收塔 T103 的液位 LI107 维持在 30%～70%，将洗涤液贮罐 V103 的液位 LI104 维持在 30%～70%，将碱液贮罐 V105 的液位 LI106 维持在 30%～70%。

第七步，氧化系统塔出料。

① 当氧化液符合要求（氧化液醋酸含量 AIAS104≥97%，乙醛含量 AIAS107≤0.35%）时，将 T102 的液位 LIC102 投自动，设为 35%。

② 开 T102 的现场阀 V44，向精馏系统出料。

第八步，调至平衡。

① 将乙醛进料 FICSQ102 投自动，设为 9582kg/h。

② 将催化剂进料 FIC301 投自动，设为 1702kg/h，约为进酸量的 1/6。

③ 将第一氧化塔氧气（主进氧）FIC114 投自动，设为 1914m³/h（标准状况下），约为投醛量的 0.35～0.4 倍。

④ 将第一氧化塔氧气（副进氧）FIC113 投自动设为 957m³/h（标准状况下），约为 FIC114 流量的 1/2。

⑤ 将氮气 FIC101 投自动，设为 120m³/h（标准状况下）。

⑥ 将循环量 FIC104 投自动，设为 1518000kg/h。

⑦ 将第一氧化塔循环液换热器 E-102A 循环液出口温度 TIC104A 投自动，设为 60℃。

⑧ 将第二氧化塔蒸汽加热温度 TIC107 投自动，设为 84℃。

⑨ 将第二氧化塔冷却水流量 FIC105 投自动，设为 90m³/h（标准状况下）。

⑩ 将第二氧化塔氧气 FICSQ106 投自动，设为 122m³/h（标准状况下）。

⑪ 控制指标：T101 的塔底温度 TI103A，冷却器 E102 的出口温度 TI104A/B，T101 的液位 LIC101，T102 的液位 LIC102，T102 的塔底温度 TI106A。

⑫ 扣分项：氧化液中间贮罐 V102 的液位 LI103 超过 95%，洗涤液贮罐 V103 中醋酸的含量 AIAS106 高于 80%，碱液贮罐 V105 的液位 LI106 超过 95%。

第九步，回答思考题。

思考题共 15 题。

(2) 乙醛氧化工段正常停车操作　乙醛氧化生产乙酸的氧化工段（仿真）正常停车是在反应过程阶段完成之后进行，操作步骤包括氧化塔停车和洗涤塔停车。

第一步，氧化塔停车

①【第一氧化塔 DCS 图】将 FICSQ102 切至手动，置 FICSQ102 手动 OP 为 0%，停止乙醛进料。

②【第一氧化塔 DCS 图】置 FIC301 手动 OP 为 0%，停止催化剂进料。

③【第一氧化塔 DCS 图】调节 FIC114，逐步将主进氧量下调至 1000m³/h。并根据反应状况，及时调节两氧化塔的气液相温度。

④ 当 T101 第一氧化塔中乙醛含量 AIAS103 降至 0.1% 以下时，【第一氧化塔 DCS 图】置主进氧 FIC114 手动 OP 为 0%、置副进氧 FIC113 手动 OP 为 0%，【第二氧化塔 DCS 图】置进氧 FICSQ106 手动 OP 为 0%，停止向 T101、T102 塔进氧。

⑤【第二氧化塔 DCS 图】置 T102 的蒸汽调节器 TIC107 手动 OP 为 0%，【第二氧化塔现场图】关冷凝水阀 V65。

⑥【第一氧化塔现场图】开启 T101 塔底阀 V16、【第二氧化塔现场图】开启 T102 塔底阀 V33（V32 仍开着）、【尾气洗涤现场图】V102 回料阀 V59，逐步将氧化液全部退料到 V102 中间贮罐，以送精制工段处理。

⑦【尾气洗涤现场图】开泵 P102，开阀 V58，送精馏处理。

⑧ 在 T101 塔退料完毕之前，【第一氧化塔 DCS 图】置循环量 FIC104 手动 OP 为 0%。【第一氧化塔现场图】关闭 T101 的泵 P101A，关泵前阀 V17、泵后阀 V66，停循环。

⑨【第一氧化塔 DCS 图】置 T101 的换热器 E102A 的冷却水调节器 TIC104A 设为手动 OP 为 0%。

⑩【第一氧化塔 DCS 图】置 T101 液位调节器 LIC101 手动 OP 为 0%，【第二氧化塔 DCS 图】置 T102 液位调节器 LIC102 手动 OP 为 0%。【第二氧化塔现场图】关闭 V44。

⑪【第二氧化塔 DCS 图】置 T102 的冷却水调节器 TIC106 手动 OP 为 0％，【第二氧化塔现场图】关闭 V61；【第二氧化塔 DCS 图】置 T102 的冷却水调节器 TIC105 手动 OP 为 0％，【第二氧化塔现场图】关闭 V62；【第二氧化塔 DCS 图】置 T109 的冷却水调节器 TIC106 手动 OP 为 0％，【第二氧化塔现场图】关闭 V63；【第二氧化塔 DCS 图】置 T102 的冷却水调节器 TIC108 手动 OP 为 0％，【第二氧化塔现场图】关闭 V64。

⑫【第一氧化塔 DCS 图】置 T101 的进氮气阀 FIC101 手动 OP 为 0％，置 T101 压力调节器 PIC109A 手动 OP 为 0％；【第二氧化塔 DCS 图】置 T102 的进氮气阀 FIC105 手动 OP 为 0％，置 T102 压力调节器 PIC112A 手动 OP 为 0％。

⑬【第一氧化塔 DCS 图】将 INTERLOCK 打向"BP"，摘除联锁。

第二步，洗涤塔 T103 停车

①【尾气洗涤现场图】关闭 T103 塔的工艺水进料阀 V49。

② 停洗涤液循环泵 P103A。【尾气洗涤现场图】关泵 P103A 后循环洗涤液阀 V54，关泵 P103A 后洗涤液排出阀 V54。停洗涤液循环泵 P103A。

③【尾气洗涤现场图】开洗涤液罐 V103 下部放液阀 V53，将洗涤液送往精馏工段。

④ 尾气洗涤塔 T103 下部洗涤液排空后，关闭 T103 塔底阀 V50；T103 塔和洗涤液罐 V103 都排空后，关闭 V103 下部放液阀 V53。

⑤ 停碱液循环泵 P104A。【尾气洗涤现场图】关闭 V47，停止碱液循环泵 P104A。

⑥【尾气洗涤现场图】T103 中碱液全排至 V105 后，关阀 V46。

⑦ 控制指标：T101 塔釜温度 TI103A 降至 30℃ 以下，T102 塔釜温度 TI106A 降至 30℃ 以下。

⑧ 扣分项：氧化液中间贮罐 V102 的液位高于 95％，联锁将进乙醛切断阀 V6 关闭，联锁将（两个氧化塔）进氧切断阀 V7 关闭。

【相关知识】

一、乙醛氧化工段仿真中存在工况

冷态开车，正常操作，正常停车，T101 进醛流量降低、P101A 坏、T101 顶压力升高、T102 顶压力升高、T101 内温度升高、T101 氮气进量波动、T101 塔顶管路不畅、T102 塔顶管路不畅、E102 结垢、乙醛入口压力升高、催化剂入口压力升高、T102 N_2 入口压力升高、正常维持（教师站用）、正常工况随机事故。

二、乙醛氧化工段仿真中可设置随机事故

（1）控制阀门事故　包括控制阀 FV101 阀卡（氮气进料 FIC101）、控制阀 FV301 阀卡（催化剂进料 FIC301）、控制阀 FV102 阀卡（乙醛进料 FICSQ102）、控制阀 FV113 阀卡（氧气进料 FIC113）、控制阀 PV109A 阀卡（尾气放空 PIC109A）、控制阀 LV101 阀卡（出料 LIC101）、控制阀 TV104A 阀卡（循环液温度 TIC104A）、控制阀 FV105 阀卡（氮气进料 FIC105）、控制阀 FV106 阀卡（氧气进料 FICSQ106）、控制阀 PV112A 阀卡（尾气 PIC112A）、控制阀 LV102 阀卡（出料 LIC102）、E102A 结垢（阀卡）、乙醛入口压力波动（阀卡）、催化剂入口压力波动（阀卡）、T101N2 入口压力波动（阀卡）。

(2) 机泵事故　包括 P101A 泵坏、P103A 泵坏、P104A 泵坏等。

三、乙醛氧化工段仿真中稳定生产的评价标准

(1) 得分项（维持稳定得分 170 分）

① T101 的塔顶压力 PIC109A/B：(0.19 ± 0.01)MPa。

② T102 的塔顶压力 PIC112A/B：(0.1 ± 0.02)MPa。

③ T101 的塔底温度 TI103A：(77 ± 1)℃。

④ 冷却器 E102 的出口温度 TIC104A/B：(60 ± 2)℃。

⑤ T102 的塔底温度 TI106A：(83 ± 2)℃。

⑥ T101 的液位 LIC101：$35\%\pm15\%$。

⑦ T102 的液位 LIC102：$35\%\pm15\%$。

⑧ T101 出料中醋酸的含量 AIAS102：标准值 93%，下偏差为 1%，上偏差为 2%。

⑨ T102 出料中醋酸的含量 AIAS104：标准值 97%，下偏差为 0%，上偏差为 1%。

⑩ T101 出料中醛的含量 AIAS103：标准值 1%，下偏差为 0.9%，上偏差为 3%。

⑪ T102 出料中醛的含量 AIAS107：标准值 0.1%，下偏差为 0.09%，上偏差为 0.2%。

⑫ T101 尾气中氧气的含量 AIAS101A：标准值 3%，下偏差为 2.9%，上偏差为 2%。

⑬ T101 尾气中氧气的含量 AIAS101B：标准值 3%，下偏差为 2.9%，上偏差为 2%。

⑭ T101 尾气中氧气的含量 AIAS101C：标准值 3%，下偏差为 2.9%，上偏差为 2%。

⑮ T102 尾气中氧气的含量 AIAS105：标准值 3%，下偏差为 2.9%，上偏差为 2%。

(2) 稳定操作时间扣分项（稳定操作时间扣分项清零时得分 170min。然后在时间范围 19min 50s 内，按稳定操作时间长短再把扣分得回来）

时间超过 3min 得 25 分；时间超过 6min 得 25 分；时间超过 9min 得 25 分；时间超过 12min 得 25 分；时间超过 15min 得 25 分；时间超过 18min 得 25 分；时间超过 19min 50s 得 20 分。

【练习与拓展】

乙醛氧化制醋酸工段思考题

(1) T102 和 T101 的冷却方式分别是_____。

A. 内冷式和外冷式　　　　　　　B. 外冷式和内冷式

C. 外冷式和外冷式　　　　　　　D. 内冷式和内冷式

(2) 本反应用到的氧化剂是_____。

A. 氧气　　　　B. 空气　　　　C. 氮气　　　　D. 双氧水

(3) 本生产装置生产乙酸含量达到_____，送精馏工段较为理想。

A. 90% （质量分数）　　　　　　B. 95% （质量分数）

C. 97% （质量分数）　　　　　　D. 99% （质量分数）

(4) 本装置_____条件可以引发"联锁"动作。

A. T101 的液位高于 70%　　　　B. T102 的液位高于 60%

C. T101 的尾气中氧含量高于 8%　　D. T102 的尾气中氧含量高于 5%

（5）催化剂的作用是_____。

A. 促进过氧醋酸分解为甲酸　　　B. 促进乙醛和氧气反应生成过氧醋酸

C. 促进过氧醋酸与氧气反应　　　D. 促进过氧醋酸分解成醋酸

（6）对乙醛氧化制醋酸反应器错误的有_____。

A. 反应器内的流动形态接近置换流　　B. T101 的材质可选择奥氏体不锈钢

C. 因反应为强放热，反应器结构的设计应能有效移走反应热

D. T101 只是一个空塔，结构很简单

（7）工业生产醋酸通常使用醋酸锰做催化剂，但研究表明能够催化乙醛氧化生成醋酸的催化剂还有 Co、Ni、Fe 等，以下几种可变价金属盐的活性高低正确的是_____。

A. Mn＞Co＞Ni＞Fe　　　　　　B. Co＞Ni＞Mn＞Fe

C. Mn＞Ni＞Co＞Fe　　　　　　D. Co＞Mn＞Ni＞Fe

（8）关于氧化液的说法错误的有_____。

A. 氧化液中醋酸的浓度影响氧气的吸收率，醋酸浓度越高，氧的吸收率越高

B. 氧化液中乙醛的浓度影响氧气的吸收率，乙醛含量在 5％～15％之间氧气吸收率最高

C. 氧化液是复杂的混合物，其主要成分是醋酸、乙醛、醋酸锰、过氧醋酸等

D. 氧化液中的醋酸浓度对氧气吸收率没有太大影响

（9）关于乙醛氧化用催化剂的说法错误的是_____。

A. 水是乙醛氧化制醋酸反应的抑制剂，氧化系统水含量过多，会使催化剂中毒，反应状态变差

B. 催化剂中的三价锰离子在酸性溶液中较稳定

C. 由于醋酸锰在高纯度醋酸中的溶解度很小，在生产中可以先用水将醋酸锰溶解成水溶液再用醋酸稀释到所要求的含量

D. 醋酸锰促进乙醛和氧气反应生成过氧醋酸

（10）下列不可以作为乙醛氧化塔材质的是_____。

A. 铸铁　　　　　B. 普通碳钢　　　C. 含钛不锈钢　　　D. 铝材

（11）下列关于乙醛氧化塔说法正确的是_____。

A. 当所用鼓泡塔的高径比足够大时，气相返混程度很小，可以忽略，按活塞流模型处理

B. 工业上多采用双塔氧化流程，此两塔的关系是并联

C. 提高氧化塔的操作压力，可使反应转化率有所提高

D. 当所用鼓泡塔的高径比足够大时，液相返混程度很小，可以忽略，按活塞流模型处理

（12）下列关于乙醛氧化制醋酸温度控制的说法中正确的是_____。

A. 从热力学来考虑，升高温度有利于平衡向产品方向进行

B. 从热力学平衡的角度来分析，降低温度有利于平衡向产品方向进行

C. 从动力学角度来分析，升温有利于加快反应速率

D. 从动力学角度来分析，降温有利于加快反应速率

(13) 下列说法正确的是_____。

A. T101 反应器中不存在返混　　　　B. T101 反应器中存在较大的返混

C. 宏观反应速率是液膜传质控制　　　D. 宏观反应速率是氧化反应速率控制

(14) 下面关于"醋酸"的说法错误的是_____。

A. "醋酸"又名"乙酸"　　　　　　B. 食用醋中主要成分是"醋酸"

C. "醋酸"是工业上常用的一种氧化剂

D. "醋酸"在常温下是无色透明的液体

(15) 下面是乙醛氧化制醋酸的主反应的是_____。

A. $CH_3COOOH \longrightarrow CH_3OH + CO_2$

B. $CH_3OH + CH_3COOH \longrightarrow CH_3COOCH_3 + H_2O$

C. $CH_3COOOH + CH_3CHO \longrightarrow 2CH_3COOH$

D. $CH_3COOOH + CH_3COOH \longrightarrow CH_3COOCH_3 + CO_2 + H_2O$

【练习与拓展】参考答案

项目 6.2

1. 管式加热炉单元思考题

(1) A、B；(2) C；(3) C；(4) A、C、D；(5) B、C、D；(6) A、B、C、D；(7) B、C、D；(8) A、B（东方仿真公司软件给出答案为 A、B、C）；(9) A（东方仿真公司软件给出答案为 C）；(10) A、B、C、D；(11) A；(12) B；(13) A；(14) D

2. 间歇反应釜单元思考题

(1) B；(2) B；(3) B、C；(4) A、B、C；(5) A、B、C；(6) B、C；(7) A、B；(8) A、B；(9) C；(10) A；(11) D；(12) C；(13) D；(14) B；(15) B

3. 固定床反应单元思考题

(1) B；(2) A；(3) B；(4) B；(5) A；(6) A；(7) C；(8) A；(9) D；(10) C；(11) D；(12) A；(13) A；(14) D；(15) C

4. 吸收-解吸单元思考题

(1) C；(2) A；(3) D；(4) D；(5) B；(6) A；(7) A；(8) C；(9) A、B、C、D；(10) D；(11) D；(12) B、C、D；(13) C；(14) A

项目 6.3

乙醛氧化制醋酸工段思考题

(1) A；(2) A；(3) C；(4) C；(5) D；(6) A；(7) B；(8) A、D；(9) B；(10) A、B、D；(11) A、C；(12) B、C；(13) B、D；(14) C；(15) C

附录

化工总控工国家职业标准

1. 职业概况

1.1 职业名称

化工总控工。

1.2 职业定义

操作总控室的仪表、计算机等，监控或调节一个或多个单元反应或单元操作，将原料经化学反应或物理处理过程制成合格产品的人员。

1.3 职业等级

本职业共设五个等级，分别为：初级（国家职业资格五级）、中级（国家职业资格四级）、高级（国家职业资格三级）、技师（国家职业资格二级）、高级技师（国家职业资格一级）。

1.4 职业环境

室内，常温，存在一定有毒有害气体、粉尘、烟尘和噪声。

1.5 职业能力特征

身体健康，具有一定的学习理解和表达能力，四肢灵活，动作协调，听、嗅觉较灵敏，视力良好，具有分辨颜色的能力。

1.6 基本文化程度

高中毕业（或同等学力）。

1.7 培训要求

1.7.1 培训期限

全日制职业学校教育，根据其培养目标和教学计划确定。晋级培训期限：初级不少于360标准学时；中级不少于300标准学时；高级不少于240标准学时；技师不少于200标准学时；高级技师不少于200标准学时。

1.7.2 培训教师

培训初、中级的教师应具有本职业高级及以上职业资格证书或本专业中级及以上专业技术职务任职资格；培训高级的教师应具有本职业技师及以上职业资格证书或本专业高级专业技术职务任职资格；培训技师的教师应具有本职业高级技师职业资格证书、本职业技师职业资格证书3年以上或本专业高级专业技术职务任职资格2年以上；培训高级技师的教师应具有本职业高级技师职业资格证书3年以上或本专业高级专业技术职务任职资格3年以上。

1.7.3 培训场地设备

理论培训场地应为可容纳20名以上学员的标准教室，设施完善。实际操作培训场所应为具有本职业必备设备的场地。

1.8 鉴定要求

1.8.1 适用对象

从事或准备从事本职业的人员。

1.8.2 申报条件

——初级（具备以下条件之一者）

（1）经本职业初级正规培训达规定标准学时数，并取得结业证书。

（2）在本职业连续见习工作2年以上。

——中级（具备以下条件之一者）

（1）取得本职业或相关职业初级职业资格证书后，连续从事本职业工作2年以上，经本职业中级正规培训达规定标准学时数，并取得结业证书。

（2）取得本职业或相关职业初级职业资格证书后，连续从事本职业工作4年以上。

（3）取得与本职业相关职业中级职业资格证书后，连续从事本职业工作2年以上。

（4）连续从事本职业工作5年以上。

（5）取得经劳动保障行政部门审核认定的、以中级技能为培养目标的中等以上职业学校本职业（专业）毕业证书。

——高级（具备以下条件之一者）

（1）取得本职业中级职业资格证书后，连续从事本职业工作3年以上，经本职业高级正规培训达规定标准学时数，并取得结业证书。

（2）取得本职业中级职业资格证书后，连续从事本职业工作5年以上。

（3）取得高级技工学校或经劳动保障行政部门审核认定的、以高级技能为培养目标的高等职业学校本职业（专业）毕业证书。

（4）大专以上本专业或相关专业毕业生，连续从事本职业工作2年以上。

——技师（具备以下条件之一者）

（1）取得本职业高级职业资格证书后，连续从事本职业工作3年以上，经本职业技师正规培训达规定标准学时数，并取得结业证书。

（2）取得本职业高级职业资格证书后，连续从事本职业工作5年以上。

（3）高等技工学校或经劳动保障行政部门审核认定的、以高级技能为培养目标的高等职业学校本职业（专业）毕业生，连续从事职业工作2年以上。

（4）大专以上本专业或相关专业毕业生，取得本职业高级职业资格证书后，连续从事本职业工作2年以上。

——高级技师（具备以下条件之一者）

（1）取得本职业技师职业资格证书后，连续从事本职业工作3年以上，经本职业高级技师正规培训达规定标准学时数，并取得结业证书。

（2）取得本职业技师职业资格证书后，连续从事本职业工作5年以上。

1.8.3 鉴定方式

本职业覆盖不同种类的化工产品的生产，根据申报人实际的操作单元选择相应的理论知识和技能要求进行鉴定。理论知识考试采用闭卷笔试方式，技能操作考核采用现场实际操作、模拟操作、闭卷笔试、答辩等方式。理论知识考试和技能操作考核均实行百分制，成绩皆达到60分及以上者为合格。技师和高级技师还须进行综合评审。

1.8.4 考评人员与考生配比

理论知识考试考评人员与考生配比为1:15，每个标准教室不少于2名考评人员；技能操作考核考评员与考生配比为1:3，且不少于3名考评员。综合评审委员会成员不少于5人。

1.8.5 鉴定时间

理论知识考试时间不少于90分钟，技能操作考核时间不少于60分钟，综合评审时间不少于30分钟。

1.8.6 鉴定场所设备

理论知识考试在标准教室进行。技能操作考核在模拟操作室、生产装置或标准教室进行。

2. 基本要求

2.1 职业道德

2.1.1 职业道德基本知识

2.1.2 职业守则

(1) 爱岗敬业，忠于职守。

(2) 按章操作，确保安全。

(3) 认真负责，诚实守信。

(4) 遵规守纪，着装规范。

(5) 团结协作，相互尊重。

(6) 节约成本，降耗增效。

(7) 保护环境，文明生产。

(8) 不断学习，努力创新。

2.2 基础知识

2.2.1 化学基础知识

(1) 无机化学基本知识。

(2) 有机化学基本知识。

(3) 分析化学基本知识。

(4) 物理化学基本知识。

2.2.2 化工基础知识

2.2.2.1 流体力学知识

(1) 流体的物理性质及分类。

(2) 流体静力学。

(3) 流体输送基本知识。

2.2.2.2 传热学知识

(1) 传热的基本概念。

(2) 传热的基本方程。

（3）传热学应用知识。

2.2.2.3 传质知识

（1）传质基本概念。

（2）传质基本原理。

2.2.2.4 压缩、制冷基础知识

（1）压缩基础知识。

（2）制冷基础知识。

2.2.2.5 干燥知识

（1）干燥基本概念。

（2）干燥的操作方式及基本原理。

（3）干燥影响因素。

2.2.2.6 精馏知识

（1）精馏基本原理。

（2）精馏流程。

（3）精馏塔的操作。

（4）精馏的影响因素。

2.2.2.7 结晶基础知识

2.2.2.8 气体的吸收基本原理

2.2.2.9 蒸发基础知识

2.2.2.10 萃取基础知识

2.2.3 催化剂基础知识

2.2.4 识图知识

（1）投影的基本知识。

（2）三视图。

（3）工艺流程图和设备结构图。

2.2.5 分析检验知识

（1）分析检验常识。

（2）主要分析项目、取样点、分析频次及指标范围。

2.2.6 化工机械与设备知识

（1）主要设备工作原理。

（2）设备维护保养基本知识。

（3）设备安全使用常识。

2.2.7 电工、电器、仪表知识

（1）电工基本概念。

（2）直流电与交流电知识。

（3）安全用电知识。

（4）仪表的基本概念。

（5）常用温度、压力、液位、流量（计）、湿度（计）知识。

（6）误差知识。

（7）本岗位所使用的仪表、电器、计算机的性能、规格、使用和维护知识。

（8）常规仪表、智能仪表、集散控制系统（DCS、FCS）使用知识。

2.2.8 计量知识

（1）计量与计量单位。

（2）计量国际单位制。

（3）法定计量单位基本换算。

2.2.9 安全及环境保护知识

（1）防火、防爆、防腐蚀、防静电、防中毒知识。

（2）安全技术规程。

（3）环保基础知识。

（4）废水、废气、废渣的性质、处理方法和排放标准。

（5）压力容器的操作安全知识。

（6）高温高压、有毒有害、易燃易爆、冷冻剂等特殊介质的特性及安全知识。

（7）现场急救知识。

2.2.10 消防知识

（1）物料危险性及特点。

（2）灭火的基本原理及方法。

（3）常用灭火设备及器具的性能和使用方法。

2.2.11 相关法律、法规知识

（1）劳动法相关知识。

（2）安全生产法及化工安全生产法规相关知识。

（3）化学危险品管理条例相关知识。

（4）职业病防治法及化工职业卫生法规相关知识。

3. 工作要求

本标准对初级、中级、高级、技师、高级技师的技能要求依次递进，高级别涵盖低级别的要求。

3.1 初级

职业功能	工作内容	技能要求	相关知识
一、开车准备	（一）工艺文件准备	1. 能识读、绘制工艺流程简图 2. 能识读本岗位主要设备的结构简图 3. 能识记本岗位操作规程	1. 流程图各种符号的含义 2. 化工设备图形代号知识 3. 本岗位操作规程、工艺技术规程
	（二）设备检查	1. 能确认盲板是否抽堵、阀门是否完好、管路是否通畅 2. 能检查记录报表、用品、防护器材是否齐全 3. 能确认应开、应关阀门的阀位 4. 能检查现场与总控室内压力、温度、液位、阀位等仪表指示是否一致	1. 盲板抽堵知识 2. 本岗位常用器具的规格、型号及使用知识 3. 设备、管道检查知识 4. 本岗位总控系统基本知识
	（三）物料准备	能引进本岗位水、气、汽等公用工程介质	公用工程介质的物理、化学特征

职业功能	工作内容	技能要求	相关知识
二、总控操作	(一)运行操作	1. 能进行自控仪表、计算机控制系统的台面操作 2. 能利用总控仪表和计算机控制系统对现场进行遥控操作及切换操作 3. 能根据指令调整本岗位的主要工艺参数 4. 能进行常用计量单位换算 5. 能完成日常的巡回检查 6. 能填写各种生产记录 7. 能悬挂各种警示牌	1. 生产控制指标及调节知识 2. 各项工艺指标的制定标准和依据 3. 计量单位换算知识 4. 巡回检查知识 5. 警示牌的类别及挂牌要求
	(二)设备维护保养	1. 能保持总控仪表、计算机的清洁卫生 2. 能保持打印机的清洁、完好	仪表、控制系统维护知识
三、事故判断与处理	(一)事故判断	1. 能判断设备的温度、压力、液位、流量异常等故障 2. 能判断传动设备的跳车事故	1. 装置运行参数 2. 跳车事故的判断方法
	(二)事故处理	1. 能处理酸、碱等腐蚀介质的灼伤事故 2. 能按指令切断事故物料	1. 酸、碱等腐蚀介质灼伤事故的处理方法 2. 有毒有害物料的理化性质

3.2 中级

职业功能	工作内容	技能要求	相关知识
一、开车准备	(一)工艺文件准备	1. 能识读并绘制带控制点的工艺流程图(PID) 2. 能绘制主要设备结构简图 3. 能识读工艺配管图 4. 能识记工艺技术规程	1. 带控制点的工艺流程图中控制点符号的含义 2. 设备结构图绘制方法 3. 工艺管道轴测图绘图知识 4. 工艺技术规程知识
	(二)设备检查	1. 能完成本岗位设备的查漏、置换操作 2. 能确认本岗位电气、仪表是否正常 3. 能检查确认安全阀、爆破膜等安全附件是否处于备用状态	1. 压力容器操作知识 2. 仪表联锁、报警基本原理 3. 联锁设定值,安全阀设定值、校验值,安全阀校验周期知识
	(三)物料准备	能将本岗位原料、辅料引进到界区	本岗位原料、辅料理化特性及规格知识
二、总控操作	(一)开车操作	1. 能按操作规程进行开车操作 2. 能将各工艺参数调节至正常指标范围 3. 能进行投料配比计算	1. 本岗位开车操作步骤 2. 本岗位开车操作注意事项 3. 工艺参数调节方法 4. 物料配方计算知识
	(二)运行操作	1. 能操作总控仪表、计算机控制系统对本岗位的全部工艺参数进行跟踪监控和调节,并能指挥进行参数调节 2. 能根据中控分析结果和质量要求调整本岗位的操作 3. 能进行物料衡算	1. 生产控制参数的调节方法 2. 中控分析基本知识 3. 物料衡算知识
	(三)停车操作	1. 能按操作规程进行停车操作 2. 能完成本岗位介质的排空、置换操作 3. 能完成本岗位机、泵、管线、容器等设备的清洗、排空操作 4. 能确认本岗位阀门处于停车时的开闭状态	1. 本岗位停车操作步骤 2. "三废"排放点、"三废"处理要求 3. 介质排空、置换知识 4. 岗位停车要求

职业功能	工作内容	技能要求	相关知识
三、事故判断与处理	(一)事故判断	1. 能判断物料中断事故 2. 能判断跑料、串料等工艺事故 3. 能判断停水、停电、停气、停汽等突发事故 4. 能判断常见的设备、仪表故障 5. 能根据产品质量标准判断产品质量事故	1. 设备运行参数 2. 岗位常见事故的原因分析知识 3. 产品质量标准
	(二)事故处理	1. 能处理温度、压力、液位、流量异常等故障 2. 能处理物料中断事故 3. 能处理跑料、串料等工艺事故 4. 能处理停水、停电、停气、停汽等突发事故 5. 能处理产品质量事故 6. 能发相应的事故信号	1. 设备温度、压力、液位、流量异常的处理方法 2. 物料中断事故处理方法 3. 跑料、串料事故处理方法 4. 停水、停电、停气、停汽等突发事故的处理方法 5. 产品质量事故的处理方法 6. 事故信号知识

3.3 高级

职业功能	工作内容	技能要求	相关知识
一、开车准备	(一)工艺文件准备	1. 能绘制工艺配管简图 2. 能识读仪表联锁图 3. 能识记工艺技术文件	1. 工艺配管图绘制知识 2. 仪表联锁图知识 3. 工艺技术文件知识
	(二)设备检查	1. 能完成多岗位化工设备的单机试运行 2. 能完成多岗位试压、查漏、气密性试验、置换工作 3. 能完成多岗位水联动试车操作 4. 能确认多岗位设备、电气、仪表是否符合开车要求 5. 能确认多岗位的仪表联锁、报警设定值以及控制阀阀位 6. 能确认多岗位开车前准备工作是否符合开车要求	1. 化工设备知识 2. 装置气密性试验知识 3. 开车需具备的条件
	(三)物料准备	1. 能指挥引进多岗位的原料、辅料到界区 2. 能确认原料、辅料和公用工程介质是否满足开车要求	公用工程运行参数
二、总控操作	(一)开车操作	1. 能按操作规程完成多岗位的开车操作 2. 能指挥多岗位的开车工作 3. 能将多岗位的工艺参数调节至正常指标范围内	1. 相关岗位的操作法 2. 相关岗位操作注意事项
	(二)运行操作	1. 能进行多岗位的工艺优化操作 2. 能根据控制参数的变化,判断产品质量 3. 能进行催化剂还原、钝化等特殊操作 4. 能进行热量衡算 5. 能进行班组经济核算	1. 岗位单元操作原理、反应机理 2. 操作参数对产品理化性质的影响 3. 催化剂升温还原、钝化等操作方法及注意事项 4. 热量衡算知识 5. 班组经济核算知识

职业功能	工作内容	技能要求	相关知识
二、总控操作	(三)停车操作	1. 能按工艺操作规程要求完成多岗位停车操作 2. 能指挥多岗位完成介质的排空、置换操作 3. 能确认多岗位阀门处于停车时的开闭状态	1. 装置排空、置换知识 2. 装置"三废"名称及"三废"排放标准、"三废"处理的基本工作原理 3. 设备安全交出检修的规定
事故判断与处理	(一)事故判断	1. 能根据操作参数、分析数据判断装置事故隐患 2. 能分析、判断仪表联锁动作的原因	1. 装置事故的判断和处理方法 2. 操作参数超指标的原因
	(二)事故处理	1. 能根据操作参数、分析数据处理事故隐患 2. 能处理仪表联锁跳车事故	1. 事故隐患处理方法 2. 仪表联锁跳车事故处理方法

3.4 技师

职业功能	工作内容	技能要求	相关知识
一、总控操作	(一)开车准备	1. 能编写装置开车前的吹扫、气密性试验、置换等操作方案 2. 能完成装置开车工艺流程的确认 3. 能完成装置开车条件的确认 4. 能识读设备装配图 5. 能绘制技术改造简图	1. 吹扫、气密性试验、置换方案编写要求 2. 机械、电气、仪表、安全、环保、质量等相关岗位的基础知识 3. 机械制图基础知识
	(二)运行操作	1. 能指挥装置的开车、停车操作 2. 能完成装置技术改造项目实施后的开车、停车操作 3. 能指挥装置停车后的排空、置换操作 4. 能控制并降低停车过程中的物料及能源消耗 5. 能参与新装置及装置改造后的验收工作 6. 能进行主要设备效能计算 7. 能进行数据统计和处理	1. 装置技术改造方案实施知识 2. 物料回收方法 3. 装置验收知识 4. 设备效能计算知识 5. 数据统计处理知识
二、事故判断与处理	(一)事故判断	1. 能判断装置温度、压力、流量、液位等参数大幅度波动的事故原因 2. 能分析电气、仪表、设备等事故	1. 装置温度、压力、流量、液位等参数大幅度波动的原因分析方法 2. 电气、仪表、设备等事故原因的分析方法
	(二)事故处理	1. 能处理装置温度、压力、流量、液位等参数大幅度波动事故 2. 能组织装置事故停车后恢复生产的工作 3. 能组织演练事故应急预案	1. 装置温度、压力、流量、液位等参数大幅度波动的处理方法 2. 装置事故停车后恢复生产的要求 3. 事故应急预案知识
三、管理	(一)质量管理	能组织开展质量攻关活动	质量管理知识
	(二)生产管理	1. 能指导班组进行经济活动分析 2. 能应用统计技术对生产工况进行分析 3. 能参与装置的性能负荷测试工作	1. 工艺技术管理知识 2. 统计基础知识 3. 装置性能负荷测试要求

职业功能	工作内容	技能要求	相关知识
四、培训 与指导	(一)理论培训	1. 能撰写生产技术总结 2. 能编写常见事故处理预案 3. 能对初级、中级、高级操作人员进行理论培训	1. 技术总结撰写知识 2. 事故预案编写知识
	(二)操作指导	1. 能传授特有操作技能和经验 2. 能对初级、中级、高级操作人员进行现场培训指导	

3.5 高级技师

职业功能	工作内容	技能要求	相关知识
一、总控操作	(一)开车准备	1. 能编写装置技术改造后的开车、停车方案 2. 能参与改造项目工艺图纸的审定	1. 装置的有关设计资料知识 2. 装置的技术文件知识 3. 同类型装置的工艺、生产控制技术知识 4. 装置优化计算知识 5. 产品物料、热量衡算知识
	(二)运行操作	1. 能组织完成同类型装置的联动试车、化工投产试车 2. 能编制优化生产方案并组织实施 3. 能组织实施同类型装置的停车检修 4. 能进行装置或产品物料平衡、热量平衡的工程计算 5. 能进行装置优化的相关计算 6. 能绘制主要设备结构图	
二、事故判断 与处理	(一)事故判断	1. 能判断反应突然终止等工艺事故 2. 能判断有毒有害物料泄漏等设备事故 3. 能判断着火、爆炸等重大事故	1. 化学反应突然终止的判断及处理方法 2. 有毒有害物料泄漏的判断及处理方法 3. 着火、爆炸事故的判断及处理方法
	(二)事故处理	1. 能处理反应突然终止等工艺事故 2. 能处理有毒有害物料泄漏等设备事故 3. 能处理着火、爆炸等重大事故 4. 能落实装置安全生产的安全措施	
三、管理	(一)质量管理	1. 能编写提高产品质量的方案并组织实施 2. 能按质量管理体系要求指导工作	1. 影响产品质量的因素 2. 质量管理体系相关知识
	(二)生产管理	1. 能组织实施本装置的技术改进措施项目 2. 能进行装置经济活动分析	1. 实施项目技术改造措施的相关知识 2. 装置技术经济指标知识
	(三)技术改进	1. 能编写工艺、设备改进方案 2. 能参与重大技术改造方案的审定	1. 工艺、设备改进方案的编写要求 2. 技术改造方案的编写知识
四、培训 与指导	(一)理论培训	1. 能撰写技术论文 2. 能编写培训大纲	1. 技术论文撰写知识 2. 培训教案、教学大纲的编写知识 3. 本职业的理论及实践操作知识
	(二)操作指导	1. 能对技师进行现场指导 2. 能系统讲授本职业的主要知识	

4. 比重表

4.1 理论知识

项　　目		初级/%	中级/%	高级/%	技师/%	高级技师/%
基本要求	职业道德	5	5	5	5	5
	基础知识	30	25	20	15	10
相关知识	**开车准备** 工艺文件准备	6	5	5	—	—
	设备检查	7	5	5	—	—
	物料准备	5	5	5	—	—
	总控操作 开车准备	—	—	—	15	10
	开车操作	—	10	9	—	—
	运行操作	35	20	18	25	20
	停车操作	—	7	8	—	—
	设备维护保养	2	—	—	—	—
	事故判断与处理 事故判断	4	8	10	12	15
	事故处理	6	10	15	15	15
	管理 质量管理	—	—	—	2	4
	生产管理	—	—	—	5	6
	技术改进	—	—	—	—	5
	培训与指导 理论培训	—	—	—	3	5
	操作指导	—	—	—	3	5
合　计		100	100	100	100	100

4.2 技能操作

项　　目		初级/%	中级/%	高级/%	技师/%	高级技师/%
技能要求	**开车准备** 工艺文件准备	15	12	10	—	—
	设备检查	10	6	5	—	—
	物料准备	10	5	5	—	—
	总控操作 开车准备	—	—	—	20	15
	开车操作	—	10	10	—	—
	运行操作	50	35	30	30	20
	停车操作	—	10	10	—	—
	设备维护保养	4	—	—	—	—
	事故判断与处理 事故判断	5	12	15	17	16
	事故处理	6	10	15	18	18
	管理 质量管理	—	—	—	5	5
	生产管理	—	—	—	6	10
	技术改进	—	—	—	—	6
	培训与指导 理论培训	—	—	—	2	5
	操作指导	—	—	—	2	5
合　计		100	100	100	100	100

参 考 文 献

[1] 中华人民共和国社会和劳动保障部.国家职业标准:化工总控工.北京:化学工业出版社,2005.

[2] 中华人民共和国职业技能鉴定规范(化工行业特有工种考核大纲).北京:化学工业出版社,2001.

[3] 韩玉墀,王慧伦.化工工人技术培训读本.北京:化学工业出版社,2006.

[4] 陈性永.操作工.北京:化学工业出版社,1997.

[5] 张宏丽,张志勋,阎志谦.单元操作实训.北京:化学工业出版社,2005.

[6] 张裕萍.流体输送与过滤操作实训.北京:化学工业出版社,2006.

[7] 潘学行.传热、蒸发与冷冻操作实训.北京:化学工业出版社,2006.

[8] 潘文群.传质与分离操作实训.北京:化学工业出版社,2006.

[9] 刘承先,文艺.化学反应器操作实训.北京:化学工业出版社,2006.

[10] 陈群.化工仿真操作实训.北京:化学工业出版社,2006.

[11] 刘爱民,王壮坤.化工单元操作技术.北京:高等教育出版社,2006.

[12] 李祥新,朱建民.化工单元操作.北京:高等教育出版社,2009.

[13] 窦锦民.化工单元操作实训.武汉:华中科技大学出版社,2010.

[14] 王方林.化工实习指导.北京:化学工业出版社,2006.

[15] 乐建波.化工仪表及自动化.北京:化学工业出版社,2005.

[16] 马秉骞.化工设备.北京:化学工业出版社,2001.

[17] 李祥新,朱建民.精细化工工艺与设备.北京:高等教育出版社,2008.

[18] 孙东林,陈美菊.化工分析与实验技术.北京:高等教育出版社,2008.

[19] 冯文成,程志刚.化工总控工技能鉴定培训教程.北京:中国石化出版社,2009.

[20] 朱建民,孙东林.化工总控工(中级).北京:机械工业出版社,2011.

[21] 赵薇,周国保.HSEQ与清洁生产.第2版.北京:化学工业出版社,2015.

[22] 2015年全国职业院校技能大赛中(高)职组化工生产技术赛项执委会.2015年全国职业院校技能大赛中职组"化工生产技术"赛项规程.2015年全国职业院校技能大赛中(高)职组化工生产技术赛项文件,2015.

[23] 2015年全国职业院校技能大赛中(高)职组化工生产技术赛项执委会.2015年全国职业院校技能大赛高职组"化工生产技术"赛项规程.2015年全国职业院校技能大赛中(高)职组化工生产技术赛项文件,2015.